Hibernate 3.0

Gestion optimale de la persistance
dans les applications Java/J2EE

Hibernate 3.0

Gestion optimale de la persistance dans les applications Java/J2EE

Anthony Patricio

avec la contribution de
Olivier Salvatori

EYROLLES

ÉDITIONS EYROLLES
61, bd Saint-Germain
75240 Paris Cedex 05
www.editions-eyrolles.com

Remerciements

Écrire un ouvrage n'est possible qu'avec une motivation forte. Mes premiers remerciements vont donc logiquement à la communauté Hibernate, qui m'a donné l'envie de partager davantage ma connaissance d'Hibernate.

Cet ouvrage, comme toute réalisation, n'aurait pu se faire seul. Je remercie Éric Sulpice, directeur éditorial d'Eyrolles, de m'avoir donné la possibilité de réaliser ce projet. Merci aussi à Olivier Salvatori pour sa patience, ses conseils experts sur la structure du livre et ses multiples relectures.

Merci à mes camarades de l'équipe Hibernate, Max Rydahl Andersen, Christian Bauer, Emmanuel Bernard, David Channon, Joshua Davis, Steve Ebersole, Michael Gloegl et Gavin King, pour leurs conseils et soutien pendant l'écriture de l'ouvrage et pour avoir offert à la communauté Java l'un des meilleurs outils de mapping objet-relationnel, si ce n'est le meilleur. Encore merci à Emmanuel Bernard pour son aide sur plusieurs des chapitres de l'ouvrage.

Enfin, merci à mon entourage proche, ma fiancée, ma famille et mes amis, pour leurs encouragements et soutien pendant ces derniers mois.

Table des matières

Avant-propos

Lorsque les standards n'existent pas ou qu'ils tardent à proposer une solution universelle viable, certains outils, frameworks et projets Open Source deviennent des standards de fait. Ce fut le cas de Struts, d'Ant ou encore de Log4J, et c'est le cas d'Hibernate aujourd'hui. L'originalité d'Hibernate en la matière est cependant de s'imposer alors même qu'existent deux standards, EJB 2.0 et JDO 1.0.

Deux ans après son lancement, le succès d'Hibernate est tel qu'il inspire désormais la spécification de persistance des EJB 3.0. Après plusieurs années d'attente, J2EE se dote enfin de la brique critique et indispensable qui lui manquait jusqu'à présent. Ce mécanisme de persistance pourra parfaitement s'utiliser en dehors d'un serveur d'applications, ce qu'Hibernate propose depuis toujours.

Pourquoi insister sur EJB 3.0 alors que cet ouvrage est dédié à Hibernate ? Les entreprises ont un besoin crucial d'outils pérennes. Il est donc légitime d'informer qu'Hibernate, comme TopLink (solution commercialisée par Oracle) et d'autres, a participé à la spécification du futur standard de persistance et qu'Hibernate sera l'une des premières implémentations de la spécification EJB 3.0. En attendant, les entreprises doivent faire un choix susceptible de leur permettre de migrer facilement vers le nouveau standard. Dans cette optique, le meilleur choix est Hibernate.

Hibernate facilite la persistance des applications d'entreprise, laquelle peut représenter jusqu'à 30 % des coûts de développement des applications écrites en JDBC, sans même parler des phases de maintenance. Une bonne maîtrise d'Hibernate accompagnée d'une méthodologie adéquate et d'un outillage ciblé sur vos besoins peuvent vous faire économiser de 75 à 95 % de ces charges.

Au-delà des coûts, les autres apports d'Hibernate sont la qualité des développements, grâce à des mécanismes éprouvés, et le raccourcissement des délais, tout un outillage associé facilitant l'écriture comme la génération du code.

Objectifs de l'ouvrage

La gratuité d'un outil tel qu'Hibernate ne doit pas faire illusion, car il est nécessaire d'investir dans son apprentissage puis son expertise, seuls gages de réussite de vos projets. Pour un développeur moyennement expérimenté, la courbe d'apprentissage d'Hibernate est généralement estimée à six mois de pratique et d'étude pour en maîtriser les 80 % de fonctionnalités les plus utilisées.

Il faut donc donner les moyens aux développeurs d'apprendre plus vite, de manière plus concrète et avec un maximum d'exemples de code. Tel est l'objectif principal de cet ouvrage.

Hibernate in Action, l'ouvrage de Christian Bauer, le créateur d'Hibernate, coécrit avec Gavin King, est indispensable pour appréhender toute la problématique de la persistance dans les applications d'entreprise, et il est recommandé de le lire. Moins théorique et résolument tourné vers la pratique, le présent ouvrage se propose d'illustrer chacune des fonctionnalités de l'outil par un ou plusieurs exemples concrets.

Questions-réponses

Cet ouvrage porte-t-il sur les EJB3.0 ?

Oui et non. Non, car la spécification n'est pas finalisée. Oui, car l'équipe d'Hibernate est très réactive quant à l'implémentation des spécifications du futur standard de persistance Java. Une fois que les spécifications seront finalisées, il n'y a aucun doute qu'Hibernate sera l'une des premières implémentations disponibles des EJB 3.0.

Cet ouvrage traite-t-il d'Hibernate 2 ?

Hibernate 3 n'est pas une refonte d'Hibernate 2. Il s'agit d'une version qui propose beaucoup de nouveautés, mais dont le cœur des fonctionnalités reste inchangé par rapport à Hibernate 2. L'ouvrage donne des repères aux utilisateurs d'Hibernate 2, qui y trouveront matière à améliorer leur utilisation de l'outil.

Où peut-on trouver les exemples de code ?

Les exemples de code sont disponibles sur la page dédiée à l'ouvrage sur le site Web d'Eyrolles, à l'adresse *www.editions-eyrolles.com.* Ils ont été conçus comme des tests unitaires afin que vous puissiez les exécuter facilement et y insérer des assertions.

Comment devenir contributeur du projet Hibernate ?

Il n'y a rien de particulier à faire. Hibernate est le fruit d'une interaction intense entre les utilisateurs, les contributeurs et l'équipe Hibernate.

Si vous êtes motivé pour participer à l'évolution d'Hibernate, plusieurs axes peuvent vous intéresser, notamment les suivants : développement de nouvelles fonctionnalités (généralement réservé aux développeurs expérimentés), évolution des outils ou des annotations, documentation, etc.

Les traducteurs sont également les bienvenus pour fournir à la communauté une version française à jour du guide de référence.

Organisation de l'ouvrage

La structure de cet ouvrage a parfois été un casse-tête. Il a fallu jongler dès le début entre la configuration de la persistance *via* les fichiers de mapping et l'utilisation à proprement parler des API d'Hibernate, le tout sans répéter le guide de référence de l'outil, qui est sans doute le plus complet du monde Open Source.

Le premier chapitre propose un historique et un état des lieux de la persistance dans le monde Java ainsi que des solutions actuellement disponibles sur le marché. Il présente un exemple très simple d'utilisation d'Hibernate.

Le chapitre 2 décrit le raisonnement à adopter lorsque vous utilisez un outil tel qu'Hibernate. Le vocabulaire est posé dès ce chapitre, qui montre également comment installer Hibernate.

Le chapitre 3 vous apprendra à écrire vos fichiers de mapping et propose un référentiel des métadonnées.

Dès le chapitre 4, il vous faudra avoir maîtrisé les notions abordées dans les trois premiers chapitres. À ce stade de l'ouvrage, vous commencez à entrer dans les fonctionnalités avancées d'Hibernate. Dans ce chapitre, vous découvrirez certains principes avancés de modélisation et les indications indispensables pour mapper vos choix de modélisation.

Le chapitre 5 est dédié aux techniques de récupération d'objets. Vous verrez qu'il existe plusieurs méthodes pour interroger le système de stockage de vos objets (la base de données relationnelle).

Le chapitre 6 décrit en détail comment considérer la création, la modification et la suppression des objets gérés par Hibernate. Vous y apprendrez comment prendre en compte la concourance dans vos applications et aborderez la notion de persistance transitive.

Le chapitre 7 présente les techniques les plus répandues pour gérer une session Hibernate. Il propose plusieurs best practices permettant de mettre en œuvre une gestion simple et optimale de la session Hibernate ainsi qu'un aparté sur l'utilisation conjointe de Struts et d'Hibernate.

Le chapitre 8 introduit plusieurs nouveautés d'Hibernate 3 et revient sur certaines fonctionnalités très poussées des versions précédentes.

Le chapitre 9 se penche sur l'outillage disponible autour d'Hibernate ainsi que sur la configuration de pools de connexions et de caches de second niveau.

À qui s'adresse l'ouvrage ?

Cet ouvrage est destiné en priorité aux développeurs d'applications Java devant mettre en place ou exploiter un modèle de classes métier orienté objet. Hibernate excelle lorsque la phase de conception objet du projet est complète. Les concepteurs pourront constater que l'outil ne les bride pas dans leur modélisation. Si l'accent est mis sur la modélisation de la base de données plutôt que sur le diagramme de classes, Hibernate sait néanmoins s'adapter aux vues des multiples fonctionnalités de mapping.

Les chefs de projet techniques, les décideurs et les concepteurs y trouveront donc aussi des éléments primordiaux pour la conception, la mise en place de l'organisation et l'optimisation de projets fondés sur un modèle métier orienté objet.

1

Persistance et mapping objet-relationnel

Ce chapitre introduit les grands principes du mapping objet-relationnel et plus généralement de la persistance dans le monde Java.

La persistance est la notion qui traite de l'écriture de données sur un support informatique. Pour sa part, le mapping objet-relationnel désigne l'interaction transparente entre le cœur d'une application, modélisé en conception orientée objet, et une base de données relationnelles.

Afin de bien comprendre l'importance qu'a pris Hibernate dans le marché de la persistance Java, nous commencerons par dresser un rapide historique de cette dernière. Nous proposerons ensuite un panorama des outils de persistance et indiquerons d'autres solutions permettant de gérer la persistance dans vos applications.

Historique de la persistance en Java

L'accès simple aux données et la persistance des données n'ont jamais vraiment posé problème dans le monde Java, JDBC ayant vite couvert les besoins des applications écrites en Java. Cependant, Java a pour objectif la réalisation d'applications dont la modélisation des problématiques métier est orientée objet. On ne parle donc plus, pour ces applications, de persistance de données mais de persistance d'objets.

La persistance d'objets en Java n'a été qu'une suite d'échecs et de déceptions. Avant d'aboutir à des solutions telles qu'Hibernate, le monde Java a dû subir la lourdeur de plusieurs solutions. Il est important de revenir sur ce passé pour bien comprendre ce qui se joue dans le choix d'un framework de persistance.

Les EJB (Enterprise JavaBeans)

Le souvenir le plus traumatisant sur ce thème sensible de la persistance dans les applications orientées objet reste sans aucun doute la première version des EJB (Enterprise Java-Beans), il y a sept ans.

Il existait peu de frameworks de persistance à cette époque, et les entreprises se débrouillaient avec JDBC. Les applications étaient souvent orientées selon un modèle tabulaire et une logique purement relationnelle plutôt qu'objet.

Les grandes firmes du monde Java ont fait un tel forcing marketing autour des EJB que les industries ont massivement adopté cette nouvelle technologie.

Les EJB se présentent alors comme le premier service complet de persistance. Ce service consiste en la gestion de la persistance par conteneur, ou CMP (Container-Managed Persistence). Bien que personne à l'époque ne parvienne réellement à faire fonctionner CMP, l'engouement pour cette technologie est tel que les développeurs la choisissent ne serait-ce que pour l'ajouter à leur CV.

Techniquement, CMP se révèle incapable de gérer les relations entre entités. De plus, les développeurs sont contraints d'utiliser les lourdes interfaces distantes (remote). Certains développeurs en viennent à implémenter leur propre système de persistance géré par les Beans, ou BMP (Bean-Managed Persistence). Déjà décrié pour sa laideur, ce pattern n'empêche cependant nullement de subir toute la lourdeur des spécifications imposées par les EJB.

TopLink et JDO

À la fin des années 90, aucun framework de persistance n'émerge. Pour répondre aux besoins des utilisateurs des EJB, TopLink, un mappeur objet-relationnel propriétaire de WebGain, commence à se frayer un chemin.

TopLink

Solution propriétaire éprouvée de mapping objet-relationnel offrant de nombreuses fonctionnalités, TopLink comporte la même macro-architecture qu'Hibernate. L'outil a changé deux fois de propriétaire, WebGain puis Oracle. Le serveur d'applications d'Oracle s'appuie sur TopLink pour la persistance. Hibernate et TopLink seront les deux premières implémentations des EJB 3.0. *http://otn.oracle.com/products/ias/toplink/content.html*

TopLink a pour principaux avantages la puissance relationnelle et davantage de flexibilité et d'efficacité que les EJB, mais au prix d'une relative complexité de mise en œuvre. Le problème de TopLink est qu'il s'agit d'une solution propriétaire et payante, alors que le monde Java attend une norme de persistance transparente, libre et unique. Cette norme universelle voit le jour en 1999 sous le nom de JDO (Java Data Object).

En décalage avec les préoccupations des développeurs, le mapping objet relationnel n'est pas la préoccupation première de JDO. JDO fait abstraction du support de stockage des données. Les bases de données relationnelles ne sont qu'une possibilité parmi d'autres, aux côtés des bases objet, XML, etc. Cette abstraction s'accompagne d'une nouvelle logique d'interrogation, résolument orientée objet mais aussi très éloignée du SQL, alors même que la maîtrise de ce langage est une compétence qu'une grande partie des développeurs ont acquise. D'où l'autre reproche fait à JDO, le langage d'interrogation JDOQL (JDO Query Langage) se révélant à la fois peu efficace et très complexe.

En 2002, après trois ans de travaux, la première version des spécifications JDO connaît un échec relatif. Jugeant la spécification incomplète, aucun des leaders du marché des serveurs d'applications ne l'adopte, même si TopLink propose pour la forme dans ses API une compatibilité partielle avec JDO.

Du côté des EJB, les déceptions des clients sont telles qu'on commence à remettre en cause la spécification. La version 2.0 vient à point pour proposer des remèdes, comme les interfaces locales ou la gestion des relations entre entités. On parle alors de certains succès avec des applications développées à partir d'EJB CMP 2.0. Ces quelques améliorations ne suffisent toutefois pas à gommer la mauvaise réputation des EJB, qui restent trop intrusifs (les entités doivent toujours implémenter des interfaces spécifiques) et qui brident la modélisation des applications en ne supportant ni l'héritage, ni le threading. À ces limitations s'ajoutent de nombreuses difficultés, comme celles de déployer et de tester facilement les applications ou d'utiliser les classes en dehors d'un conteneur (serveur d'applications). L'année 2003 est témoin que les promesses des leaders du marché J2EE ne seront pas tenues.

Début 2004, la persistance dans le monde Java est donc un problème non résolu. Les deux tentatives de spécification ont échoué. EJB 1.*x* est un cauchemar difficile à oublier, et JDO 1.*x* un essaie manqué. Quant à EJB 2.0, si elle résout quelques problèmes, elle hérite de faiblesses trop importantes pour s'imposer.

Hibernate

Le 19 janvier 2002, Gavin King fait une modeste publication sur le site theserverside.com pour annoncer la création d'Hibernate *(http://www.theserverside.com/discussions/ thread.tss?thread_id=11367)*.

Hibernate est lancé sous le numéro de version 0.9. Depuis lors, il ne cesse d'attirer les utilisateurs, qui forment une réelle communauté. Le succès étant au rendez-vous, Gavin King gagne en popularité et devient un personnage incontournable dans le monde de la persistance Java. Coécrit avec Christian Bauer, l'ouvrage *Hibernate in Action* sort l'année suivante et décrit avec précision toutes les problématiques du mapping objet-relationnel.

Pour comprendre l'effet produit par la sortie d'Hibernate, il faut s'intéresser à l'histoire de son créateur, Gavin King.

Pour en savoir plus Vous pouvez retrouver les arguments de Gavin King dans une interview qu'il a donnée le 8 octobre 2004 et dont l'intégralité est publiée sur le site theserverside.com, à l'adresse *http://www.theserverside.com/talks/videos/GavinKing/interview.tss?bandwidth=dsl*

Avant de se lancer dans l'aventure Hibernate, Gavin King travaillait sur des applications J2EE à base d'EJB 1.1. Lassé de passer plus de temps à contourner les limitations des EJB qu'à solutionner des problèmes métier et déçu de voir son code ne pas être portable d'un serveur d'applications à un autre et de ne pas pouvoir le tester facilement, il crée le framework de persistance Open Source Hibernate.

Hibernate ne va cesser de s'enrichir de fonctionnalités au rythme de l'accroissement de sa communauté d'utilisateurs. Le fait que cette communauté interagisse avec les développeurs principaux est une des causes du succès d'Hibernate. Des solutions concrètes sont ainsi apportées très rapidement au noyau du moteur de persistance, certains utilisateurs proposant même des fonctionnalités auxquelles des développeurs confirmés n'ont pas pensé.

Plusieurs bons projets Open Source n'ont pas duré dans le temps faute de documentation. Une des particularités d'Hibernate vient de ce que la documentation fait partie intégrante du projet, lequel est de fait l'outil Open Source le mieux documenté. Un guide de référence de 150 pages expliquant l'utilisation d'Hibernate est mis à jour à chaque nouvelle version, même mineure, et est disponible en plusieurs langues, dont le français, le japonais, l'italien et le chinois.

Les fonctionnalités clés d'Hibernate mêlent subtilement la possibilité de traverser un graphe d'objets de manière transparente et la performance des requêtes générées. Critique dans un tel outil, le langage d'interrogation orienté objet, appelé HQL (Hibernate Query Language), est aussi simple qu'efficace, sans pour autant dépayser les développeurs habitués au SQL.

La transparence est un autre atout d'Hibernate. Contrairement aux EJB, les POJO (Plain Old Java Object) ne sont pas couplés à l'infrastructure technique. Il est de la sorte possible de réutiliser les composants métier, chose impossible avec les EJB.

Dans l'interview d'octobre 2004, Gavin King évoque les limitations de JDO et des EJB. Pour le premier, les problèmes principaux viennent du langage d'interrogation JDOQL, peu pratique, et de la volonté de la spécification d'imposer la manipulation du bytecode. Pour les EJB 2.0, les difficultés viennent de l'impossibilité d'utiliser l'héritage, du couplage relativement fort entre le modèle de classes métier et l'infrastructure technique, ainsi que du problème de performance connu sous le nom de $n + 1$ select.

Hibernate rejoint JBoss

En septembre 2003, Hibernate rejoint JBoss. À l'époque, l'annonce *(http://www.theserverside.com/news/thread.tss?thread_id=21482)* fait couler beaucoup d'encre, des rumeurs non fondées prétendant qu'Hibernate ne pourra plus être utilisé qu'avec le serveur d'applications JBoss.

L'équipe d'Hibernate est composée de neuf membres, dont quatre seulement sont employés par JBoss. Pour faire partie des cinq autres, je puis affirmer que rien n'a changé depuis le rapprochement d'Hibernate et de JBoss. Ce rapprochement vise à encourager les grandes entreprises à adopter un outil Open Source. Il est en effet rassurant pour ces dernières de pouvoir faire appel à des sociétés de services afin de garantir le bon fonctionnement de l'outil et de bénéficier de formations de qualité. Au-delà des craintes, JBoss a certainement contribué à accroître la pérennité d'Hibernate.

Vers une solution unique ?

Gavin King, qui a créé Hibernate pour pallier les lacunes des EJB 1.1, a depuis lors rejoint le groupe d'experts chargé de la spécification JSR 220 des EJB 3.0 au sein du JCP (Java Community Process).

La figure 1.1 illustre l'historique de la persistance en mettant en parallèle EJB, JDO et Hibernate. Les blocs EJB Specs et JDO Specs ne concernent que les spécifications et non les implémentations, ces dernières demandant un temps de réaction parfois très long. Précisons que les dernières spécifications (JSR 243 pour JDO 2.0 et JSR 220 pour EJB 3.0) ne sont pas encore finalisées au premier trimestre 2005. Vous pouvez en consulter tous les détails à l'adresse *http://www.jcp.org/en/jsr/all.*

Figure 1.1

*Historique
de la persistance
Java*

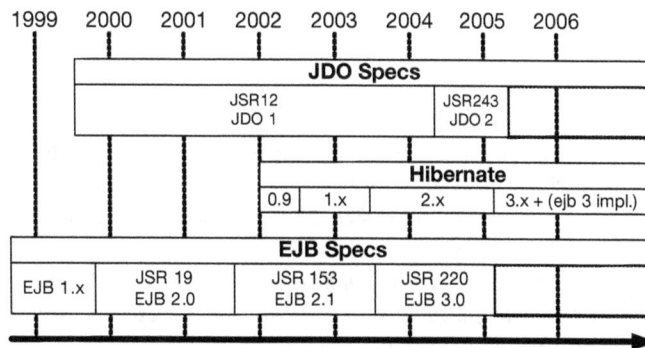

Deux raisons expliquent la coexistence des spécifications EJB et JDO. La première est qu'EJB couvre beaucoup plus de domaines que la seule persistance. La seconde est que lorsque JDO est apparu, EJB ne répondait pas efficacement aux attentes de la communauté Java.

Depuis, la donne a changé. Il paraît désormais inutile de doublonner EJB 3.0 avec JDO 2.0. C'est la raison pour laquelle la proposition de spécification JSR 243 a été refusée par le JCP le 23 janvier 2005 *(http://www.theserverside.com/news/thread.tss?thread_id=31239).*

Le problème est qu'en votant non à cette JSR, le JCP ne garantissait plus la pérennité de JDO, alors même qu'une communauté existe déjà. La réaction de cette communauté ne s'est pas fait attendre et a nécessité un second vote, cette fois favorable, le 7 mars 2005 *(http://www.theserverside.com/news/thread.tss?thread_id=32200).*

L'existence des deux spécifications est-elle une bonne chose ? À l'évidence, il s'agit d'un frein a l'adoption d'une seule et unique spécification de persistance. Certains estiment toutefois que le partage du marché est sain et que la concurrence ne fera qu'accélérer l'atteinte d'objectifs de qualité. Un effort important est cependant déployé pour que les deux spécifications finissent par se rejoindre à moyen terme.

Pour atteindre cet objectif, l'adhésion des vendeurs de serveurs d'applications sera décisive. Historiquement, ils ont déjà renoncé à JDO et sont liés aux EJB. Leader du marché, JBoss proposera bientôt l'implémentation des EJB 3.0. Cela donnera lieu à une release mineure d'Hibernate, puisque Hibernate 3 implémente déjà la plupart des spécifications EJB 3.0. Oracle, propriétaire actuel de TopLink, n'aura aucun mal non plus à produire une implémentation des EJB 3.0 pour son serveur d'applications.

Comme expliqué précédemment, les spécifications finales des EJB 3.0 ne sont pas encore figées, et il faudra attendre un certain temps d'implémentation avant leur réelle disponibilité. Nous pouvons cependant d'ores et déjà affirmer que cette version 3 solutionne les problèmes des versions précédentes, notamment les suivants :

- Les classes persistantes ne sont plus liées à l'architecture technique puisqu'elles n'ont plus besoin d'hériter de classes techniques ni d'implémenter d'interfaces spécifiques.
- La conception objet des applications n'est plus bridée, et l'héritage est supporté.
- Les applications sont faciles à tester.
- Les métadonnées sont standardisées.

Le point de vue de Gavin King

À l'occasion du dixième anniversaire de TopLink, le site theserverside.com a réuni les différents acteurs du marché. Voici une traduction d'extraits de l'intervention de Gavin King *(http://www.theserverside.com/news/ thread.tss?thread_id=30017#146593),* qui résume bien les enjeux sous-jacents des divergences d'intérêt entre EJB 3.0 et JDO 2.0.

- *La plupart d'entre nous sommes gens honnêtes, qui essayons de créer la spécification de persistance de qualité que la communauté Java est en droit d'attendre. Que vous le croyiez ou non, nous n'avons que de bonnes intentions. Nous voulons créer une excellente technologie, et la politique et autres intérêts annexes ne font pas partie de nos motivations.*
- *Personne n'a plus d'expérience sur l'ORM (Object Relational Mapping) que l'équipe de TopLink, qui le met en œuvre depuis dix ans. Hibernate et TopLink ont la plus grande base d'utilisateurs parmi les solutions d'ORM. Les équipes d'Hibernate et de TopLink ont influé avec détermination sur les leaders du marché J2EE du mapping objet-relationnel Java afin de prouver que JDO 2.0 n'était pas la meilleure solution pour la communauté Java (...).*
- *La spécification EJB 3.0 incarne selon moi un subtil mélange des meilleures idées en matière de persistance par mapping objet-relationnel. Ses principales qualités sont les suivantes :*

– *Elle fait tout ce dont les utilisateurs ont besoin.*
– *Elle est très facile à utiliser.*
– *Elle n'est pas plus complexe que nécessaire.*
– *Elle permet la mise en concurrence de plusieurs implémentations des leaders du marché selon différentes approches.*
– *Elle s'intègre de manière élégante à J2EE et à son modèle de programmation.*
– *Elle peut être utilisée en dehors du contexte J2EE.*
• *Pour bénéficier de la nouvelle spécification, les utilisateurs devront migrer une partie de leurs applications, et ce, quelle que soit la solution de persistance qu'ils utilisent actuellement. Les groupes d'utilisateurs concernés sont, par ordre d'importance en nombre, les suivants :*
– *utilisateurs d'EJB CMP ;*
– *utilisateurs d'Hibernate ;*
– *utilisateurs de TopLink ;*
– *utilisateurs de JDO.*
• *Si chaque communauté d'utilisateurs devra fournir des efforts pour adopter EJB 3.0, celle qui devra en fournir le plus sera celle des utilisateurs de CMP.*
• *C'est le rôle du vendeur que de fournir des stratégies de migration claires et raisonnables ainsi que d'assurer le support des API existantes pour les utilisateurs qui ne souhaiteraient pas migrer.*
• *Concernant Hibernate/JBoss, nous promettons pour notre part :*
– *De supporter et d'améliorer encore l'API Hibernate, qui va plus loin que ce qui est actuellement disponible dans les standards de persistance (une catégorie d'utilisateurs préféreront utiliser les API d'Hibernate 3 plutôt que celles des EJB 3.0).*
– *De fournir un guide de migration clair, dans lequel le code d'Hibernate et celui des EJB 3.0 pourront coexister au sein d'une même application et où les métadonnées, le modèle objet et les API pourront être migrés indépendamment.*
– *D'offrir des fonctionnalités spécifiques qui étendent la spécification EJB 3.0 pour les utilisateurs qui ont besoin de fonctions très avancées, comme les filtres dynamiques d'Hibernate 3, et qui ne sont pas vraiment concernés par les problèmes de portabilité.*
– *De continuer de travailler au sein du comité JSR 220 afin de garantir que la spécification évolue pour répondre aux besoins des utilisateurs.*
– *De persévérer dans notre rôle d'innovateur pour amener de nouvelles idées dans le monde du mapping objet-relationnel.*
• *Votre fournisseur J2EE devrait être capable de vous fournir les mêmes garanties (…).*

En résumé

Avec les EJB 3.0, le monde Java se dote, après plusieurs années de déconvenues, d'une spécification solide, fondée sur un ensemble d'idées ayant fait leurs preuves au cours des dernières années. Beaucoup de ces idées et concepts proviennent des équipes d'Hibernate et de TopLink.

La question en suspens concerne l'avenir de JDO. La FAQ de Sun Microsystems en livre une esquisse en demi-teinte *(http://java.sun.com/j2ee/persistence/faq.html)* :

Question. *Que va-t-il advenir des autres API de persistance de données une fois que la nouvelle API de persistance EJB 3.0 sera disponible ?*

Réponse. *La nouvelle API de persistance EJB 3.0 décrite dans la spécification JSR 220 sera l'API standard de persistance Java. En accueillant des experts ayant des points de vue différents dans le groupe JSR 220 et en encourageant les développeurs et les vendeurs à adopter cette nouvelle API, nous faisons en sorte qu'elle réponde aux attentes de la communauté dans le domaine de la persistance. Les API précédentes ne disparaîtront pas mais deviendront moins intéressantes.*

Question. *Est-ce que JDO va mourir ?*

Réponse. *Non, JDO continuera à être supporté par une variété de vendeurs pour une durée indéfinie. De plus, le groupe d'experts JSR 243 travaille à la définition de plusieurs améliorations qui seront apportées à JDO à court terme afin de répondre à l'attente de la communauté JDO. Cependant, nous souhaitons que, dans la durée, les développeurs JDO ainsi que les vendeurs se focalisent sur la nouvelle API de persistance.*

Les réponses à ces questions montrent clairement la volonté de n'adopter à long terme que le standard EJB 3.0. La communauté sait qu'Hibernate 3 est précurseur en la matière et que l'équipe menée par Gavin King sera l'une des premières, si ce n'est la première, à offrir une implémentation des EJB 3.0 permettant de basculer en toute transparence vers cette spécification.

Principes de la persistance

Après ce bref résumé de l'historique et des enjeux à moyen et long terme de la persistance, nous allons tâcher de définir les principes de la persistance et du mapping objet-relationnel, illustrés à l'aide d'exemples concrets.

Dans le monde Java, on parle de persistance d'informations. Ces informations peuvent être des données ou des objets. Même s'il existe différents moyens de stockage d'informations, les bases de données relationnelles occupent l'essentiel du marché.

Les bases de données relationnelles, ou RDBMS (Relational DataBase Management System), les plus connues sont Oracle, Sybase, DB2, Microsoft SQL Server et MySQL. Les applications Java utilisent l'API JDBC (Java DataBase Connectivity) pour se connecter aux bases de données relationnelles et les interroger.

Les applications d'entreprise orientées objet utilisent les bases de données relationnelles pour stocker les objets dans des lignes de tables, les propriétés des objets étant représentées par les colonnes des tables. L'unicité d'un enregistrement est assurée par une clé primaire. Les relations définissant le réseau d'objets sont représentées par une duplication de la clé primaire de l'objet associé (clé étrangère).

L'utilisation de JDBC est mécanique. Elle consiste à parcourir les étapes suivantes :

1. Utilisation d'une `java.sql.Connection` obtenue à partir de `java.sql.DriverManager` ou `javax.sql.DataSource`.

2. Utilisation de `java.sql.Statement` depuis la connexion.

3. Exécution de code SQL *via* les méthodes `executeUpdate()` ou `executeQuery()`. Dans le second cas, un `java.sql.ResultSet` est retourné.

4. En cas d'interrogation de la base de données, lecture du résultat depuis le resultset avec possibilité d'itérer sur celui-ci.

5. Fermeture du resultset si nécessaire.

6. Fermeture du statement.

7. Fermeture de la connexion.

La persistance peut être réalisée de manière transparente ou non transparente. La transparence offre d'énormes avantages, comme nous allons le voir dans les sections suivantes.

La persistance non transparente

Comme l'illustre la figure 1.2, une application n'utilisant aucun framework de persistance délègue au développeur la responsabilité de coder la persistance des objets de l'application.

Figure 1.2

Persistance de l'information prise en charge par le développeur

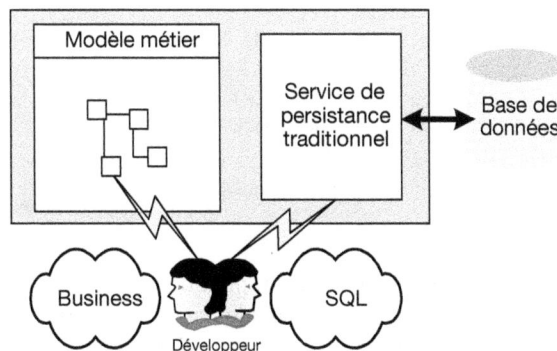

Le code suivant montre une méthode dont le contrat consiste à insérer des informations dans une base de données. La méthode permet ainsi de rendre les propriétés de l'instance `myTeam` persistantes.

```
public void testJDBCSample() throws Exception {
  Class.forName("org.hsqldb.jdbcDriver");
  Connection con = null;
  try {
```

```
      // étape 1: récupération de la connexion
      con = DriverManager.getConnection("jdbc:hsqldb:test","sa","");
      // étape 2: le PreparedStatement
      PreparedStatement createTeamStmt;
      String s = "INSERT INTO TEAM VALUES (?, ?, ?, ?, ?)";
      createTeamStmt = con.prepareStatement(s);
      createTeamStmt.setInt(1, myTeam.getId());
      createTeamStmt.setString(2, myTeam.getName());
      createTeamStmt.setInt(3, myTeam.getNbWon());
      createTeamStmt.setInt(4, myTeam.getNbLost());
      createTeamStmt.setInt(5, myTeam.getNbPlayed());
      // étape 3: exécution de la requête
      createTeamStmt.executeUpdate();
      // étape 4: fermeture du statement
      createTeamStmt.close();
      con.commit();
    } catch (SQLException ex) {
      if (con != null) {
        try {
          con.rollback();
        } catch (SQLException inEx) {
          throw new Error("Rollback failure", inEx);
        }
      }
      throw ex;
    } finally {
      if (con != null) {
        try {
          con.setAutoCommit(true);
          // étape 5: fermeture de la connexion
          con.close();
        } catch (SQLException inEx) {
          throw new Error("Rollback failure", inEx);
        }
      }
    }
  }
```

Nous ne retrouvons dans cet exemple que cinq des sept étapes détaillées précédemment puisque nous ne sommes pas dans le cas d'une lecture. La gestion de la connexion ainsi que l'écriture manuelle de la requête SQL y apparaissent clairement.

Sans compter la gestion des exceptions, plus de dix lignes de code sont nécessaires pour rendre persistante une instance ne contenant que des propriétés simples, l'exemple ne comportant aucune association ou collection. La longueur de la méthode est directement liée au nombre de propriétés que vous souhaitez rendre persistantes. À ce niveau de simplicité de classe, nous ne pouvons parler de réel modèle objet.

L'exemple d'un chargement d'un objet depuis la base de données serait tout aussi volumineux puisqu'il faudrait invoquer les setters des propriétés avec les données retournées par le resultset.

Une autre limitation de ce code est qu'il ne gère ni cache, qu'il soit de premier ou de second niveau, ni concourance, ni clé primaire. De plus, ne traitant aucune sorte d'association, il est d'autant plus lourd que le modèle métier est fin et complexe. En ce qui concerne la lecture, le chargement se fait probablement au cas par cas, avec duplication partielle de méthode selon le niveau de chargement requis.

Sans outil de mapping objet-relationnel, le développeur a la charge de coder lui-même tous les ordres SQL et de répéter autant que de besoin ce genre de méthode.

Dans de telles conditions, la programmation orientée objet coûte très cher et soulève systématiquement les mêmes questions : si des objets sont associés entre eux, faut-il propager les demandes d'insertion, de modification ou de suppression en base de données ? Lorsque nous chargeons un objet particulier, faut-il anticiper le chargement des objets associés ?

La figure 1.3 illustre le problème de gestion de la persistance des instances associées à un objet racine. Elle permet d'appréhender la complexité de gestion de la persistance d'un graphe d'objets résultant d'une modélisation orientée objet.

Figure 1.3

*Le problème
de la gestion
de la persistance
des instances
associées*

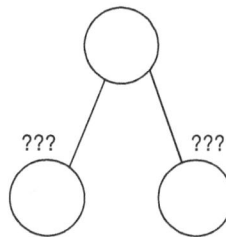

Pour utiliser une stratégie de persistance non transparente, le développeur doit avoir une connaissance très avancée du SQL mais aussi de la base de données utilisée et de la syntaxe spécifique de cette base de données.

La persistance transparente

Avec un framework de persistance offrant une gestion des états des instances persistantes, le développeur utilise la couche de persistance comme un service rendant abstraite la représentation relationnelle indispensable au stockage final de ses objets.

La figure 1.4 illustre comment le développeur peut se concentrer sur les problématiques métier et comment la gestion de la persistance est déléguée de manière transparente à un framework.

L'exemple de code suivant rend persistante une instance de myTeam :

```
public void testORMSample() throws Exception {
Session session = HibernateUtil.getSession();
Transaction tx = null;
  try {
```

```
        tx = HibernateUtil.beginTransaction();
        session.create(myTeam);
        HibernateUtil.commit()
    } catch (Exception ex) {
        HibernateUtil.rollback();
        throw e;
    } finally {
        HibernateUtil.closeSession();
    }
}
```

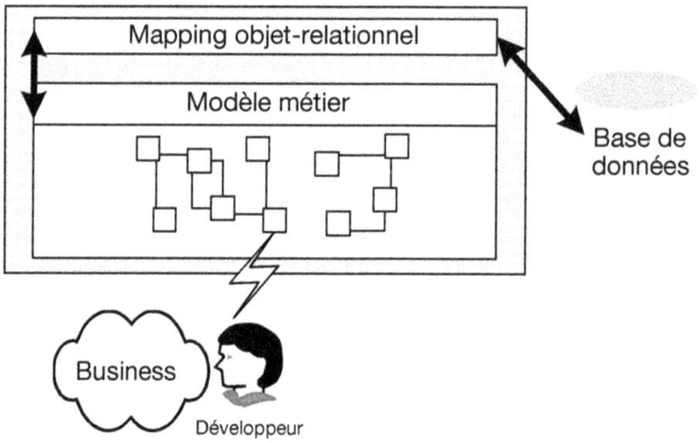

Figure 1.4

*Persistance
transparente
des objets par ORM*

Ici, seules trois lignes sont nécessaires pour couvrir la persistance de l'objet, et aucune notion de SQL n'est nécessaire. Cependant, pour interroger de manière efficace la source contenant les objets persistants, il reste utile d'avoir de bonnes bases en SQL.

Les avantages d'une solution de persistance vont plus loin que la facilité et l'économie de code. La notion de « persistance par accessibilité» *(persistence by reachability)* signifie non seulement que l'instance racine sera rendue persistante mais que les instances associées à l'objet racine pourront aussi, en toute transparence, être rendues persistantes.

Cette notion fondamentale supprime la difficulté mentionnée précédemment pour la persistance d'un réseau ou graphe d'objets complexe, comme l'illustre la figure 1.5.

Figure 1.5

*Persistance
en cascade
d'instances
associées*

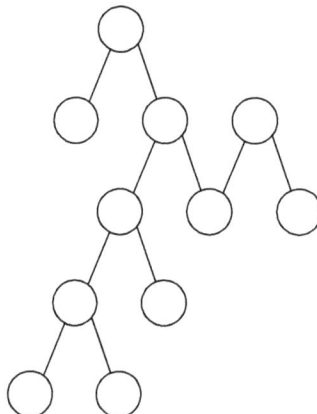

Le mapping objet-relationnel

Le principe du mapping objet-relationnel est simple. Il consiste à décrire une correspondance entre un schéma de base de données et un modèle de classes. Pour cela, nous utilisons des métadonnées, généralement incluses dans un fichier de configuration. Ces métadonnées peuvent être placées dans les sources des classes elles-mêmes, comme le précisent les annotations de la JSR 220 (EJB 3.0).

La correspondance ne se limite pas à celle entre la structure de la base de données et le modèle de classes mais concerne aussi celle entre les instances de classes et les enregistrements des tables, comme illustré à la figure 1.6.

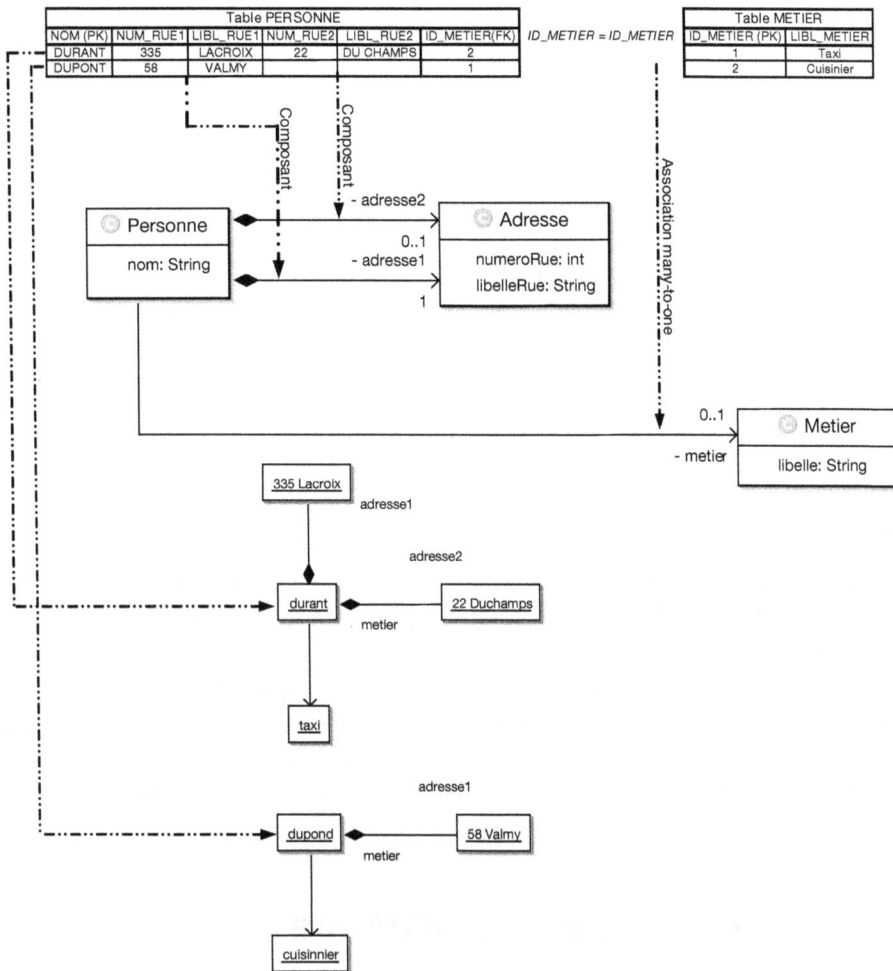

Figure 1.6

Principe du mapping objet-relationnel

En haut de la figure, nous avons deux tables liées par la colonne `ID_METIER`. Dans le diagramme de classes situé en dessous, les instances de `Personne` et `Metier` sont des entités alors que celles d'`Adresse` sont considérées comme des valeurs *(nous détaillons cette nuance au chapitre 2)*. Dans la partie basse de la figure, un diagramme d'instances permet de visualiser le rapport entre instances et enregistrements, aussi appelés lignes, ou tuples.

En règle générale, une classe correspond à une table. Si vous optez pour un modèle à granularité fine, une seule table peut reprendre plusieurs classes, comme notre classe `Adresse`.

Les colonnes représentent les propriétés d'une classe, tandis que les liens relationnels entre deux tables (duplication de valeur d'une table à une autre) forment les associations de votre modèle objet.

Contrairement au modèle relationnel, qui ne définit pas de navigabilité, la conception du diagramme de classes propose une ou plusieurs navigabilité. Dans l'absolu, nous avons, au niveau relationnel, une relation `PERSONNE *--1 METIER`, qui peut se lire dans le sens inverse `METIER 1--* PERSONNE`. C'est là une des différences entre les mondes objet et relationnel. Dans notre exemple, l'analyse a abouti à la définition d'une seule navigabilité `Personne *--1 Metier`.

Les différences entre les deux mondes sont nombreuses. Tout d'abord chacun possède son propre système de types. Ensuite, la très grande majorité des bases de données relationnelles ne supporte pas l'héritage, à la différence de Java. En Java, la notion de suppression est gérée par le garbage collector alors qu'une base de données fonctionne par ordre SQL. De plus, dans la JVM, les objets vivent tant qu'ils sont référencés par un autre objet.

Les règles de nommage sont également différentes. Le nommage des classes et attributs Java n'est pas limité en taille, alors que, dans une base de données, il est parfois nécessaire de nommer les éléments au plus court.

En résumé

Cette section a donné un aperçu des macro-concepts du mapping objet-relationnel. Vous avez pu constater que la notion de persistance ne consistait pas uniquement en une génération automatique d'ordres SQL.

Les notions de persistance transparente et transitive, de modélisation fine de vos applications, de gestion de la concourance, d'interaction avec un cache, de langage d'interrogation orienté objet (que nous aborderons plus en détail ultérieurement) que vous avez découvertes sont quelques-unes des fonctionnalités offertes par Hibernate. Vous les approfondirez tout au long de cet ouvrage.

Les autres solutions de persistance

EJB et JDO ne sont pas les seules possibilités pour disposer d'un mécanisme de persistance d'objets dans les applications Java. Cette section présente un panorama des principaux outils disponibles sur le marché.

Selon le type de vos applications, tel outil peut être mieux adapté qu'un autre. Pour vous aider à faire votre choix, nous vous proposerons une typologie des outils en relation avec les applications cibles

Le tableau 1.1 donne une liste non exhaustive d'outils pouvant prendre en charge la gestion de la persistance dans vos applications.

Tableau 1.1. Frameworks de persistance

Outil	URL	Fonction
CocoBase	*http://www.cocobase.com*	Solution propriétaire de mapping objet-relationnel
SoftwareTree JDX	*http://www.softwaretree.com*	Solution propriétaire de mapping objet-relationnel
Fresher Matisse	*http://www.fresher.com*	Base de données hybride permettant le stockage natif d'objets tels que ODBMS (Open DataBase Management System) ainsi que le support du SQL2. Est capable de stocker du XML ainsi que les objets de Java, C#, C++, VB, Delphi, Eiffel, Smalltalk, Perl, Python et PHP.
Progress Software ObjectStore	*http://www.objectivity.com*	Objectivity/DB est une base de données objet qui n'a jamais percé faute d'adhésion des grands vendeurs et du fait de la concurrence des bases de données relationnelles, qui ont une maturité élevée et reconnue.
db4objects 2.6	*http://www.db4o.com*	Représente la toute dernière génération de bases de données objet.
Castor	*http://castor.exolab.org*	Projet Open Source proposant un mapping objet-relationnel mais aussi XML et LDAP. Bien que le projet ait démarré il y a plusieurs années, il n'en existe toujours pas de version 1.
Cayenne	*http://objectstyle.org/cayenne* *http://sourceforge.net/projects/cayenne*	Projet Open Source proposant un mapping objet-relationnel avec des outils de configuration visuels
OJB	*http://db.apache.org/ojb/*	Projet Open Source de la fondation Apache proposant un mapping objet-relationnel *via* une API JDO
iBatis	*http://db.apache.org/ojb/*	Projet Open Source offrant des fonctions de mapping entre objets et ordres SQL et ne générant donc aucune requête. iBatis est particulièrement adapté aux applications de reporting.

Le blog des membres de l'équipe Hibernate propose un article recensant les critères à prendre en compte pour l'acquisition d'un outil de persistance *(blog.hibernate.org/cgi-bin/ blosxom.cgi/Christian%20Bauer/relational/comparingpersistence.html)*.

Il existe quatre types d'outils, chacun répondant à une problématique de gestion de la persistance spécifique :

- **Relationnel pur.** La totalité de l'application, interfaces utilisateur incluses, est conçue autour du modèle relationnel et d'opérations SQL. Si les accès directs en SQL peuvent être optimisés, les inconvénients en terme de maintenance et de portabilité sont importants, surtout à long terme. Ce type d'application peut utiliser les procédures stockées, déportant une partie du traitement métier vers la base de données.

- **Mapping d'objets légers.** Les entités sont représentées comme des classes mappées manuellement aux tables du modèle relationnel. Le code manuel SQL/JDBC est caché de la logique métier par des design patterns courants, tel DAO (Data Access Object). Cette approche largement répandue est adaptée aux applications disposant de peu d'entités. Dans ce type de projet, les procédures stockées peuvent aussi être utilisées.

- **Mapping objet moyen.** L'application est modélisée autour d'un modèle objet. Le SQL est généré à la compilation par un outil de génération de code ou à l'exécution par le code d'un framework. Les associations entre objets sont gérées par le mécanisme de persistance, et les requêtes peuvent être exprimées *via* un langage d'interrogation orienté objet. Les objets sont mis en cache par la couche de persistance. Plusieurs produits de mapping objet-relationnel proposent au moins ces fonctionnalités. Cette approche convient bien aux projets de taille moyenne devant traiter quelques transactions complexes et dans lesquels le besoin de portabilité entre différentes bases de données est important. Ces applications n'utilisent généralement pas les procédures stockées.

- **Mapping objet complet.** Le mapping complet supporte une conception objet sophistiquée, incluant composition, héritage, polymorphisme et persistance « par référence » (effet de persistance en cascade sur un réseau d'objets). La couche de persistance implémente la persistance transparente. Les classes persistantes n'héritent pas de classes particulières et n'implémentent aucune interface spécifique. La couche de persistance n'impose aucun modèle de programmation particulier pour implémenter le modèle métier. Des stratégies de chargement efficaces (chargement à la demande ou direct) ainsi que de cache avancées sont disponibles et transparentes. Ce niveau de fonctionnalité demande des mois voire des années de développement.

Tests de performance des outils de persistance

Les tests unitaires ne sont pas les seuls à effectuer dans un projets informatique. Ils garantissent la non-régression de l'application et permettent de tester un premier niveau de services fonctionnels. Ils doivent en conséquence être complétés de tests fonctionnels de plus haut niveau.

Ces deux types de tests ne suffisent pas, et il faut éprouver l'application sur ses cas d'utilisations critiques. Ces cas critiques doivent résister de manière optimale (avec des temps de réponse cohérents et acceptables) à un pic de montée en charge. On appelle ces derniers tests « tests de montée en charge » ou « stress test ». Ils permettent généralement de tester aussi l'endurance de vos applications. Load runner de Mercury est une solution qui permet de tester efficacement la montée en charge de vos applications. Il existe d'autres solutions, dont certaines sont gratuites.

Les stratégies de test de performance des solutions de persistance sont complexes à mettre en œuvre, car elles doivent mesurer l'impact d'un composant (par exemple, le choix d'un framework) donné sur une architecture technique physique.

Les éléments à prendre en compte lors d'une campagne de tests de performance sont les suivants *(voir figure 1.7)* :

- flux réseau ;
- occupation mémoire du serveur d'applications ;
- occupation mémoire de la base de données ;
- charge CPU du serveur d'applications ;
- charge CPU de la base de données ;
- temps de réponse des cas d'utilisation reproduits.

Figure 1.7

Éléments à tester

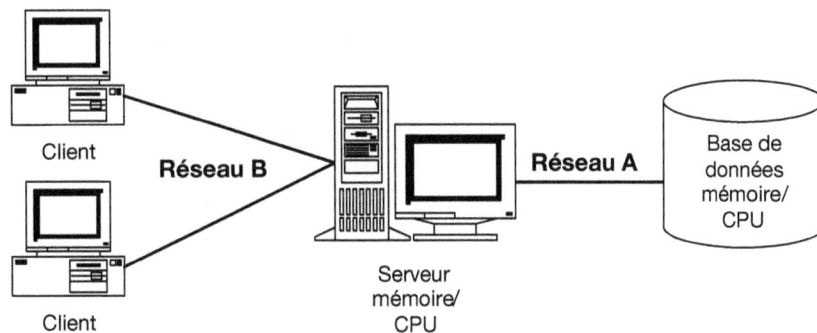

Cet exemple simplifié vaut pour des applications de type Web. Dans le cas de clients riches, il faudrait aussi intégrer des sondes de mesure sur les clients.

Le site Torpedo *(http://www.middlewareresearch.com/torpedo/results.jsp)* propose une étude comparative des solutions de persistance. Ce benchmark ne se fonde cependant que sur le nombre de requêtes générées par les différents outils pour une application identique. De plus, le cas d'utilisation employé est d'une simplicité enfantine, puisqu'il consiste en la manipulation d'un modèle métier de moins de cinq classes persistantes.

Un tel comparatif est d'un intérêt limité. En effet, les outils de persistance sont bien plus que de simples générateurs de requêtes SQL. Ils gèrent un cache et la concourance et permettent de mapper des modèles de classes relativement complexes. Ce sont sur ces fonctionnalités qu'il faut les comparer. De plus, un outil générant deux requêtes n'est pas forcément moins bon que son concurrent qui n'en génère qu'une. Enfin, une requête SQL complexe peut s'exécuter dix fois plus lentement que deux requêtes successives pour un même résultat.

Dans cette optique, nous vous proposons un test de performance qui vous permettra de constater qu'une mauvaise utilisation d'Hibernate peut impacter dangereusement les performances de vos applications. Il démontrera à l'inverse qu'une bonne maîtrise de l'outil permet d'atteindre des performances proches d'une implémentation à base de JDBC.

La figure 1.8 illustre une portion du diagramme de classes d'une application métier réelle qui entre en jeu dans un cas d'utilisation critique. Ce qui est intéressant ici est que ce graphe d'objets possède plusieurs types d'associations ainsi qu'un arbre d'héritage. Les classes ont été renommées par souci de confidentialité.

Figure 1.8

Diagramme de classes de l'application à tester

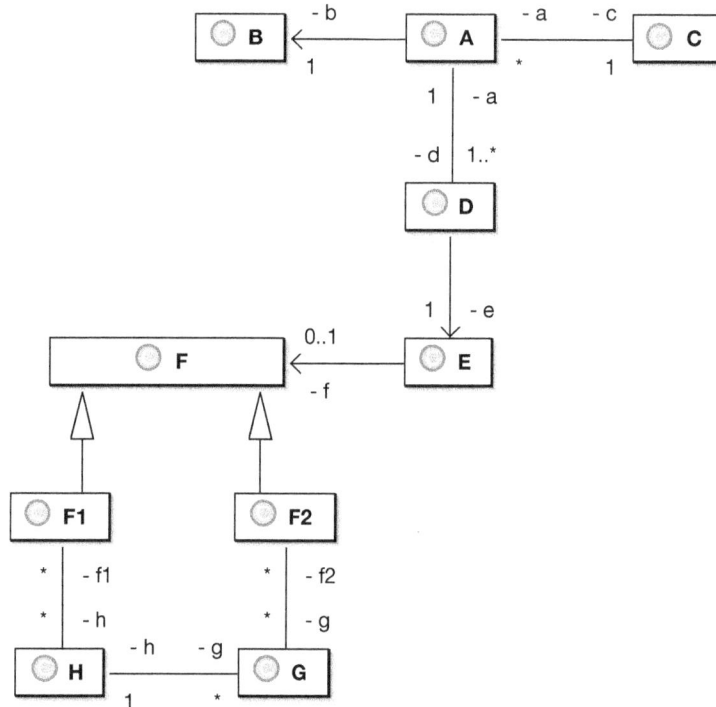

La base de données stocke :

- 600 instances de la classe A.
- 7 instances de la classe B.
- 50 instances de la classe C.
- En moyenne, 5 instances de la classe D sont associées par instance de la classe A.
- 150 instances de la classe E.
- 10 instances de la classe F, dont 7 de F2 et 3 de F1.
- 20 instances de la classe G et 1 de H.

Comme vous le constatez, la base de données est volontairement peu volumineuse.

Concernant l'architecture logicielle, l'objectif est de mesurer l'impact d'une mauvaise utilisation d'Hibernate sur le serveur et les temps de réponse. Nous avons donc opté pour une implémentation légère à base de servlets (avec Struts) et d'Hibernate, le tout tournant sur Tomcat. Les configurations matérielles des machines hébergeant le serveur Tomcat et la base de données relationnelles (Oracle) sont de puissance équivalente. La problématique réseau est masquée par un réseau à 100 Mbit/s.

L'objectif est de mesurer l'impact d'une mauvaise utilisation d'Hibernate avec un petit nombre d'utilisateur simulés (une vingtaine).

L'énumération des chiffres des résultats du test n'est pas importante en elle-même. Ce qui compte, c'est leur interprétation. Alors que le nombre d'utilisateurs est faible, une mauvaise utilisation d'Hibernate double les temps de réponse, multiplie par quatre les allers-retours avec la base de données et surcharge la consommation CPU du moteur de servlets. Il est facile d'imaginer l'impact en pleine charge, avec plusieurs centaines d'utilisateurs.

Il est donc essentiel de procéder à une expertise attentive d'Hibernate pour vos applications. Nous vous donnerons tout au long de cet ouvrage des indications sur les choix impactant les performances de vos applications.

En résumé

Si vous hésitez entre plusieurs solutions de persistance, il est utile de dresser une liste exhaustive des fonctionnalités que vous attendez de la solution. Intéressez-vous ensuite aux performances que vos applications pourront atteindre en fonction de la solution retenue. Pour ce faire, n'hésitez pas à louer les services d'experts pour mettre en place un prototype.

Méfiez-vous des benchmarks que vous pouvez trouver sur Internet, et souvenez-vous que l'expertise est la seule garantie de résultats fiables.

Conclusion

À défaut de disposer d'un standard de persistance stable et efficace, la communauté Java a élu depuis deux ans Hibernate comme standard de fait. Les concepteurs d'Hibernate ayant contribué à l'élaboration de la nouvelle spécification EJB 3.0, la pérennité de l'outil est assurée.

Après avoir choisi Hibernate, il faut monter en compétence pour maîtriser cet outil complexe. L'objectif de cet ouvrage est de proposer de façon pragmatique des exemples de code pour chacune des fonctionnalités de l'outil.

Afin de couvrir un maximum de fonctionnalités, nous avons imaginé une application de gestion d'équipes de sports. Les classes récurrentes que vous manipulerez tout au long du livre sont illustrées à la figure 1.9.

Figure 1.9

*Diagramme
de classes
de notre application
exemple*

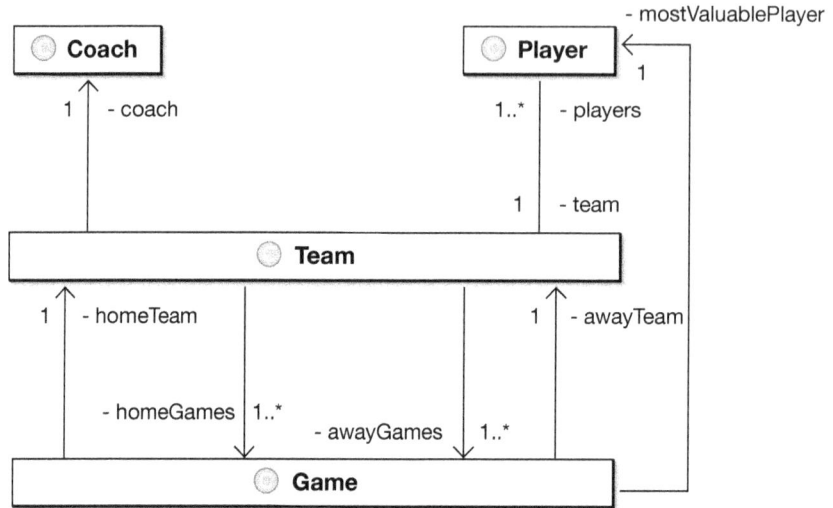

Figure 1.9

*Diagramme
de classes
de notre application
exemple*

Ce diagramme de classes va se complexifier au fur et à mesure de votre progression dans l'ouvrage. Vous manipulerez les instances de ces classes en utilisant Hibernate afin de répondre à des cas d'utilisation très courants, comme ceux illustrés à la figure 1.10.

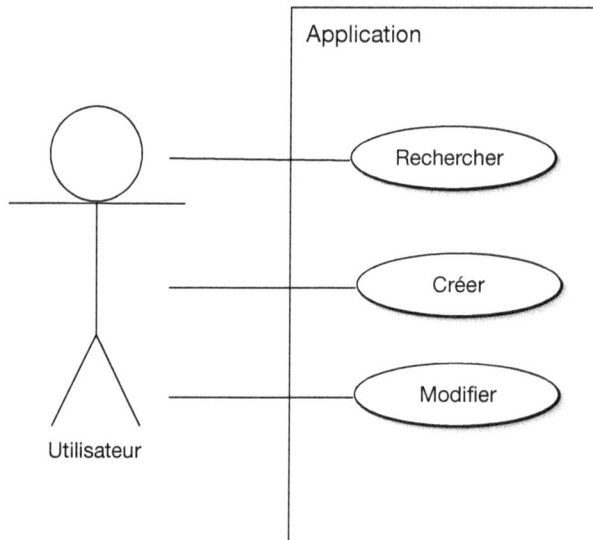

Figure 1.10

*Cas d'utilisation
couverts
par l'ouvrage*

Vous découvrirez au chapitre 2 les principes indispensables à maîtriser lorsque vous travaillez avec une solution de mapping objet-relationnel complet. Il vous faudra raisonner en terme de cycle de vie de l'objet et non plus en ordres SQL SELECT, INSERT, UPDATE ou DELETE.

Vous verrez au chapitre 3 comment écrire vos métadonnées dans les fichiers de mapping. Au cours des chapitres suivants, la complexité des exemples augmentera afin de couvrir la plupart des fonctionnalités avancées d'Hibernate.

Les utilisateurs d'Hibernate 2 trouveront dans l'ouvrage la description de l'ensemble des nouveautés de la version 3 :

- opérations EJB 3.0 ;
- paramétrage des stratégies de chargement ;
- flexibilité des mappings ;
- filtre dynamique ;
- utilisation manuelle du SQL ;
- annotations (moyen de décrire les métadonnées) ;
- architecture par événement ;
- mapping XML/relationnel ;
- mapping classes dynamiques/relationnel.

2

Classes persistantes
et session Hibernate

Le rôle d'un outil de mapping objet-relationnel tel qu'Hibernate est de faire abstraction du schéma relationnel qui sert à stocker les objets métier. Les fichiers de mapping permettent de faire le lien entre votre modèle de classes métier et le schéma relationnel. Avec Hibernate, le développeur d'application n'a plus à se soucier *a priori* de la base de données. Il lui suffit d'utiliser les API d'Hibernate, notamment l'API Session, et les interfaces de récupération d'objets persistants.

Les développeurs qui ont l'habitude de JDBC et des ordres SQL tels que SELECT, INSERT, UPDATE et DELETE doivent changer leur façon de raisonner au profit du cycle de vie de l'objet. Depuis la naissance d'une nouvelle instance persistante jusqu'à sa mort en passant par ses diverses évolutions, ils doivent considérer ces étapes comme des éléments du cycle de vie de l'objet et non comme des actions SQL menées sur une base de données.

Toute évolution d'une étape à une autre du cycle de vie d'une instance persistante passe par la session Hibernate. Ce chapitre introduit les éléments constitutifs d'une session Hibernate et détaille ce qui définit une classe métier persistante.

Avant de découvrir les actions que vous pouvez mener sur des objets persistants depuis la session et leur impact sur la vie des objets, vous commencerez par installer et configurer Hibernate afin de pouvoir tester les exemples de code fournis.

Installation d'Hibernate

Cette section décrit les étapes minimales permettant de mettre en place un environnement de développement Hibernate susceptible de gérer une application.

Dans une telle configuration de base, Hibernate est simple à installer et ne nécessite d'autre paramétrage que celui du fichier **hibernate.cfg.xml.**

Les bibliothèques Hibernate

Lorsque vous téléchargez Hibernate, vous récupérez pas moins d'une quarantaine de bibliothèques (fichiers JAR).

Le fichier **README.TXT,** disponible dans le répertoire **lib,** vous permet d'y voir plus clair dans toutes ces bibliothèques. Le tableau 2.1 en donne une traduction résumée.

Tableau 2.1. Bibliothèques d'Hibernate

Catégorie	Bibliothèque	Fonction	Particularité
Indispensables à l'exécution	dom4j-1.5.2.jar (1.5.2)	Parseur de configuration XML et de mapping	Exécution. Requis
	xml-apis.jar (unknown)	API standard JAXP	Exécution. Un parser SAX est requis.
	commons-logging-1.0.4.jar (1.0.4)	Commons Logging	Exécution. Requis
	jta.jar (unknown)	API Standard JTA	Exécution. Requis pour les applications autonomes s'exécutant en dehors d'un serveur d'applications
	jdbc2_0-stdext.jar (2.0)	API JDBC des extensions standards	Exécution. Requis pour les applications autonomes s'exécutant en dehors d'un serveur d'applications
	antlr-2.7.4.jar (2.7.4)	ANTLR (ANother Tool for Language Recognition)	Exécution
	cglib-full-2.0.2.jar (2.0.2)	Générateur de bytecode CGLIB	Exécution. Requis
	xerces-2.6.2.jar (2.6.2)	Parser SAX	Exécution. Requis
	commons-collections-2.1.1.jar (2.1.1)	Collections Commons	Exécution. Requis
En relation avec le pool de connexions	c3p0-0.8.5.jar (0.8.5)	Pool de connexions JDBC C3P0	Exécution. Optionnel
	proxool-0.8.3.jar (0.8.3)	Pool de connexions JDBC Proxool	Exécution. Optionnel
En relation avec le cache	ehcache-1.1.jar (1.1)	Cache EHCache	Exécution. Optionnel. Requis si aucun autre fournisseur de cache n'est paramétré.
Autres bibliothèques optionnelles	jboss-cache.jar (1.2)	Cache en clusters TreeCache	Exécution. Optionnel
	jboss-system.jar (unknown)		Exécution. Optionnel. Requis par TreeCache
	jboss-common.jar (unknown)		Exécution. Optionnel. Requis par TreeCache
	jboss-jmx.jar (unknown)		Exécution. Optionnel. Requis par TreeCache

Tableau 2.1. Bibliothèques d'Hibernate

Catégorie	Bibliothèque	Fonction	Particularité
Autres bibliothèques optionnelles	concurrent-1.3.2.jar (1.3.2)		Exécution. Optionnel. Requis par TreeCache
	jboss-remoting.jar (unknown)		Exécution. Optionnel. Requis par TreeCache
	swarmcache-1.0rc2.jar (1.0rc2)		Exécution. Optionnel
	jgroups-2.2.7.jar (2.2.7)	Bibliothèque multicast JGroups	Exécution. Optionnel. Requis par les caches supportant la réplication
	oscache-2.1.jar (2.1)	OSCache OpenSymphony	Exécution. Optionnel
Autres bibliothèques optionnelles	connector.jar (unknown)	API JCA standard	Exécution. Optionnel
	jaas.jar (unknown)	API JAAS standard	Exécution. Optionnel. Requis par JCA
	jacc-1_0-fr.jar (1.0-fr)	Bibliothèque JACC	Exécution. Optionnel
	log4j-1.2.9.jar (1.2.9)	Bibliothèque Log4j	Exécution. Optionnel
	jaxen-1.1-beta-4.jar (1.1-beta-4)	Jaxen, moteur XPath Java universel	Exécution. Requis si vous souhaitez désérialiser. Configuration pour améliorer les performances au démarrage.
Indispensables pour recompiler Hibernate	versioncheck.jar (1.0)	Vérificateur de version	Compilation
	checkstyle-all.jar	Checkstyle	Compilation
	junit-3.8.1.jar (3.8.1)	Framework de test JUnit	Compilation
	ant-launcher-1.6.2.jar (1.6.2)	Launcher Ant	Compilation
	ant-antlr-1.6.2.jar (1.6.2)	Support ANTLR Ant	Compilation
	cleanimports.jar (unknown)	Cleanimports	Compilation
	ant-junit-1.6.2.jar (1.6.2)	Support JUnit-Ant	Compilation
	ant-swing-1.6.2.jar (1.6.2)	Support Swing-Ant	Compilation
	ant-1.6.2.jar (1.6.2)	Core Ant	ant-1.6.2.jar (1.6.2)

Pour vous permettre d'y voir plus clair dans la mise en place de vos projets de développement, que vous souhaitiez modifier Hibernate puis le recompiler, l'utiliser dans sa version la plus légère ou brancher un cache et un pool de connexions, la figure 2.1 donne une synthèse visuelle de ces bibliothèques.

À ces bibliothèques s'ajoutent **hibernate3.jar** ainsi que le pilote JDBC indispensable au fonctionnement d'Hibernate. Plus le pilote JDBC est de bonne qualité, meilleures sont les performances, Hibernate ne corrigeant pas les potentiels bogues du pilote.

Figure 2.1

*Les bibliothèques
Hibernate*

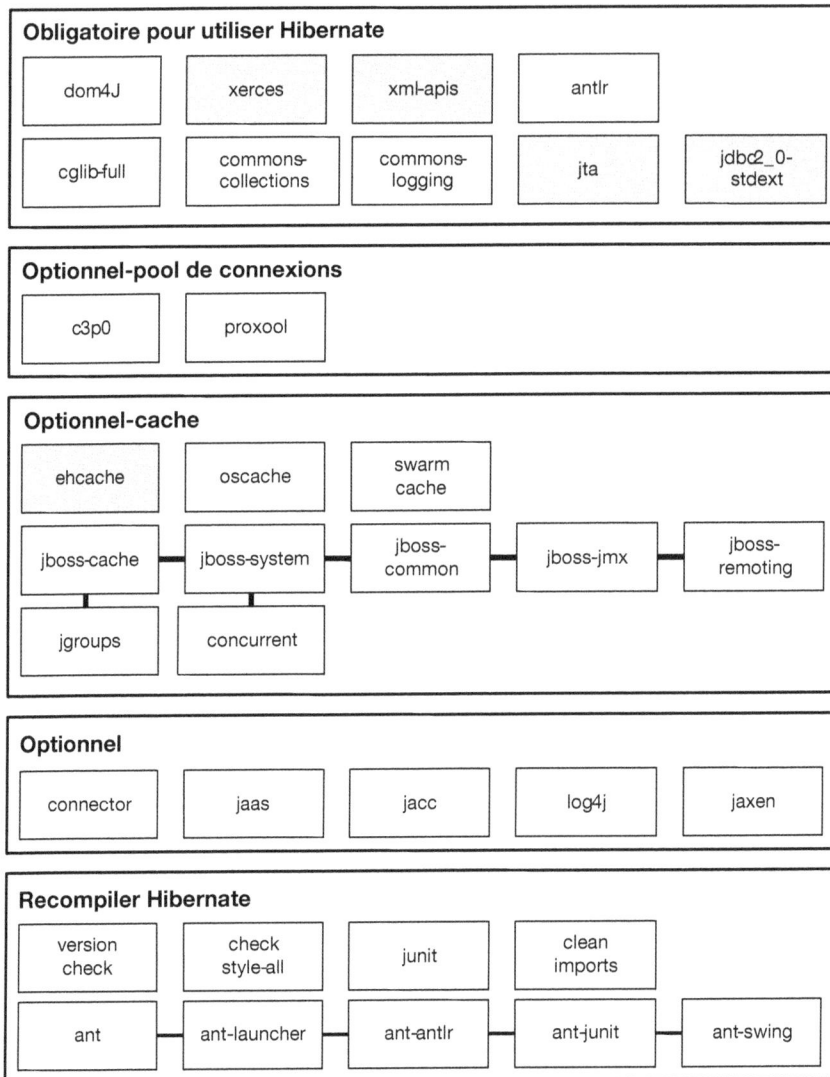

Le fichier de configuration globale hibernate.cfg.xml

Une fois les bibliothèques, dont **hibernate3.jar** et le pilote JDBC, en place, vient l'étape de configuration des informations globales nécessaires au lancement d'Hibernate.

Le fichier **hibernate.cfg.xml** regroupe toutes les informations concernant les classes persistantes et l'intégration d'Hibernate avec les autres composants techniques de l'application, notamment les suivants :

- source de donnée (`datasource` ou `jdbc`) ;
- pool de connexions (par exemple, `c3p0` si la source de données est `jdbc`) ;

- cache de second niveau (par exemple, `EHCache`) ;
- affichage des traces (avec log4j) ;
- configuration de la notion de batch.

Vous allez effectuer une première configuration d'Hibernate permettant de le manipuler rapidement. Il vous faut télécharger pour cela le pilote JDBC (`connection.driver_class`) et le placer dans le classpath de l'application.

Pour vos premiers pas dans Hibernate, il est préférable d'utiliser une base de données gratuite et facile à mettre en place, telle que HSQLDB *(http://hsqldb.sourceforge.net/)* ou MySQL avec innoDB *(http://www.mysql.com/)*. Dans ce dernier cas, le pilote à télécharger est `mysql- connector-java-3.0.15-ga-bin.jar`.

Gestion des transactions avec MySQL

Les anciennes versions de MySQL ne supportent pas les transactions. Or sans transaction, il est impossible d'utiliser Hibernate convenablement. Il faut activer innoDB pour obtenir le support des transactions *(http://www.sourcekeg.co.uk/www.mysql.com/doc/mysql/fr/InnoDB_news-4.0.20.html)*.

Comme expliqué précédemment, la performance de la couche de persistance est directement liée à la qualité des pilotes JDBC employés. Pensez à exiger de la part de votre fournisseur une liste des bogues recensés, afin d'éviter de perdre de longues heures en cas de bogue dans le code produit. Par exemple, sous Oracle, vous obtenez un bogue si vous utilisez `Lob` avec les pilotes officiels (il existe cependant des moyens de contourner ce bogue).

Voici le fichier de votre configuration simple :

```xml
<?xml version='1.0' encoding='utf-8'?>
<!DOCTYPE hibernate-configuration
  PUBLIC "-//Hibernate/Hibernate Configuration DTD//EN"
"http://hibernate.sourceforge.net/hibernate-configuration-3.0.dtd">
<hibernate-configuration>
  <session-factory>
    <property name="dialect">
      net.sf.hibernate.dialect.MySQLDialect</property>
    <property name="connection.driver_class">
      org.gjt.mm.mysql.Driver</property>
    <property name="hibernate.connection.url">
      jdbc:mysql://localhost/SportTracker</property>
    <property name="hibernate.connection.username">root</property>
    <property name="hibernate.connection.password">root</property>
    <property name="show_sql">true</property>
    <!-- Mapping files -->
    <mapping resource="com/eyrolles/sportTracker/model/Player.hbm.xml"/>
    <mapping resource="com/eyrolles/sportTracker/model/Game.hbm.xml"/>
    <mapping resource="com/eyrolles/sportTracker/model/Team.hbm.xml"/>
    <mapping resource="com/eyrolles/sportTracker/model/Coach.hbm.xml"/>
  </session-factory>
</hibernate-configuration>
```

Dans ce fichier, aucune notion de pool de connexions n'apparaît. Les valeurs par défaut sont une gestion de pool *via* `DriverManagerConnectionProvider` pour un pool de vingt connexions au maximum.

Ce type de configuration convient à un environnement de développement mais ne peut être utilisé en production, comme indiqué dans les logs générés ci-dessous :

```
INFO DriverManagerConnectionProvider:41 - Using Hibernate built-in connection pool (not
for production use!)
INFO DriverManagerConnectionProvider:42 - Hibernate connection pool size: 20
INFO DriverManagerConnectionProvider:45 - autocommit mode: false
```

Vous pouvez utiliser à la place un fichier de propriétés **hibernate.properties,** mais il est recommandé de travailler avec la version XML, qui permet un paramétrage plus fin. En effet, toutes les possibilités de paramétrage ne sont pas disponibles *via* le fichier **hibernate.properties,** comme la définition du cache pour les entités.

Les tableaux 2.2 à 2.6 donnent la liste des paramètres du fichier **hibernate.cfg.xml.**

Le tableau 2.2 récapitule les paramètres JDBC à mettre en place. Utilisez-les si vous ne disposez pas d'une datasource. Ce paramétrage nécessite de choisir un pool de connexions. Hibernate est livré avec C3P0 et Proxool. Référez-vous au chapitre 8 pour les détails de configuration des pools de connexions.

Tableau 2.2. Paramétrage JDBC

Paramètre	Rôle
`connection.driver_class`	Classe du pilote JDBC
`connection.url`	URL JDBC
`connection.username`	Utilisateur de la base de données
`connection.password`	Mot de passe de l'utilisateur spécifié
`connection.pool_size`	Nombre maximal de connexions poolées

Le tableau 2.3 reprend les paramètres relatifs à l'utilisation d'une datasource. Si vous utilisez un serveur d'applications, préférez la solution datasource à un simple pool de connexions.

Tableau 2.3. Paramétrage de la datasource

Paramètre	Rôle
`hibernate.connection.datasource`	Nom JNDI de la datasource
`hibernate.jndi.url`	URL du fournisseur JNDI (optionnel)
`hibernate.jndi.class`	Classe de la `InitialContextFactory` JNDI
`hibernate.connection.username`	Utilisateur de la base de données
`hibernate.connection.password`	Mot de passe de l'utilisateur spécifié

Le tableau 2.4 donne la liste des bases de données relationnelles supportées et le dialecte à paramétrer pour adapter la génération du code SQL aux spécificités syntaxiques de la base de données.

Tableau 2.4. Bases de données et dialectes supportés

SGBD	Dialecte
DB2	`org.hibernate.dialect.DB2Dialect`
DB2 AS/400	`org.hibernate.dialect.DB2400Dialect`
DB2 OS390	`org.hibernate.dialect.DB2390Dialect`
PostgreSQL	`org.hibernate.dialect.PostgreSQLDialect`
MySQL	`org.hibernate.dialect.MySQLDialect`
SAP DB	`org.hibernate.dialect.SAPDBDialect`
Oracle (toutes versions)	`org.hibernate.dialect.OracleDialect`
Oracle 9/10g	`org.hibernate.dialect.Oracle9Dialect`
Sybase	`org.hibernate.dialect.SybaseDialect`
Sybase Anywhere	`org.hibernate.dialect.SybaseAnywhereDialect`
Microsoft SQL Server	`org.hibernate.dialect.SQLServerDialect`
SAP DB	`org.hibernate.dialect.SAPDBDialect`
Informix	`org.hibernate.dialect.InformixDialect`
HypersonicSQL	`org.hibernate.dialect.HSQLDialect`
Ingres	`org.hibernate.dialect.IngresDialect`
Progress	`org.hibernate.dialect.ProgressDialect`
Mckoi SQL	`org.hibernate.dialect.MckoiDialect`
Interbase	`org.hibernate.dialect.InterbaseDialect`
Pointbase	`org.hibernate.dialect.PointbaseDialect`
FrontBase	`org.hibernate.dialect.FrontbaseDialect`
Firebird	`org.hibernate.dialect.FirebirdDialect`

Le tableau 2.5 récapitule les différents gestionnaires de transaction disponibles en fonction du serveur d'applications utilisé.

Tableau 2.5. Gestionnaires de transaction

Serveur d'applications	Gestionnaire de transaction
JBoss	`org.hibernate.transaction.JBossTransactionManagerLookup`
WebLogic	`org.hibernate.transaction.WeblogicTransactionManagerLookup`
WebSphere	`org.hibernate.transaction.WebSphereTransactionManagerLookup`
Orion	`org.hibernate.transaction.OrionTransactionManagerLookup`
Resin	`org.hibernate.transaction.ResinTransactionManagerLookup`
JOTM	`org.hibernate.transaction.JOTMTransactionManagerLookup`
JOnAS	`org.hibernate.transaction.JOnASTransactionManagerLookup`
JRun4	`org.hibernate.transaction.JRun4TransactionManagerLookup`
Borland ES	`org.hibernate.transaction.BESTransactionManagerLookup`

Le tableau 2.6 recense l'ensemble des paramètres optionnels. Pour en savoir plus sur ces paramètres, référez-vous au guide de référence.

Tableau 2.6. Paramètres optionnels

Paramètre	Rôle
hibernate.dialect	Classe d'un dialecte Hibernate
hibernate.default_schema	Qualifie (dans la génération SQL) les noms des tables non qualifiées avec le schema/tablespace spécifié.
hibernate.default_catalog	Qualifie (dans la génération SQL) les noms des tables avec le catalogue spécifié.
hibernate.session_factory_name	La SessionFactory est automatiquement liée à ce nom dans JNDI après sa création.
hibernate.max_fetch_depth	Active une profondeur maximale de chargement par outer-join pour les associations simples (one-to-one, many-to-one). 0 désactive le chargement par outer-join.
hibernate.fetch_size	Une valeur différente de 0 détermine la taille de chargement JDBC (appelle Statement.setFetchSize()).
hibernate.batch_size	Une valeur différente de 0 active l'utilisation des updates batch de JDBC2 par Hibernate. Il est recommandé de positionner cette valeur entre 3 et 30.
hibernate.batch_versioned_data	Définissez ce paramètre à true si votre pilote JDBC retourne le nombre correct d'enregistrements à l'exécution de executeBatch().
hibernate.use_scrollable_resultset	Active l'utilisation des *scrollable resultsets* de JDBC2. Ce paramètre n'est nécessaire que si vous gérez vous-même les connexions JDBC. Dans le cas contraire, Hibernate utilise les métadonnées de la connexion.
hibernate.jdbc.use_streams_for_binary	Utilise des flux lorsque vous écrivez/lisez des types binary ou serializable vers et à partir de JDBC (propriété de niveau système).
hibernate.jdbc.use_get_generated_keys	Active l'utilisation de PreparedStatement.getGeneratedKeys() de JDBC3 pour récupérer nativement les clés générées après insertion. Nécessite un driver JDBC3+. Mettez-le à false si votre driver rencontre des problèmes avec les générateurs d'identifiants Hibernate. Par défaut, essaie de déterminer les possibilités du driver en utilisant les métadonnées de connexion.
hibernate.cglib.use_reflection_optimizer	Active l'utilisation de CGLIB à la place de la réflexion à l'exécution (propriété de niveau système ; la valeur par défaut est d'utiliser CGLIB lorsque c'est possible). La réflexion est parfois utile en cas de problème.
hibernate.jndi.<propertyName>	Passe la propriété propertyName au JNDI InitialContextFactory.
hibernate.connection.<propertyName>	Passe la propriété JDBC propertyName au DriverManager.getConnection().
hibernate.connection.isolation	Positionne le niveau de transaction JDBC. Référez-vous à java.sql.Connection pour le détail des valeurs, mais sachez que toutes les bases de données ne supportent pas tous les niveaux d'isolation.
hibernate.connection.provider_class	Nom de classe d'un ConnectionProvider spécifique
hibernate.hibernate.cache.provider_class	Nom de classe d'un CacheProvider spécifique
hibernate.cache.use_minimal_puts	Optimise le cache de second niveau en minimisant les écritures, mais au prix de davantage de lectures (utile pour les caches en cluster).
hibernate.cache.use_query_cache	Active le cache de requête. Les requêtes individuelles doivent tout de même être déclarées comme susceptibles d'être mises en cache.

Tableau 2.6. Paramètres optionnels

Paramètre	Rôle
hibernate.cache.region_prefix	Préfixe à utiliser pour le nom des régions du cache de second niveau
hibernate.transaction.factory_class	Nom de classe d'une TransactionFactory qui sera utilisé par l'API Transaction d'Hibernate (la valeur par défaut est JDBCTransactionFactory).
jta.UserTransaction	Nom JNDI utilisé par la JTATransactionFactory pour obtenir la UserTransaction JTA du serveur d'applications
hibernate.transaction.manager_lookup_class	Nom de la classe du TransactionManagerLookup. Requis lorsque le cache de niveau JVM est activé dans un environnement JTA
hibernate.query.substitutions	Lien entre les tokens de requêtes Hibernate et les tokens SQL. Les tokens peuvent être des fonctions ou des noms littéraux. Exemples : hqlLiteral=SQL_LITERAL, hqlFunction=SQLFUNC.
hibernate.show_sql	Écrit les ordres SQL dans la console.
hibernate.hbm2ddl.auto	Exporte automatiquement le schéma DDL vers la base de données lorsque la SessionFactory est créée. La valeur create-drop permet de supprimer le schéma de base de données lorsque la SessionFactory est explicitement fermée.
hibernate.transaction.manager_lookup_class	Nom de la classe du TransactionManagerLookup. Requis lorsque le cache de niveau JVM est activé dans un environnement JTA.

Votre configuration d'Hibernate est maintenant opérationnelle. Vous ferez momentanément abstraction des fichiers de mapping, qui permettent de mettre en correspondance vos classes Java et votre modèle relationnel. Ces fichiers sont abordés à la section suivante. Considérez pour le moment qu'ils se trouvent dans le classpath.

Les composants de l'architecture d'Hibernate (hors session)

Les principaux composants indispensables à l'obtention d'une session Hibernate sont illustrés à la figure 2.2.

Figure 2.2

Composants de l'architecture d'Hibernate

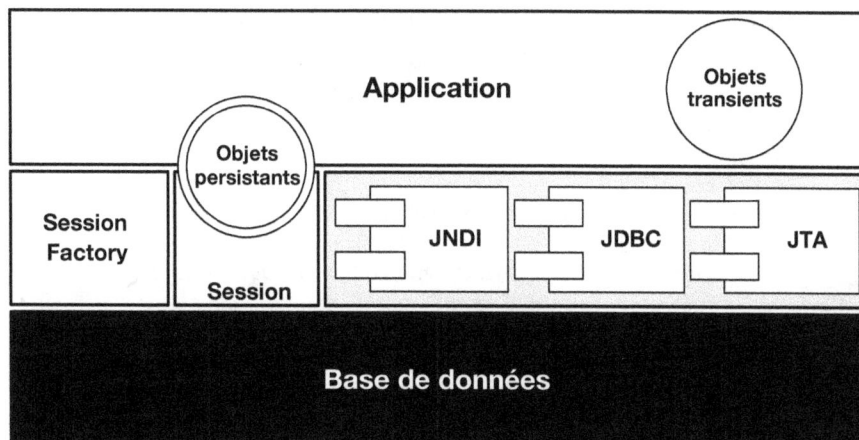

Cette architecture peut être résumée de la façon suivante : votre application dispose d'objets, dont la persistance est gérée par une session Hibernate. Rappelons qu'un objet est dit persistant lorsque sa durée de vie est longue, à l'inverse d'un objet transient, qui est temporaire.

Une session s'obtient *via* une SessionFactory ; la SessionFactory est construite à partir d'un objet Configuration et contient les informations de configuration globale ainsi que les informations contenues dans les fichiers de mapping, appelées *métadonnées.*

Une session effectue des opérations, dont la plupart ont un lien direct avec la base de données. Ces opérations se déroulent au sein d'une *transaction* et reposent sur une connexion JBDC. Cette connexion est fournie par le ConnectionProvider.

Hibernate repose essentiellement sur JDBC mais peut aussi utiliser JNDI et JTA pour certains environnements.

Les trois étapes suivantes permettent d'obtenir une nouvelle session :

1. Instanciation de l'objet Configuration en appelant le constructeur new Configuration(). Cet appel consulte le fichier **hibernate.cfg.xml** présent dans le classpath de l'application.

2. Construction de la SessionFactory *via* la méthode configuration.configure().buildSessionFactory(). L'analyse des fichiers de mapping a lieu à ce moment.

3. Demande de nouvelle session à la SessionFactory en invoquant sessionFactory.openSession().

Les objets Configuration et SessionFactory sont coûteux à instancier puisqu'ils requièrent, entre autres, l'analyse des fichiers de mapping présents dans votre application. Il est donc judicieux de les stocker dans un singleton (une seule instance pour l'application) en utilisant des variables statiques. Ces objets sont *threadsafe,* c'est-à-dire qu'ils peuvent être attaqués par plusieurs traitements en parallèle.

À l'inverse, la session n'est pas threadsafe, et il est possible de la récupérer sans impacter les performances de votre application.

L'exemple de code suivant met en œuvre les trois étapes décrites ci-dessus :

```
private static Configuration configuration;
private static SessionFactory sessionFactory;
private Session s;
try {
// étape 1
configuration = new Configuration();
  // étape 2
sessionFactory = configuration.configure().buildSessionFactory();
  // étape 3
s = sessionFactory.openSession();
} catch (Throwable ex) {
log.error("Building SessionFactory failed.", ex);
  throw new ExceptionInInitializerError(ex);
}
```

Les logs suivants s'affichent lors de l'exécution des deux premières étapes :

```
INFO Environment:424 - Hibernate 3.0 beta 1
INFO Environment:437 - hibernate.properties not found
INFO Environment:470 - using CGLIB reflection optimizer
INFO Environment:500 - using JDK 1.4 java.sql.Timestamp handling
INFO Configuration:1046 - configuring from resource: /hibernate.cfg.xml
INFO Configuration:1017 - Configuration resource: /hibernate.cfg.xml
INFO Configuration:419 - Mapping resource:
 com/eyrolles/sportTracker/model/Player.hbm.xml
INFO HbmBinder:442 - Mapping class:
 com.eyrolles.sportTracker.model.Player -> PLAYER
...
INFO Configuration:1193 - Configured SessionFactory: null
INFO Configuration:760 - processing collection mappings
INFO HbmBinder:1720 - Mapping collection:
 com.eyrolles.sportTracker.model.Team.players -> PLAYER
...
INFO Dialect:86 - Using dialect: org.hibernate.dialect.MySQLDialect
INFO DriverManagerConnectionProvider:80 - using driver:
 org.gjt.mm.mysql.Driver at URL: jdbc:mysql://localhost/SportTracker
INFO DriverManagerConnectionProvider:86 - connection properties:
 {user=root, password=****}
...
INFO TransactionFactoryFactory:31 - Using default transaction strategy
(direct JDBC transactions)
15:28:06,465 INFO TransactionManagerLookupFactory:33 -
  No TransactionManagerLookup configured (in JTA environment, use of read-write or
transactional second-level cache is not recommended)
...
15:28:06,512  INFO SettingsFactory:179 - Echoing all SQL to stdout
...
15:28:06,622  INFO SessionFactoryImpl:132 - building session factory
...
15:28:09,090  INFO SessionFactoryObjectFactory:82 -
  Not binding factory to JNDI, no JNDI name configured
...
```

Ces logs vous permettent d'appréhender tous les détails de configuration pris en compte par Hibernate d'une manière relativement lisible.

Il est recommandé de vous munir d'une classe utilitaire pour faire abstraction de ces étapes et les factoriser pour l'ensemble de votre application. De même, il est préférable de créer les objets `Configuration` et `SessionFactory` dans un bloc statique afin de ne l'exécuter qu'une fois. Vous verrez au chapitre 7 ce qu'apportent les classes utilitaires à la gestion de la persistance dans une application qui repose sur Hibernate. Ces classes vous simplifieront la tâche.

Pour la suite de nos démonstrations, nous supposons que la ligne de code suivante suffit à exécuter les trois étapes de manière optimisée :

```
Session session = HibernateUtil.getSession();
```

`HibernateUtil` est le nom de votre classe utilitaire et `getSession()` celui d'une méthode statique.

En résumé

Pour vos premiers pas avec Hibernate, vous disposez des prérequis pour monter un projet, par exemple, sous Eclipse, avec un chemin de compilation tel que celui illustré à la figure 2.3. Il vous suffit ensuite d'écrire le fichier **hibernate.cfg.xml** ainsi que vos fichiers de mapping.

Équipé d'une classe utilitaire qui vous fournira la session Hibernate de manière transparente, vous serez à même de manipuler le moteur de persistance Hibernate.

Figure 2.3

Exemple de projet Hibernate sous Eclipse

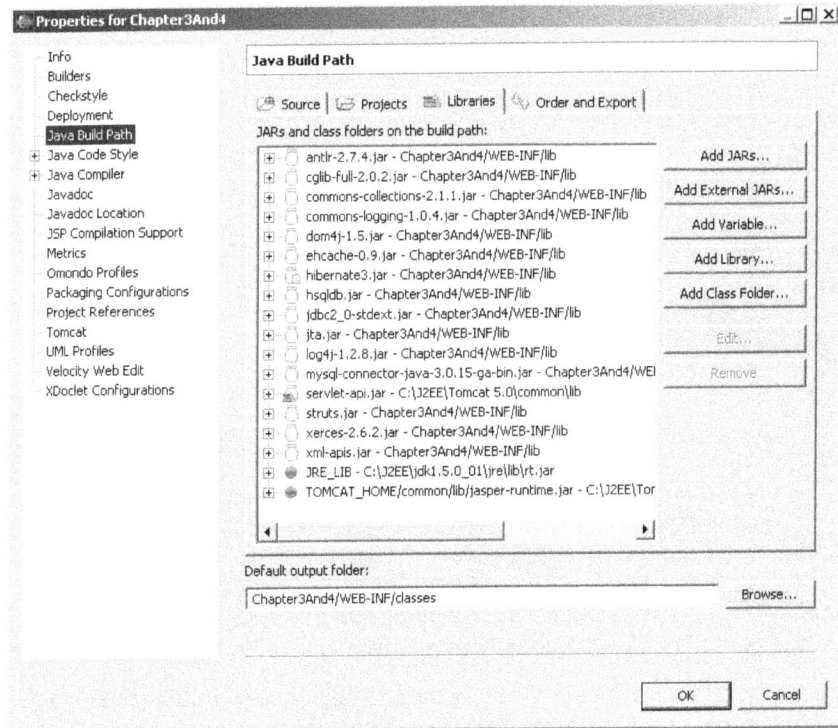

Les classes métier persistantes

On appelle modèle de classes métier un modèle qui définit les problématiques réelles rencontrées par une entreprise.

Java est un langage orienté objet. L'un des objectifs de l'approche orientée objet est de découper une problématique globale en un maximum de petits composants, chacun de ces composants ayant la charge de participer à la résolution d'une sous-partie de la problématique globale. Ces composants sont les objets. Leurs caractéristiques et les services qu'ils doivent rendre sont décrits dans des classes.

Les avantages attendus d'une conception orientée objet sont, entre autres, la maintenance facilitée, puisque le code est factorisé et donc localisable en un point unique (cas idéal), mais aussi la réutilisabilité, puisqu'une micro-problématique résolue par un composant n'a plus besoin d'être réinventée par la suite. La réutilisabilité demande un investissement constant dans vos projets.

Pour en savoir plus Vous trouverez une étude et une démonstration très intéressantes sur la réutilisation dans l'analyse faite par Jeffrey S. Poulin sur la page *http://home.stny.rr.com/jeffrey-poulin/Papers/Object_Mag_Metrics/oometrics.html.*

Le manque de solution de persistance totalement transparente ou efficace ajouté à la primauté prise par les bases de données relationnelles sur les bases de données objet ont fait de la persistance des données l'un des problèmes, si ce n'est le problème majeur des développements d'applications informatiques.

Les classes composant le modèle de classes métier d'une application informatique ne doivent pas consister en une simple définition de propriétés aboutissant dans une base de données relationnelle. Il convient plutôt d'inverser cette définition de la façon suivante : les classes qui composent votre application doivent rendre un service, lequel s'appuie sur des propriétés, certaines d'entre elles devant durer dans le temps. En ce sens, la base de données est un moyen de faire durer des informations dans le temps et n'est qu'un élément de stockage, même si cet élément est critique.

Une classe métier ne se contente donc pas de décrire les données potentiellement contenues par ses instances. Les classes persistantes sont les classes dont les instances doivent durer dans le temps. Ce sont celles qui sont prises en compte par Hibernate. Les éléments qui composent ces classes persistantes sont décrits dans des fichiers de mapping.

Exemple de diagramme de classes

Après ce rappel sur les aspects persistants et métier d'une classe, prenons un exemple ludique. Le diagramme de classes illustré à la figure 2.4 illustre un sous-ensemble de l'application de gestion d'équipes de sports introduite au chapitre 1.

Le plus important dans ce diagramme réside dans les liens entre les classes, la navigabilité et les rôles qui vont donner naissance à des propriétés. Dans le monde relationnel, nous parlerions de tables contenant des colonnes, potentiellement liées entre elles. Ici, notre approche est résolument orientée objet.

Détaillons la classe Team, et découpons-la en plusieurs parties :

```
package com.eyrolles.sportTracker.model;
// imports nécessaires
```

```
/**
 * Une instance de cette classe représente une Team.
 * Des players et des games sont associés à cette team.
 * Son cycle de vie est indépendant de celui des objets associés
 * @author Anthony Patricio <anthony@hibernate.org>
 */
public class Team implements Serializable{
private Long id;←❶
  private String name;←❷
  private int nbWon;←❷
  private int nbLost;←❷
  private int nbPlayed;←❷
  private Coach coach;←❸
  private Set players = new HashSet();←❹
  // nous verrons plus tard comment choisir la collection
// private List players = new ArrayList
private Map homeGames = new HashMap();←❹
  private Map awayGames = new HashMap();;←❹
  private transient int nbNull;←❺
  private transient Map games = new HashMap();←❺
  private transient Set wonGames = new HashSet();←❺
  private transient Set lostGames = new HashSet();←❺

/**
 * Contructeur par défaut←❻
 */
 public Team() {}

// méthodes métier←❼
// getters & setters←❽
// equals & hashcode←❾
```

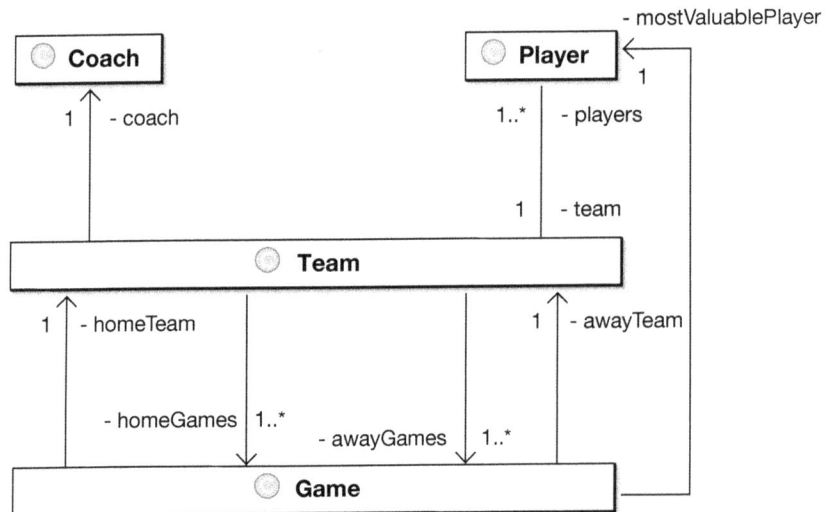

Figure 2.4

Diagramme de classes exemple

Cette classe est persistante. Cela veut dire que ses instances vont être stockées dans un entrepôt, ou datastore. Concrètement, il s'agit de la base de données relationnelle. À n'importe quel moment, une application est susceptible de récupérer ces instances, qui sont aussi dites persistantes, à partir de son identité (repère ❶) dans le datastore. Cette identité peut être reprise comme propriété de la classe.

La classe décrit ensuite toutes les propriétés dites simples (repère ❷) puis les associations vers un objet (repère ❸) et fait de même avec les collections (repère ❹). Elle peut contenir des propriétés calculées (repère ❺). Le repère ❻ indique le constructeur par défaut, le repère ❼ les méthodes métier et le repère ❽ les getters et setters.

Les méthodes equals et hashcode (repère ❾) permettent d'implémenter les règles d'égalité de l'objet. Il s'agit de spécifier les conditions permettant d'affirmer que deux instances doivent être considérées comme identiques ou non.

Chacune de ces notions a son importance, comme nous allons le voir dans les sections suivantes.

L'unicité métier

La notion d'unicité est commune aux mondes objet et relationnel. Dans le monde relationnel, elle se retrouve dans deux contraintes d'intégrité. Pour rappel, une contrainte d'intégrité vise à garantir la cohérence des données.

Pour assurer l'unicité d'un enregistrement dans une table, ou tuple, la première contrainte qui vient à l'esprit est la clé primaire. Une clé primaire *(primary key)* est un ensemble de colonnes dont la combinaison forme une valeur unique. La contrainte d'unicité *(unicity constraint)* possède exactement la même signification.

Dans notre application exemple, nous pourrions dire pour la table TEAM qu'une colonne NAME, contenant le nom de la *team,* serait bonne candidate à être une clé primaire. D'après le diagramme de classes de la figure 2.4, il est souhaitable que les tables COACH et PLAYER possèdent une référence vers la table TEAM du fait des associations. Concrètement, il s'agira d'une clé étrangère qui pointera vers la colonne NAME.

Si l'application évolue et qu'elle doive prendre en compte toutes les ligues sportives, nous risquons de nous retrouver avec des doublons de *name.* Nous serions alors obligé de redéfinir cette clé primaire comme étant la combinaison de la colonne NAME et de la colonne ID_LIGUE, qui est bien entendu elle aussi une clé étrangère vers la toute nouvelle table LIGUE. Malheureusement, nous avons déjà plusieurs clés étrangères qui pointent vers l'ancienne clé primaire, notamment dans COACH et PLAYER, alors que notre application ne compte pas plus d'une dizaine de tables.

Nous voyons bien que ce type de maintenance devient vite coûteux. De plus, à l'issue de cette modification, nous aurions à travailler avec une clé composée, qui est plus délicate à gérer à tous les niveaux.

Pour éviter de telles complications, la notion de *clé artificielle* est adoptée par beaucoup de concepteurs d'applications. Contrairement à la clé primaire précédente, la clé artificielle, ou *surrogate key,* n'a aucun sens métier. Elle présente en outre l'avantage de pouvoir être générée automatiquement, par exemple, *via* une séquence si vous travaillez avec une base de données Oracle.

Pour en savoir plus Voici deux liens intéressants sur les *surrogate keys* : *http://www.dbmsmag.com/ 9805d05.html, http://www.bcarter.com/intsurr1.htm*

La best practice en la matière consiste à définir la clé primaire de vos tables par une clé artificielle générée et d'assurer la cohérence des données à l'aide d'une contrainte d'unicité sur une colonne métier ou une combinaison de colonnes métier. Toutes vos clés étrangères sont ainsi définies autour des clés artificielles, engendrant une maintenance facile et rapide en cas d'évolution du modèle physique de données.

Pour vos nouvelles applications

Lors de l'analyse fonctionnelle, il est indispensable de recenser les données ou combinaisons de données candidates à l'unicité métier. Pour générer la clé artificielle, choisissez le générateur `native` dans vos fichiers de mapping. Hibernate fera le reste.

Couche de persistance et objet Java

En Java, l'identité peut devenir ambiguë lorsque vous travaillez avec deux objets, et il n'est pas évident de savoir si ces deux objets sont identiques techniquement ou au sens métier.

Dans l'exemple suivant :

```
Integer a = new Integer(1) ;
Integer b = new Integer(1) ;
```

l'expression a = = b, qui teste l'identité, n'est pas vérifiée et renvoie `false`. Pour que a = = b, il faut que ces deux pointeurs pointent vers le même objet en mémoire. Dans le même temps, nous souhaiterions considérer ces deux instances comme égales sémantiquement.

La méthode non finale `equals()` de la classe `Object` permet de redéfinir la notion d'égalité de la façon suivante (il s'agit bien d'une redéfinition, car, par défaut, une instance n'est égale qu'à elle-même) :

```
Public boolean equals(Object o){
return (this = = o);
}
```

Dans cet exemple, si nous voulons que les expressions a et b soient égales, nous surchargeons `equals()` en :

```
Public boolean equals(Object o){
if((o!=null) && (obj instanceof Integer)){
   return ((Integer)this).intValue() = = ((Integer)obj).intValue();
   }
  return false;
}
```

La notion d'identité (de référence en mémoire) est délaissée au profit de celle d'égalité, qui est indispensable lorsque vous travaillez avec des objets dont les valeurs forment une partie de votre problématique métier.

Le comportement désiré des clés d'une map ou des éléments d'un set dépend essentiellement de la bonne implémentation d'`equals()`.

Pour en savoir plus Les deux références suivantes vous permettront d'appréhender entièrement cette problématique : *http://developer.java.sun.com/developer/Books/effectivejava/Chapter3.pdf*, *http://www-106.ibm.com/developerworks/java/library/j-jtp05273.html*

Pour redéfinir `x.equals(y)`, procédez de la façon suivante :

1. Commencez par tester `x = = y`. Il s'agit d'optimiser et de court-circuiter les traitements suivants en cas de résultat positif.

2. Utilisez l'opérateur `instanceof`. Si le test est négatif, retournez `false`.

3. Castez l'objet `y` en instance de la classe de `x`. L'opération ne peut être qu'une réussite étant donné le test précédent.

4. Pour chaque propriété métier candidate, c'est-à-dire celles qui garantissent l'unicité, testez l'égalité des valeurs.

Si vous surchargez `equals()`, il est indispensable de surcharger aussi `hashcode()` afin de respecter le contrat d'`Object`. Si vous ne le faites pas, vos objets ne pourront être stables en cas d'utilisation de collections de type `HashSet`, `HashTable` ou `HashMap`.

Importance de l'identité

Il existe deux cas où ne pas redéfinir `equals()` risque d'engendrer des problèmes : lorsque vous travaillez avec des clés composées et lorsque vous testez l'égalité de deux entités provenant de deux sessions différentes.

Votre réflexe serait dans ces deux cas d'utiliser la propriété mappée `id`. Les références mentionnées à la section « Pour en savoir plus » précédente décrivent aussi le contrat de `hashcode()`. Vous y apprendrez notamment que le moment auquel le `hashcode()` est appelé importe peu, la valeur retournée devant toujours être la même. C'est la raison pour laquelle, vous ne pouvez vous fonder sur la propriété mappée `id`. En effet, cette propriété n'est renseignée qu'à l'appel de `session.persist(obj)`, que vous découvrirez au chapitre 3. Si, avant cet appel, vous avez stocké votre objet dans un `HashSet`, le contrat est rompu puisque le `hashcode()` a changé.

---

equals() et **hashcode()** sont-ils obligatoires ?

Si vous travaillez avec des `composite-id`, vous êtes obligé de surcharger les deux méthodes au moins pour ces classes. Si vous faites appel deux fois à la même entité mais ayant été obtenue par des sessions différentes, vous êtes obligé de redéfinir les deux méthodes. L'utilisation de l'`id` dans ces méthodes est source de bogue, tandis que celle de l'unicité métier couvre tous les cas d'utilisation.

Si vous n'utilisez pas les `composite-id` et que vous soyez certain de ne pas mettre en concurrence une même entité provenant de deux sessions différentes, il est inutile de vous embêter avec ces méthodes.

Notez qu'Hibernate 3 est beaucoup moins sensible à l'absence de redéfinition de ces méthodes. Les écrire est cependant toujours recommandé.

Les méthodes métier

Les méthodes métier de l'exemple suivant peuvent paraître évidentes, mais ce sont bien elles qui permettent de dire que votre modèle est réellement orienté objet car tirant profit de l'isolation et de la réutilisabilité :

```
/**
 * @return retourne le nombre de game à score null.
 */
public int getNbNull() {
  // un simple calcul pour avoir le nombre de match nul
  return nbPlayed - nbLost - nbWon;
}


/**
 * @return la liste des games gagnés
 */
public Set getWonGames(){
  games = getGames();
  wonGames.clear();
  for (Iterator it=games.values().iterator(); it.hasNext(); ) {
    Game game = (Game)it.next();
    // si l'équipe ayant gagné le match est l'entité elle-même
    // alors le match peut aller dans la collection des matchs
    // gagnés
    if (game.getVictoriousTeam().equals(this))
      wonGames.add(game);
    }
  return wonGames;
}
```

Sans cet effort d'enrichissement fonctionnel dans les classes composant votre modèle de classes métier, lors des phases de conception, ces logiques purement métier sont déportées dans la couche contrôle, voire la couche service. Vous vous retrouvez dès lors avec un modèle métier anémique, du code dupliqué et une maintenance et une évolution délicates.

Pour en savoir plus L'article suivant décrit parfaitement le symptôme du modèle anémique : *http://www.martinfowler.com/bliki/AnemicDomainModel.html*

Le cycle de vie d'un objet manipulé avec Hibernate

Pour être persistant, un objet doit pouvoir être stocké sur un support lui garantissant une durée de vie potentiellement infinie. Le plus simple des supports de stockage est un fichier qui se loge sur un support physique. La *sérialisation* permet, entre autres, de transformer un objet en fichier.

Hibernate ne peut se brancher sur une base de données objet mais peut travailler avec n'importe quelle base de données qui dispose d'un pilote JDBC de qualité. Une nouvelle fonctionnalité permet à Hibernate de traiter des supports XML comme source de donnée.

Les concepts que nous allons aborder ici sont communs à toutes les solutions de mapping objet-relationnel, ou ORM (Object Relational Mapping), fondées sur la notion d'état.

La figure 2.5 illustre les différents états d'un objet. Les états définissent le cycle de vie d'un objet.

Figure 2.5

États d'un objet

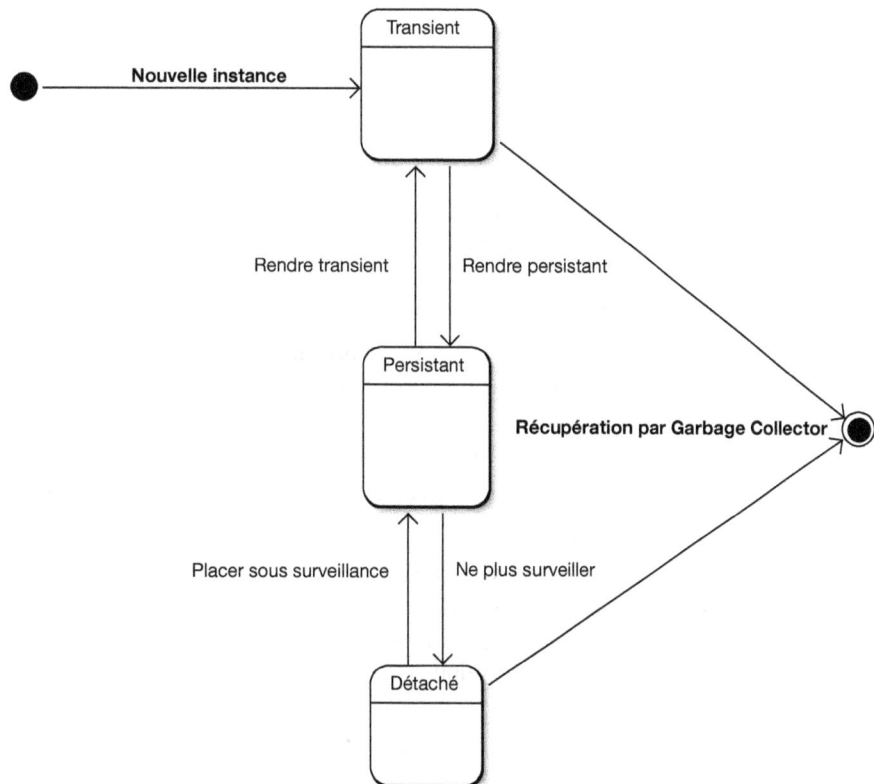

Un objet *persistant* est un objet qui possède son image dans le datastore et dont la durée de vie est potentiellement infinie. Pour garantir que les modifications apportées à un objet sont rendues persistantes, c'est-à-dire sauvegardées, l'objet est surveillé par un « traqueur » d'instances persistantes. Ce rôle est joué par la session dans Hibernate.

Un objet *transient* est un objet qui n'a pas son image stockée dans le datastore. Il s'agit d'un objet « temporaire », qui meurt lorsqu'il n'est plus utilisé par personne. En Java, le garbage collector le ramasse lorsqu'aucun autre objet ne le référence.

Un objet *détaché* est un objet qui possède son image dans le datastore mais qui échappe temporairement à la surveillance opérée par la session. Pour que les modifications potentiellement apportées pendant cette phase de détachement soient enregistrées, il faut réattacher manuellement cette instance à la session.

Entités et valeurs

Pour comprendre le comportement, au sens Java, des différents objets dans le contexte d'un service de persistance, nous devons les séparer en deux groupes, les entités et les valeurs.

Une *entité* existe indépendamment de n'importe quel objet contenant une référence à cette entité. C'est là une différence notable avec le modèle Java habituel, dans lequel un objet non référencé est un candidat pour le garbage collector. Les entités doivent être explicitement rendues persistantes et supprimées, excepté dans le cas où ces actions sont définies en cascade depuis un objet parent vers ses enfants (la notion de cascade est liée à la persistance transitive, que nous détaillons au chapitre 6). Les entités supportent les références partagées et circulaires. Elles peuvent aussi être versionnées.

Un état persistant d'une entité est constitué de références vers d'autres entités et d'instances de type *valeur*. Les valeurs sont des types primitifs, des collections, des composants et certains objets immuables. Contrairement aux entités, les valeurs sont rendues persistantes et supprimées par référence *(reachability)*.

Puisque les objets de types valeurs et primitifs sont rendus persistants et supprimés en relation avec les entités qui les contiennent, ils ne peuvent être versionnés indépendamment de ces dernières. Les valeurs n'ont pas d'identifiant indépendant et ne peuvent donc être partagées entre deux entités ou collections.

Tous les types Hibernate, à l'exception des collections, supportent la sémantique `null`.

Jusqu'à présent, nous avons utilisé les termes *classes persistantes* pour faire référence aux entités. Nous allons continuer de le faire. Cependant, dans l'absolu, toutes les classes persistantes définies par un utilisateur et ayant un état persistant ne sont pas nécessairement des entités. Un composant, par exemple, est une classe définie par l'utilisateur ayant la sémantique d'une valeur.

En résumé

Nous venons de voir les éléments structurant une classe persistante et avons décrit leur importance en relation avec Hibernate. Nous avons par ailleurs évoqué les différences entre les notions d'entité et de valeur.

La définition du cycle de vie d'un objet persistant manipulé avec Hibernate a été abordée, et vous savez déjà que la session Hibernate vous permettra de faire vivre vos objets persistants selon ce cycle de vie.

Les bases sont posées pour appréhender concrètement l'utilisation de la session Hibernate. À chaque transition du cycle de vie correspond au moins une méthode à invoquer sur la session Hibernate. C'est ce que nous nous proposons de décrire à la section suivante.

La session Hibernate

L'utilisation de la session ne peut se faire sans des fichiers de mapping. À l'inverse, les fichiers de mapping ne sont testables et donc compréhensibles sans la connaissance de l'API Session.

L'utilisation atomique de la session Hibernate doit suivre le schéma suivant :

```
Session session = factory.openSession();←❶
// ou Session session = HibernateUtil.getSession();
Transaction tx = null ;
try {
  tx = session.beginTransaction();←❷
  //faire votre travail←❸
  ...
  tx.commit();
}
catch (Exception e) {
  if (tx != null) {←❹
    try {
      tx.rollback();
    } catch (HibernateException he) {
      throw he;
    }
  }
  throw e;
}
finally {←❺
  try {
    session.close();
  } catch (HibernateException ex) {
    throw new XXXException(ex); //exception fatale
  }
}
```

Comme expliqué précédemment, la session s'obtient *via* `factory.openSession()` (repère ❶). La gestion de transaction (repère ❷) est indispensable, même s'il est possible de la rendre partiellement automatique et transparente, comme vous le verrez ultérieurement.

La plupart des appels aux méthodes de la session peuvent soulever une exception. Si cela intervient, il est primordial d'appeler un `rollback()` (repère ❹) sur votre transaction et d'ignorer la session en cours, son état pouvant être qualifié d'instable. Notez l'utilisation du bloc `finally` (repère ❺), qui garantit l'exécution de son contenu, que l'exception du bloc `try` précédent soit soulevée ou non.

Les actions de session

Vous allez maintenant vous intéresser de manière très générale aux actions que vous pouvez effectuer à partir d'une session. À partir du même exemple de code, vous insérerez (repère ❸) les exemples de code fournis dans les sections qui suivent.

Les actions abordées ci-après ne couvrent pas l'intégralité des possibilités qui vous sont offertes. Pour une même action, il peut en effet exister deux ou trois variantes. Une description exhaustive des actions entraînant une écriture en base de données est fournie au chapitre 6.

Récupération d'une instance persistante

Pour récupérer une entité, il existe plusieurs façons de procéder.

Si vous connaissez son id, invoquez `session.get(Class clazz, Serializable id)` ou `session.load(Class clazz, Serializable id)`. En cas de non-existence de l'objet, `session.get()` renvoie `null`, et `session.load()` soulève une exception. Il est donc vivement conseillé d'utiliser la méthode `session.get()` :

```
Player player = (Player) session.get(Player.class, new Long(1));
// ou
// Player player = (Player) session.load(Player.class, new Long(1));
```

```
select player0_.PLAYER_ID as PLAYER_ID0_, player0_.PLAYER_NAME as
PLAYER_N2_0_0_, player0_.PLAYER_NUMBER as PLAYER_N3_0_0_,
player0_.BIRTHDAY as BIRTHDAY0_0_, player0_.HEIGHT as HEIGHT0_0_,
player0_.WEIGHT as WEIGHT0_0_, player0_.TEAM_ID as TEAM_ID0_0_
from PLAYER player0_
where player0_.PLAYER_ID=?
```

Ces deux méthodes permettent la récupération unitaire d'une entité persistante. Vous pouvez bien sûr former des requêtes orientées objet, *via* le langage HQL, par exemple.

> **D'Hibernate 2 à Hibernate 3**
>
> Notez l'abandon, dans Hibernate 3, de `session.find()` et `session.iterate()` au profit des API `Query`, `Criteria` et `SQLQuery`. Ces API et le langage HQL sont beaucoup plus performants et puissants qu'une gestion de requête par chaîne de caractères.

Rendre une nouvelle instance persistante

La méthode `session.persist()` permet de rendre persistante une instance transiente, par exemple une nouvelle instance, l'instanciation pouvant se faire à n'importe quel endroit de l'application :

```
Player player = new Player("Zidane") ;
sess.persist(player);
```

```
insert into PLAYER (PLAYER_NAME, PLAYER_NUMBER, BIRTHDAY, HEIGHT, WEIGHT, TEAM_ID)
values (?, ?, ?, ?, ?, ?)
```

Il existe d'autres méthodes pour rendre une instance persistante, mais `session.persist()` a l'avantage de répondre à la spécification EJB 3.0. Dans le cas particulier des classes dont l'id est déclaré avec `unsaved-value="undefined"`, qui est le paramétrage par défaut lorsque le générateur `assigned` est choisi, utilisez la ligne suivante pour rendre une nouvelle instance persistante :

```
sess.merge(obj);
```

Elle effectue un select pour déterminer s'il faut insérer ou modifier les données.

Rendre persistantes les modifications d'une instance

Si l'instance persistante est présente dans la session, il n'y a rien à faire. Le simple fait de la modifier engendre une mise à jour lors du commit :

```
Player player = (Player) session.get(Player.class, new Long(1));
player.setName("zidane");
```

```
Hibernate: select player0_.PLAYER_ID as PLAYER_ID0_,
player0_.PLAYER_NAME as PLAYER_N2_0_0_,
player0_.PLAYER_NUMBER as PLAYER_N3_0_0_,
player0_.BIRTHDAY as BIRTHDAY0_0_,
player0_.HEIGHT as HEIGHT0_0_, player0_.WEIGHT as WEIGHT0_0_,
player0_.TEAM_ID as TEAM_ID0_0_
from PLAYER player0_
where player0_.PLAYER_ID=?
Hibernate: update PLAYER set PLAYER_NAME=?, PLAYER_NUMBER=?, BIRTHDAY=?, HEIGHT=?,
WEIGHT=?, TEAM_ID=? where PLAYER_ID=?
```

Ici, le select est le résultat de la première ligne de code, et l'update se déclenche au commit de la transaction, ou plutôt à l'appel de `flush()`. Le flush est une notion importante, sur laquelle nous reviendrons plus tard. Sachez simplement pour l'instant que, par défaut, Hibernate, exécute automatiquement un flush au bon moment afin de garantir la consistance des données.

Rendre persistantes les modifications d'une instance détachée

Si l'instance persistante n'est pas liée à une session, elle est dite *détachée*. Comprenez qu'il est impossible de traquer les modifications des instances persistantes qui ne sont pas attachées à une session. C'est la raison pour laquelle le détachement et le réattachement font partie du cycle de vie de l'objet du point de vue de la persistance. Il en va de même pour tous les systèmes de persistance fondés sur les états des objets, comme TopLink ou encore JDO.

Pour réattacher à la session une instance détachée et rendre persistantes les modifications qui auraient pu survenir en dehors du scope de la session, il suffit d'invoquer la méthode session.merge() :

```
player = (Player)session.merge(player);
```

```
Hibernate: select player0_.PLAYER_ID as PLAYER_ID0_,
player0_.PLAYER_NAME as PLAYER_N2_0_0_,
player0_.PLAYER_NUMBER as PLAYER_N3_0_0_,
player0_.BIRTHDAY as BIRTHDAY0_0_, player0_.HEIGHT as HEIGHT0_0_,
player0_.WEIGHT as WEIGHT0_0_, player0_.TEAM_ID as TEAM_ID0_0_
from PLAYER player0_
where player0_.PLAYER_ID=?
Hibernate: update PLAYER set PLAYER_NAME=?, PLAYER_NUMBER=?, BIRTHDAY=?,
  HEIGHT=?, WEIGHT=?, TEAM_ID=? where PLAYER_ID=?
```

Le premier select est déclenché à l'invocation de session.merge(). Hibernate récupère les données et les fusionne avec les modifications apportées à l'instance détachée. session.merge() renvoie alors l'instance persistante, et celle-ci est attachée à la session.

Comme session.persist(), session.merge() répond aux spécifications EJB 3.0, mais il en existe plusieurs variantes.

Réattacher une instance détachée

Pour réattacher à une nouvelle session Hibernate une instance détachée, utilisez la méthode session.lock(). Elle diffère de session.merge() en ce qu'elle ignore les modifications apportées à l'instance avant son réattachement à une session. Si vous apportez des modifications à l'instance réattachée, celles-ci seront prises en compte au prochain flush.

Cette méthode permet aussi d'effectuer une vérification de version pour les objets versionnés ainsi que de verrouiller l'enregistrement en base de données.

session.lock() prend en second paramètre un LockMode, ou mode de verrouillage. Les différents modes de verrouillage sont récapitulés au tableau 2.7.

Le code suivant est à utiliser si vous récupérez une instance détachée que vous pensez modifier après réattachement à la session :

```
session.lock(player, LockMode.UPGRADE);
```

```
select PLAYER_ID from PLAYER where PLAYER_ID =? for update
```

Pour une gestion de concourance avancée, vous souhaiteriez vérifier la version afin d'être certain de travailler sur une instance « à jour ». De même, vous souhaiteriez mettre en place une file d'attente pour les accès concourants en déposant un verrou for update.

Si un accès concourant venait à s'effectuer, il serait placé en attente, l'attente se terminant une fois la transaction achevée.

Tableau 2.7. Modes de verrouillage

LockMode	*Select* pour vérification de version	Verrou (si supporté par la base)
NONE	NON	Aucun
READ	Select...	Aucun
UPGRADE	Select... for update	Si un accès concourant survient avant la fin de la transaction, il y a gestion de file d'attente.
UPGRADE_NOWAIT	Select... for update nowait	Si un accès concourant survient avant la fin de la transaction, une exception est soulevée.

Détacher une instance persistance

Détacher une instance signifie ne plus surveiller cette instance. Cela a les deux conséquences majeures suivantes :

- Plus aucune modification ne sera rendue persistante de manière transparente.

- Tout contact avec un proxy engendrera une erreur.

Nous reviendrons dans le cours de l'ouvrage sur la notion de proxy. Sachez simplement qu'un proxy est nécessaire pour l'accès à la demande, ou *lazy loading (voir plus loin)*, des objets associés.

Il existe trois moyens de détacher une instance :

- en fermant la session : session.close() ;

- en la vidant : session.clear() ;

- en détachant une instance particulière : session.evict(obj).

Rendre un objet transient

Rendre un objet transient signifie l'extraire définitivement de la base de données. La méthode session.delete() permet d'effectuer cette opération. Prenez garde cependant que l'enregistrement n'est dès lors plus présent en base de données et que l'instance reste dans la JVM tant que l'objet est référencé. S'il ne l'est plus, il est ramassé par le garbage collector :

```
session.delete(player);
```

```
delete from PLAYER where PLAYER_ID=?
```

Rafraîchir une instance

Dans le cas où un trigger serait déclenché suite à une opération (`ON INSERT`, `ON UPDATE`, etc.), vous pouvez forcer le rafraîchissement de l'instance *via* `session.refresh()`.

Cette méthode déclenche un `select` et met à jour les valeurs des propriétés de l'instance.

La session Hibernate 2.1

Pour des raisons de compatibilité ascendante de vos applications, vous pouvez souhaiter utiliser l'ancienne API `Session` d'Hibernate 2.1. Pour cela, il vous suffit de l'importer depuis le package `org.hibernate.classic`.

Exercices

Pour chacun des exemples de code ci-dessous, définissez l'état de l'instance de `Player`, en supposant que la session est vide.

Énoncé 1 :

```
public void test1(Player p){
  ←❶
  HibernateUtil.getSession();
  tx = session.beginTransaction();
  tx.commit();
    ←❷
}
```

Solution :

En ❶, l'instance provient d'une couche supérieure. Émettons l'hypothèse qu'elle est détachée. Une session est ensuite ouverte, mais cela ne suffit pas. En ❷, l'instance est toujours détachée.

Énoncé 2 :

```
public Player test2(Long id){
  // nous supposons que l'id existe dans le datastore
  HibernateUtil.getSession();
  tx = session.beginTransaction();
  Player p = session.get(Player.class,id);
  ←❶
  tx.commit();
  return p ;  ←❷
}
```

Solution :

L'instance est récupérée *via* la session. Elle est donc attachée jusqu'à fermeture ou détachement explicite. Dans ce test, l'instance est persistante (et attachée) en ❶ et ❷.

Énoncé 3 :

```
public Team test3(Long id){
  HibernateUtil.getSession();
  tx = session.beginTransaction();
  Player p = session.get(Player.class,id);
  ←❶
  tx.commit();
  session.close();
  return p.getTeam(); ;  ←❷
}
```

Solution :

En ❶, l'instance est persistante, mais elle est détachée en ❷. La ligne ❷ pourra soulever une exception de chargement, mais, pour l'instant, vous n'êtes pas en mesure de savoir pourquoi. Vous le verrez au chapitre 5.

Énoncé 4 :

```
public void test4(Player p){
  // nous supposons que p.getId() existe dans le datastore
  HibernateUtil.getSession();
  tx = session.beginTransaction();
  ←❶
  session.delete(p);
  ←❷
  tx.commit();
  session.close();
}
```

Solution :

L'instance est détachée puis transiente.

Énoncé 5 :

```
public void test5(Player p){
  // nous supposons que p.getId() existe dans le datastore
  HibernateUtil.getSession();
  tx = session.beginTransaction();
  ←❶
  session.update(p);
  ←❷
  tx.commit();
  session.close();
}
```

Solution :

L'instance est détachée puis persistante. Pour autant, que pouvons-nous dire de p.getTeam() ? Vous serez en mesure de répondre à cette question après avoir lu le chapitre 6.

Énoncé 6 :

```
public void test6(Player p){
  HibernateUtil.getSession();
  tx = session.beginTransaction();
  ←❶
```

```
   session.lock(p, LockMode.NONE);
   ←❷
   tx.commit();
   session.close();
 }
```

Solution :

Comme pour l'énoncé précédent, l'instance est détachée puis persistante. La différence est qu'ici les modifications effectuées sur l'instance lors du détachement ne seront pas rendues persistantes.

Énoncé 7 :

```
 public void test7(Player p){
   HibernateUtil.getSession();
   tx = session.beginTransaction();
   ←❶
   Player p2 = session.merge(p);
   ←❷
   tx.commit();
   session.close();
 }
```

Solution :

En ❶, l'instance p peut être transiente ou détachée. En ❷, p est détachée et p2 persistante.

En résumé

Nous sommes désormais en mesure de compléter le diagramme d'états *(voir figure 2.6)* que nous avons esquissé à la figure 2.5 avec les méthodes de la session Hibernate permettant la transition d'un état à un autre.

Conclusion

Vous disposez maintenant des informations nécessaires à la mise en place d'Hibernate en fonction de votre environnement de production cible (serveur d'applications ou base de données). Vous connaissez aussi les subtilités du cycle de vie des objets dans le cadre de l'utilisation d'un outil de persistance fondé sur la notion d'état et êtes capable de mettre un nom de méthode sur chaque transition de ce cycle de vie.

Sur le plan théorique, il ne vous reste plus qu'à connaître les métadonnées, qui vous permettront de mapper vos classes métier persistantes à votre schéma relationnel. C'est ce que nous vous proposons d'aborder au chapitre 3.

Figure 2.6

*Cycle de vie
des instances
persistantes avec
Hibernate*

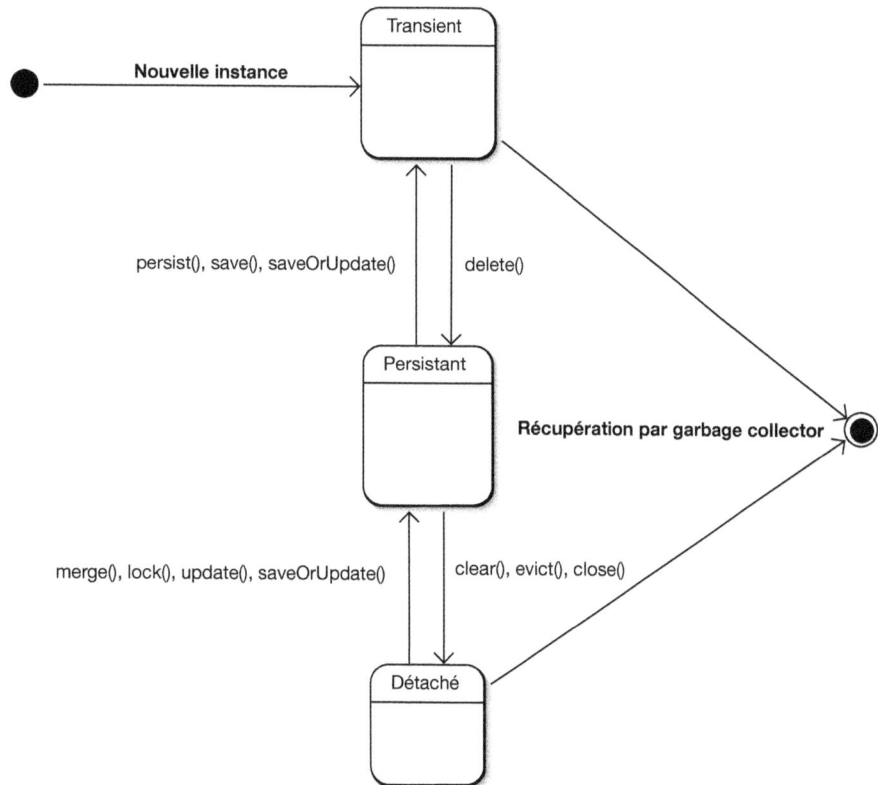

3

Métadonnées et mapping des classes métier

Au chapitre précédent, nous avons occulté l'étape suivant l'installation d'Hibernate, qui consiste en l'écriture des fichiers de mapping. Ces fichiers sous forme XML permettent de mettre en correspondance vos classes persistantes avec le modèle relationnel et contiennent un ensemble de paramètres appelés métadonnées. Ce sont ces dernières qui permettent de mapper un modèle de classes à quasiment toutes les structures relationnelles possibles.

Maîtriser les métadonnées est donc primordial. Chaque nuance peut vous permettre d'optimiser l'utilisation d'Hibernate, *via* les options de chargement, ou de rester fidèle à votre conception objet, en utilisant, par exemple, les métadonnées relatives à l'héritage.

Ce chapitre commence par recenser l'ensemble des métadonnées, à l'exception de celles relatives à l'héritage, qui sont abordées au chapitre 4. Il se penche ensuite sur un exemple concret mettant en œuvre les trois quarts des mappings que vous utiliserez le plus.

Référentiel des métadonnées

Le principe de lecture de ce référentiel est simple. Après une rapide introduction, vous retrouverez, en encadré, les options que propose chacune des métadonnées XML Hibernate. Une description de chaque option est fournie à la suite de cet encadré. L'introduction proposera si nécessaire un parallèle avec la conception UML.

Les métadonnées sont définies au sein de fichiers XML, appelés fichiers de mapping. Comme tout fichier XML, les fichiers de mapping font une référence à une DTD destinée à vérifier leur validité :

```
<?xml version="1.0"?>
<!DOCTYPE hibernate-mapping SYSTEM
    "http://hibernate.sourceforge.net/hibernate-mapping-3.0.dtd">
```

Vous allez apprendre à construire des fichiers de mapping valides répondant à votre conception objet.

Le référentiel des métadonnées est si riche qu'il peut paraître effrayant. Sachez cependant qu'une partie de ce référentiel n'existe que pour répondre à des cas spécifiques que vous ne rencontrerez peut être jamais.

hibernate-mapping, *l'élément racine*

hibernate-mapping est l'élément racine de vos fichiers de mapping. Il se place après la référence à la DTD. Cet élément ne contient que des éléments optionnels.

```
hibernate-mapping

<hibernate-mapping
  schema="schemaName"
  catalog="catalogName"
  default-cascade="save-update,persist,merge,delete, lock,evict,replicate"
  default-access="field|property|ClassName"
  default-lazy="true|false"
  auto-import="true|false"
  package="package.name"
/>
```

Description :

- schema (optionnel) : nom du schéma de la base de données.

- catalog (optionnel) : nom du catalogue de la base de données.

- default-cascade (optionnel ; par défaut none) : style de cascade par défaut.

- default-access (optionnel ; par défaut property) : méthode d'accès à la donnée.

- default-lazy (optionnel ; par défaut true) : méthode de chargement par défaut pour les associations.

- auto-import (optionnel ; par défaut true) : spécifie si vous pouvez utiliser des noms de classes non qualifiés (pour les classes de ce mapping) dans le langage de requête.

- package (optionnel) : spécifie un préfixe de package à prendre en compte pour les noms de classes non qualifiées dans le mapping courant.

class, *déclaration de classe persistante*

L'élément class vous permet de déclarer votre classe persistante. Il peut être judicieux d'enrichir votre métamodèle UML de stéréotypes et tagged-values, comme illustré à la figure 3.1. Sur cette figure, nous utilisons un stéréotype particulier pour définir la classe comme étant persistante. Ce détail de conception permet aisément de générer automatiquement l'élément class.

Figure 3.1

Stéréotypage de l'élément class

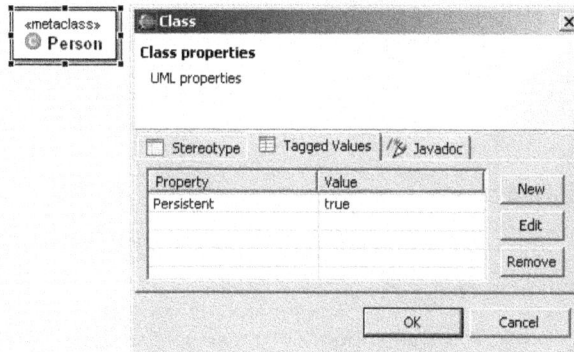

Le métamodèle UML de votre environnement de conception est une notion différente des métadonnées. Le métamodèle UML vous permet de personnaliser votre conception en fonction des outils et frameworks que vous utilisez. L'objectif de cette personnalisation est souvent la génération documentaire et la génération de sources. Ici, elle nous permet de générer les fichiers de mapping.

Pour simplifier, disons que, dans le cadre d'une personnalisation orientée Hibernate, le stéréotype serait "Persistent". Il serait applicable aux classes et aurait comme tagged-values les attributs de l'élément (ceux qui apparaissent dans l'encadré ci-dessous).

class
```
<class
  name="ClassName"
  table="tableName"
  discriminator-value="discriminator_value"
  mutable="true|false"
  schema="owner"
  catalog="catalog"
  proxy="ProxyInterface"
  dynamic-update="true|false"
  dynamic-insert="true|false"
  select-before-update="true|false"
```

```
    polymorphism="implicit|explicit"
    where="arbitrary sql where condition"
    persister="PersisterClass"
    batch-size="N"
    optimistic-lock="none|version|dirty|all"
    lazy="true|false"
    entity-name="EntityName"
    catalog="catalog"
    check="arbitrary sql check condition"
    rowid="rowid"
    subselect="SQL expression"
    abstract="true|false"
/>
```

Description :

- `name` : nom de classe entièrement qualifié pour la classe ou l'interface persistante.

- `table` : nom de la table en base de données.

- `discriminator-value` (optionnel ; valeur par défaut `nom de la classe`) : valeur qui distingue les classes filles et qui est utilisée pour le comportement polymorphique. Sont aussi autorisées les valeurs `null` et `not null`.

- `mutable` (optionnel ; valeur par défaut `true`) : spécifie qu'une instance de classe est ou non mutable.

- `schema` (optionnel) : surcharge le nom de schéma défini par l'élément racine `<hibernate-mapping>`.

- `proxy` (optionnel) : spécifie une interface à utiliser pour initialiser tardivement (lazy) les proxy. Vous pouvez spécifier le nom de la classe elle-même.

- `dynamic-update` (optionnel ; valeur par défaut `false`) : spécifie si l'ordre SQL UPDATE doit être généré au runtime et ne contenir que les colonnes dont les valeurs ont changé.

- `dynamic-insert` (optionnel ; valeur par défaut `false`) : spécifie si l'ordre SQL INSERT doit être généré au runtime et ne contenir que les colonnes dont les valeurs ne sont pas `null`.

- `select-before-update` (optionnel ; valeur par défaut `false`) : spécifie qu'Hibernate ne doit jamais effectuer un UPDATE SQL à moins d'être certain qu'un objet a été modifié. Dans certains cas, en fait lorsqu'un objet transient a été associé à une nouvelle session en utilisant `update()`, cela signifie qu'Hibernate effectuera un SELECT SQL supplémentaire pour déterminer si un UPDATE est réellement requis.

- `polymorphism` (optionnel ; par défaut `implicit`) : détermine si, pour cette classe, une requête polymorphique implicite ou explicite est utilisée.

- `where` (optionnel) : spécifie une clause SQL WHERE à utiliser lorsque nous récupérons des objets de cette classe.

- persister (optionnel) : spécifie un ClassPersister particulier.

- batch-size (optionnel ; par défaut 1) : spécifie une taille de batch pour remplir les instances de cette classe par identifiant en une seule requête.

- optimistic-lock (optionnel ; par défaut version) : définit une stratégie de verrou optimiste.

- lazy (optionnel) : déclarer lazy="true" est un raccourci pour spécifier le nom de la classe comme étant l'interface proxy.

- entity-name (optionnel) : permet l'utilisation des classes dynamiques.

- check (optionnel) : expression SQL utilisée pour générer une contrainte multi-row (génération automatique de schéma).

- rowid (optionnel) : Hibernate peut utiliser la fonctionnalité ROWID sur les bases de données qui la supportent. Cela permet d'effectuer des UPDATE de manière plus rapide.

- subselect (optionnel) : permet de lier une instance non modifiable à un subselect de la base de données. Utile si vous voulez utiliser le principe de vue à la place d'une table.

- abstract (optionnel) : utile pour spécifier que la superclasse est abstraite dans les hiérarchies <union-subclass/>.

id, *identité relationnelle de l'entité persistante*

L'élément id est l'un des plus importants. Nous avons déjà parlé des notions d'identité et d'unicité dans les mondes Java et relationnel au chapitre 2. La seconde section de ce chapitre décrit de manière pratique l'utilisation de cet élément.

Comme pour la classe, vous pouvez stéréotyper ses propriétés en créant simplement un stéréotype *(voir figure 3.2)*.

Figure 3.2

*Propriété
identifiante*

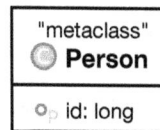

```
id
<id
  name="propertyName"
  type="typename"
  column="column_name"
  unsaved-value="null|any|none|undefined|id_value"
  access="field|property|ClassName">
  <generator class="generatorClass"/>
</id>
```

Description :

- `name` (optionnel) : nom de la propriété d'identifiant.
- `type` (optionnel) : nom indiquant le type Hibernate.
- `column` (optionnel ; par défaut `nom de la propriété`) : nom de la colonne de la clé primaire.
- `unsaved-value` (optionnel ; par défaut `null`) : valeur de la propriété d'identifiant qui indique que l'instance est nouvellement instanciée (non sauvegardée) et la distingue des instances transientes qui ont été sauvegardées ou chargées dans une session précédente.
- `access` (optionnel ; par défaut `property`) : stratégie qu'Hibernate doit utiliser pour accéder à la valeur de la propriété.

discriminator, *en relation avec l'héritage*

L'élément `discriminator` est lié à l'héritage. Son utilisation concrète est détaillée au chapitre 4.

Une fois de plus, il est possible de stéréotyper la notation UML d'héritage.

```
discriminator
<discriminator
  column="discriminator_column"
  type="discriminator_type"
  force="true|false"
  insert="true|false"
  formula="arbitrary sql expression"
/>
```

Description :

- `column` (optionnel ; par défaut `class`) : nom de la colonne discriminatrice.
- `type` (optionnel ; par défaut `string`) : nom indiquant le type Hibernate.
- `force` (optionnel ; par défaut `false`) : « force » Hibernate à spécifier les valeurs discriminatrices permises, même lorsque toutes les instances de la classe « racine » sont récupérées.
- `insert` (optionnel ; par défaut `true`) : positionné à `false` si votre colonne discriminatrice fait aussi partie d'un identifiant composé mappé.
- `formula` (optionnel) : expression SQL exécutée pour déduire le type de la classe.

version *et* timestamp, *versionnement des entités*

Les éléments version et timestamp servent à mettre en place la gestion de la concourance optimiste avec versionnement. Le chapitre 6 décrit en détail comment gérer les accès concourants.

```
version
<version
  column="version_column"
  name="propertyName"
  type="typename"
  access="field|property|ClassName"
  unsaved-value="null|negative|undefined"
/>
```

Description :

- column (optionnel ; par défaut nom de la propriété) : nom de la colonne contenant le numéro de version.

- name : nom de la propriété de classe persistante.

- type (optionnel ; par défaut integer) : type du numéro de version.

- access (optionnel ; par défaut property) : stratégie qu'Hibernate doit utiliser pour accéder à la valeur de la propriété.

- unsaved-value (optionnel ; par défaut undefined) : valeur de la propriété "version", qui indique qu'une instance est nouvellement instanciée (non sauvegardée) et la distingue des instances transientes qui ont été chargées ou sauvegardées dans une session précédente (undefined spécifie que la propriété d'identifiant doit être utilisée).

```
timestamp
<timestamp
  column="timestamp_column"
  name="propertyName"
  access="field|property|ClassName"
  unsaved-value="null|undefined"
/>
```

Description :

- column (optionnel ; par défaut nom de la propriété) : nom de la colonne contenant le timestamp.

- name : nom de la propriété de type Java Date ou timestamp dans la classe persistante.

- `access` (optionnel ; par défaut `property`) : stratégie qu'Hibernate doit utiliser pour accéder à la propriété.

- `unsaved-value` (optionnel ; par défaut `null`) : valeur de la propriété `"version"` qui indique qu'une instance est nouvellement instanciée (non sauvegardée) et la distingue des instances transientes qui ont été chargées ou sauvegardées dans une session précédente (`undefined` spécifie que la propriété d'identifiant doit être utilisée).

property, *déclaration de propriétés persistantes*

L'élément `property` sert à décrire le mapping de chacune des propriétés persistantes simples qui composent votre classe persistante.

```
property
<property
  name="propertyName"
  column="column_name"
  type="typename"
  update="true|false"
  insert="true|false"
  formula="expression sql arbitraire"
  access="field|property|ClassName"
  lazy="true|false"
  unique="true|false"
  not-null="true|false"
  optimistic-lock="true|false"
/>
```

Description :

- `name` : nom de la propriété, l'initiale étant en minuscule *(voir les conventions Java-Bean).*
- `column` (optionnel ; par défaut `nom de la propriété`) : nom de la colonne de base de données mappée.
- `type` (optionnel) : nom indiquant le type Hibernate.
- `update`/`insert` (optionnel ; par défaut `true`) : spécifie que les colonnes mappées doivent être incluses dans l'ordre SQL `UPDATE` ou `INSERT`. Paramétrer les deux à `false` permet à la propriété d'être « dérivée », sa valeur étant initialisée par une autre propriété, qui mappe les mêmes colonnes, par un trigger ou par une autre application.
- `formula` (optionnel) : expression SQL définissant une valeur pour une propriété calculée. Les propriétés n'ont pas de colonne mappée.
- `access` (optionnel ; par défaut `property`) : stratégie qu'Hibernate doit utiliser pour accéder à la propriété.

- unique (optionnel) : permet la génération d'une contrainte d'unicité et permet par ailleurs d'être la cible d'une property-ref.

- not-null (optionnel) : permet la génération d'une contrainte not-nulloptimistic-lock (optionnel ; par défaut version): Détermine la stratégie de verrou optimiste.

- lazy (optionnel) : déclarer lazy="true" est un raccourci pour spécifier le nom de la classe comme étant l'interface proxy.

many-to-one *et* one-to-one*, associations vers une entité*

Ces deux éléments permettent de mapper les relations vers une entité simple *(voir figure 3.3)*.

Figure 3.3

Association to-one

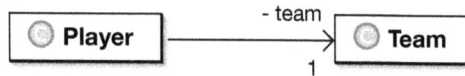

Le meilleur moyen de représenter une telle association en UML est d'utiliser l'association simple ou l'agrégation. Cela permet de spécifier que les instances des deux classes possèdent un cycle de vie indépendant. Une table est mappée par classe.

```
many-to-one
<many-to-one
    name="propertyName"
    column="column_name"
    class="ClassName"
    cascade="save-update,persist,merge,delete, lock,evict,replicate"
    fetch="join|select"
    update="true|false"
    insert="true|false"
    property-ref="propertyNameFromAssociatedClass"
    access="field|property|ClassName"
    unique="true|false"
    not-null="true|false"
    optimistic-lock="true|false"
/>
```

Description :

- name : nom de la propriété.

- column (optionnel) : nom de la colonne.

- class (optionnel ; par défaut type de la propriété déterminé par réflexion) : nom de la classe associée.

- `cascade` (optionnel) : spécifie quelles opérations doivent être effectuées en cascade de l'objet parent vers l'objet associé.

- `fetch` (optionnel ; par défaut `select`) : permet de choisir entre un chargement par `outer-join` et un select séquentiel.

- `update`/`insert` (optionnel ; par défaut `true`) : spécifie que les colonnes mappées doivent être incluses dans l'ordre SQL `UPDATE` ou `INSERT`. Paramétrer les deux à `false` permet à la propriété d'être « dérivée », sa valeur étant initialisée par une autre propriété qui mappe les mêmes colonnes, par un trigger ou par une autre application.

- `property-ref` (optionnel) : nom de la propriété de la classe associée qui est liée à cette clé étrangère. Si non spécifiée, la clé primaire de la classe associée est utilisée.

- `access` (optionnel ; par défaut `property`) : stratégie qu'Hibernate doit utiliser pour accéder à la valeur de la propriété.

- `unique` (optionnel) : active la génération DDL d'une contrainte unique pour la colonne `clé-étrangère`. Permet par ailleurs d'être la cible d'une `property-ref`.

- `not-null` (optionnel) : permet la génération d'une contrainte `not-null`.

- `optimistic-lock` (optionnel ; par défaut `version`) : détermine la stratégie de verrou optimiste.

L'association `one-to-one` décrite à la figure 3.4 se décline en deux variantes au niveau de la structure relationnelle.

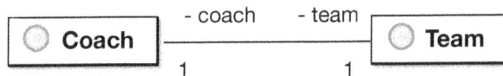

Figure 3.4
Association
one-to-one

Ces deux variantes sont les suivantes :

- Les tables partagent la même clé primaire : dans ce cas, les mappings de `Player` et `Team` s'écrivent :

```
<!-- dans Team.hbm.xml -->
<one-to-one name="coach" class="Coach"/>
```

et :

```
<!-- dans Coach.hbm.xml -->
<one-to-one name="team" class="Team" constrained="true"/>
```

- Les tables sont liées par une clé étrangère unique :

```
<!-- dans Team.hbm.xml -->
<one-to-one name="coach" class="Coach" property-ref="team"/>
```

et :

```
<!-- dans Coach.hbm.xml -->
```

```
<many-to-one name="team" class="Team" column="TEAM_ID"
  unique="true"/>
```

```
one-to-one
<one-to-one
  name="propertyName"
  class="ClassName"
  cascade="save-update,persist,merge,delete, lock,evict,replicate"
  constrained="true|false"
  fetch="join|select"
  property-ref="propertyNameFromAssociatedClass"
  access="field|property|ClassName"
/>
```

Description :

- `name` : nom de la propriété.

- `class` (optionnel ; par défaut `type de la propriété déterminée par réflexion`) : nom de la classe associée.

- `cascade` (optionnel) : spécifie quelles opérations doivent être réalisées en cascade de l'objet parent vers l'objet associé.

- `constrained` (optionnel) : spécifie qu'une contrainte sur la clé primaire de la table mappée fait référence à la table de la classe associée. Cette option affecte l'ordre dans lequel `save()` et `delete()` sont effectués en cascade (elle est aussi utilisée dans l'outil Schema Export).

- `fetch` (optionnel ; par défaut `select`) : permet de choisir entre un chargement par `outer-join` ou un `select` séquentiel.

- `property-ref` (optionnel) : nom de la propriété de la classe associée qui est liée à cette clé étrangère. Si non spécifié, la clé primaire de la classe associée est utilisée.

- `access` (optionnel ; par défaut `property`) : stratégie qu'Hibernate doit utiliser pour accéder à la valeur de la propriété.

component, *association vers une valeur*

Le component permet de mapper deux classes liées par une relation `to-one` à une seule table. Il s'agit d'une valeur. Par opposition au terme entité, il n'a pas son propre cycle de vie et ne peut être référencé par plusieurs entités. À ce titre, il ne déclare aucune propriété identifiante, et son cycle de vie est celui de l'entité à laquelle il est associé.

La notation UML la plus adaptée pour représenter le lien entre une entité et un `component` est l'association de composition *(voir figure 3.5)*.

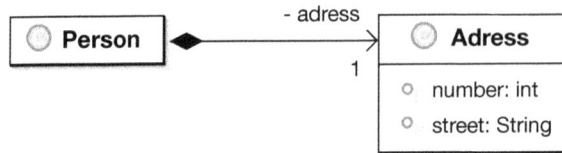

Figure 3.5
Modélisation du component

Les components permettent d'affiner votre modèle de classes.

```
component
<component
  name="propertyName"
  class="className"
  insert="true|false"
  update="true|false"
  access="field|property|ClassName"
  lazy="true|false"
  optimistic-lock="true|false"
>
  <property … />
  <many-to-one … />
  …
</component>
```

Description :

- `name` : nom de la propriété.

- `class` (optionnel ; par défaut `type de la propriété déterminé par réflexion`) : nom de la classe du composant (fils).

- `insert` : la colonne mappée apparaît-elle dans l'`INSERT` SQL ?

- `update` : la colonne mappée apparaît-elle dans l'`UPDATE` SQL ?

- `access` (optionnel ; par défaut `property`) : stratégie qu'Hibernate doit utiliser pour accéder à la valeur de la propriété.

- `lazy` (optionnel ; par défaut `false`) : permet le chargement par défaut du `component`. Nécessite une *instrumention bytecode postcompilation,* que nous détaillons au chapitre 8.

join, *mapping de plusieurs tables à une seule classe*

Il est possible de mapper plusieurs tables à une seule classe en utilisant l'élément `join`. Cette fonctionnalité est décrite en détail au chapitre 7. Il est conseillé de ne pas abuser de cette fonctionnalité, car elle va à l'encontre de la recommandation de conception de modèle de classes à granularité fine.

```
join
<join
  table="tablename"
  schema="owner"
  catalog="catalog"
  fetch="join|select"
  inverse="true|false"
  optional="true|false">
  <key … />
  <property … />
  …
</join>
```

Description :

- `table` : nom de la table à lier.

- `schema` (optionnel) : surcharge la définition du schéma spécifiée dans l'élément `<hibernate-mapping>`.

- `catalog` (optionnel) : surcharge la définition du catalogue spécifiée dans l'élément `<hibernate-mapping>`.

- `fetch` (optionnel ; par défaut `join`) : si `fetch="select"` pour un join défini dans une sous-classe (`subclass`), un `select` séquentiel est réalisé lors du chargement d'une instance du type de la sous-classe en question.

- `inverse` (optionnel ; par défaut `false`) : si activé, Hibernate ne fait pas d'insertion ou de mise à jour sur les propriétés définies dans le join.

- `optional` (optionnel ; par défaut `false`) : si activé, Hibernate insère l'enregistrement uniquement si les propriétés définies dans le join sont non nulles.

bag, set, list, map, array, *mapping des collections*

Plusieurs nœuds XML sont nécessaires au mapping de collections telles que celle spécifiée à la figure 3.6. Avant de les détailler, nous allons effectuer un rappel sur le framework `Collection`.

Figure 3.6

Nécessité de mapper une collection

Hibernate travaille avec les interfaces des collections Set, List et Map, ou plutôt il travaille avec ses propres implémentations de ces collections. C'est pourquoi il est nécessaire d'utiliser ces interfaces dans vos classes persistantes.

La figure 3.7 illustre le diagramme de classes du framework Collection.

Figure 3.7
Diagramme de classes du framework Collection

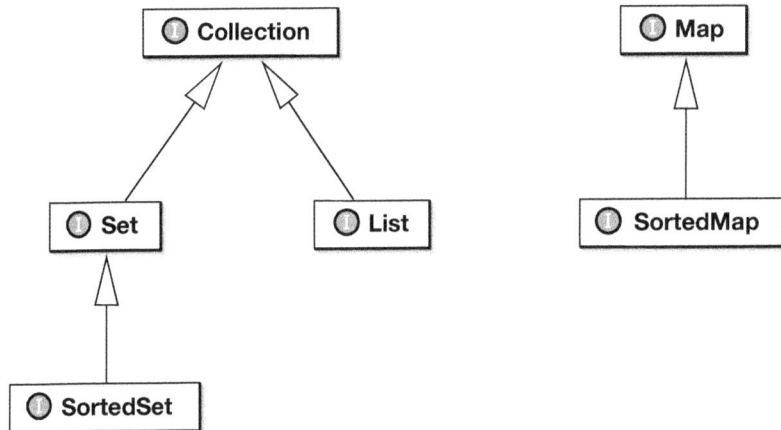

L'interface Collection est la racine de la hiérarchie des collections. Une collection représente un groupe d'objets, généralement appelés éléments de la collection. Certaines implémentations de Collection autorisent la duplication d'éléments et d'autres non. Certaines sont de plus ordonnées, tandis que d'autres ne le sont pas.

Un set est une collection qui ne peut contenir d'éléments dupliqués. La traduction littérale de set est « jeu ». Il peut être utilisé pour représenter un jeu de cartes, par exemple, ou l'ensemble des process présents sur une machine.

Une List est une collection ordonnée, parfois appelée séquence. Les listes peuvent contenir des éléments dupliqués. L'utilisateur a généralement le contrôle sur l'endroit où sont insérés les éléments d'une list. L'utilisateur peut accéder aux éléments par leur index (position), qui est un entier.

Sémantiquement, une list et un tableau Java (Array) sont identiques. Cependant, nous déconseillons vivement l'utilisation de Array, car il ne permet pas le chargement tardif *(lazy loading),* une fonctionnalité importante d'Hibernate que nous détaillons au chapitre 5. Sachez pour le moment qu'Hibernate autorise l'utilisation des tableaux, ce qui peut être intéressant pour un modèle métier existant.

Une map est un objet qui associe des clés à des valeurs. Les maps ne peuvent contenir de clé dupliquée, et chaque clé ne peut associer qu'une valeur.

La collection Bag n'est pas familière. En effet, cette interface n'est pas décrite dans le framework Collection. Le bag autorise la duplication et n'est pas ordonné. Cela s'avère très utile pour l'optimisation du chargement des éléments, comme nous le verrons ultérieurement. Pour adopter le comportement du bag, le POJO doit contenir une list, qui sera associée à l'élément XML `Bag` dans le fichier de mapping.

En fonction de vos besoins, vous aurez à choisir un type de collection précis. L'encadré suivant détaille l'emploi de la collection `Map`. Les autres collections suivent la même structure.

```
map
<map
  name="propertyName"
  table="table_name"
  schema="schema_name"
  lazy="true|false"
  inverse="true|false"
  cascade="save-update,persist,merge,delete,delete-orphan,lock,evict,replicate,
    all-delete-orphan "
  sort="unsorted|natural|comparatorClass"
  order-by="column_name asc|desc"
  where="arbitrary sql where condition"
  fetch="join|select"
  batch-size="N"
  access="field|property|ClassName"
>
  <key … />
  <index … />
  <element … />
</map>
```

Description :

- `name` : nom de la propriété contenant la collection.

- `table` : nom de la table de la collection.

- `schema` : nom du schéma permettant de surcharger le schéma déclaré dans l'élément racine.

- `lazy` : active l'initialisation tardive.

- `inverse` : définit cette collection comme l'extrémité « inverse » de l'association bidirectionnelle.

- `cascade` : active les opérations de cascade vers les entités filles.

- `sort` : spécifie une collection triée *via* un ordre de tri naturel ou une classe comparateur donnée.

- `order-by` : spécifie une colonne de table qui définit l'ordre d'itération de `Map`, `Set` ou `Bag`, avec en option `asc` ou `desc`.

- `where` : spécifie une condition SQL arbitraire `WHERE` à utiliser au chargement ou à la suppression d'une collection.
- `outer-join` : spécifie que la collection doit être chargée en utilisant une jointure ouverte lorsque c'est possible. Seule une collection peut être chargée avec une jointure ouverte.
- `batch-size` : taille de batch utilisée pour charger plusieurs instances de cette collection en initialisation tardive.
- `access` : stratégie qu'Hibernate doit utiliser pour accéder à la valeur de la propriété.

L'élément `key` vous permet de spécifier la jointure à effectuer entre les deux tables entrant en jeu lors du mapping d'une relation `to-many`.

```
key
<key column="nom_de_colonne"/>
```

Description :

- `column` : nom de la colonne clé étrangère.

L'élément index est nécessaire lorsque vous utilisez une collection indexée (`List` ou `Map`). Il permet de définir la colonne servant d'index.

```
index
<index
  column="nom_de_colonne"
  type="nomdetype"
/>
```

Description :

- `column` : nom de la colonne contenant les valeurs de l'index de la collection.
- `type` : type de l'index de la collection.

L'élément suivant est nécessaire lorsque votre index est un objet associé. Il est utilisé pour une map qui peut être indexée par des objets de type entité. Nous y reviendrons au chapitre 4.

```
index-many-to-many
<index-many-to-many
  column="nom_de_colonne"
  class="NomDeClasse"
/>
```

Description :

- `column` (requis) : nom de la colonne contenant la clé étrangère vers l'entité `index` de la collection.
- `class` (requis) : classe entité utilisée comme index de collection.

L'élément `element` permet de définir une collection de valeurs.

```
element
<element
  column="nom_de_colonne"
  type="nomdetype"
/>
```

Description :

- `column` (requis) : nom de la colonne contenant les valeurs des éléments de la collection.
- `type` (requis) : type d'un élément de la collection.

L'élément `one-to-many` permet de lier les tables mappées directement aux deux classes.

```
one-to-many
<one-to-many
  class="NomDeClasse"
/>
```

Description :

- `class` (requis) : classe entité utilisée comme index de collection.

Lorsque votre association passe par une table d'association, utilisez la déclaration `many-to-many`.

```
many-to-many
<many-to-many
  column="nom_de_colonne"
  class="NomDeClasse"
  outer-join="true|false|auto"
/>
```

Description :

- `column` (requis) : nom de la colonne contenant la clé étrangère de l'entité.

- `class` (requis) : nom de la classe associée.
- `outer-join` (optionnel ; par défaut `auto`) : active le chargement par jointure ouverte pour cette association lorsque `hibernate.use_outer_join` est activé.

Nous n'allons pas décrire les éléments relatifs aux héritages, qui sont détaillés au chapitre 4.

En résumé

Nous venons de faire l'inventaire des métadonnées qui permettent de mapper un modèle de classes à quasiment toutes les structures relationnelles possibles. Pour les éléments plus spécifiques, qui ne figurent pas dans ce référentiel, reportez-vous au guide de référence.

La section suivante se penche sur la structure des fichiers de mapping. La maîtrise de la structure des fichiers de mapping et des éléments indispensables qui les composent est tout aussi importante que celle des métadonnées.

Les fichiers de mapping

Les fichiers de mapping ont pour fonction d'accueillir les métadonnées que vous utilisez pour mapper vos classes à votre schéma relationnel.

La structure d'un fichier de mapping est la suivante :

```
<?xml version="1.0"?>
<!DOCTYPE hibernate-mapping SYSTEM
  "http://hibernate.sourceforge.net/hibernate-mapping-3.0.dtd">
<hibernate-mapping package="com.eyrolles.sportTracker.model">
  <class name="Team" table="TEAM" lazy="true">
    <id name="id" column="TEAM_ID">
      <!-- choix du générateur d'id -->
    </id>
    <!-- version, timestamp -->
    <property name="name" column="TEAM_NAME"/>
    <property name="nbWon" column="NB_WON"/>
    <property name="nbLost" column="NB_LOST"/>
    <property name="nbPlayed" column="NB_PLAYED"/>
    <one-to-one foreign-key="COACH_ID" name="coach"
      class="Coach" cascade="save-update" />
    <!--mapping des collections, components, composite elements -->
  </class>
</hibernate-mapping>
```

Les éléments que vous manipulerez le plus souvent dans vos fichiers de mapping sont les suivants :

- Déclaration de la DTD.

- Élément racine `<hibernate-mapping/>`, dans lequel vous spécifiez l'attribut `package`, ce qui évite de devoir le spécifier à chaque déclaration de classe et association.

- Élément `<class/>`, dans lequel vous spécifiez sur quelle table est mappée la classe.

- Éléments `<property/>`, dans lesquels vous associez une colonne à une propriété.

- Associations vers une entité spécifiées par `<many-to-one/>`.

- Associations vers un composant reprises par `<component/>`.

- Associations vers une collection d'entités (`<one-to-many/>` et `<many-to-many/>`).

Une bonne habitude à prendre est d'avoir toujours à votre disposition la DTD. Cette dernière est seule à même de vous permettre de vérifier rapidement la syntaxe des nœuds XML que vous écrivez. Elle est aussi un excellent récapitulatif de ce qui est faisable en matière de mapping et de la manière de le structurer.

Vous y trouvez, par exemple, les éléments autorisés dans le nœud `<class/>` :

```
<!ELEMENT class (
  meta*,
  subselect?,
  cache?,
  synchronize*,
  (id|composite-id),
  discriminator?,
  (version|timestamp)?,
  (property|many-to-one|one-to-one|component|
  dynamic-component|properties|any|map|set|list|bag|idbag|array|
  primitive-array|query-list)*,
  ((join*,subclass*)|joined-subclass*|union-subclass*),
  loader?,sql-insert?,sql-update?,sql-delete?,
  filter*
)>
  <!ATTLIST class name CDATA #REQUIRED>
  <!ATTLIST class entity-name CDATA #IMPLIED>
  <!ATTLIST class table CDATA #IMPLIED>
  <!ATTLIST class schema CDATA #IMPLIED>
  <!ATTLIST class catalog CDATA #IMPLIED>
  <!ATTLIST class subselect CDATA #IMPLIED>
  <!ATTLIST class proxy CDATA #IMPLIED>
  <!ATTLIST class discriminator-value CDATA #IMPLIED>
  <!ATTLIST class mutable (true|false) "true">
  <!ATTLIST class abstract (true|false) "false">
  <!ATTLIST class polymorphism (implicit|explicit) "implicit">
  <!ATTLIST class where CDATA #IMPLIED>
  <!ATTLIST class persister CDATA #IMPLIED>
  <!ATTLIST class dynamic-update (true|false) "false">
  <!ATTLIST class dynamic-insert (true|false) "false">
  <!ATTLIST class batch-size CDATA "1">
  <!ATTLIST class select-before-update (true|false) "false">
  <!ATTLIST class optimistic-lock (none|version|dirty|all) "version">
```

```
<!ATTLIST class lazy (true|false) #IMPLIED>
<!ATTLIST class check CDATA #IMPLIED>
<!ATTLIST class rowid CDATA #IMPLIED>
```

Les sections qui suivent reviennent sur les éléments indispensables à maîtriser.

Mapping détaillé de la classe Team

Notre objectif est d'écrire les fichiers de mapping relatifs aux classes illustrées à la figure 3.8, sur lesquelles nous avons déjà travaillé au chapitre précédent et qui représentent la problématique d'une application de gestion d'équipes de sports.

Figure 3.8

Diagramme de classes de notre application exemple de gestion d'équipes de sports

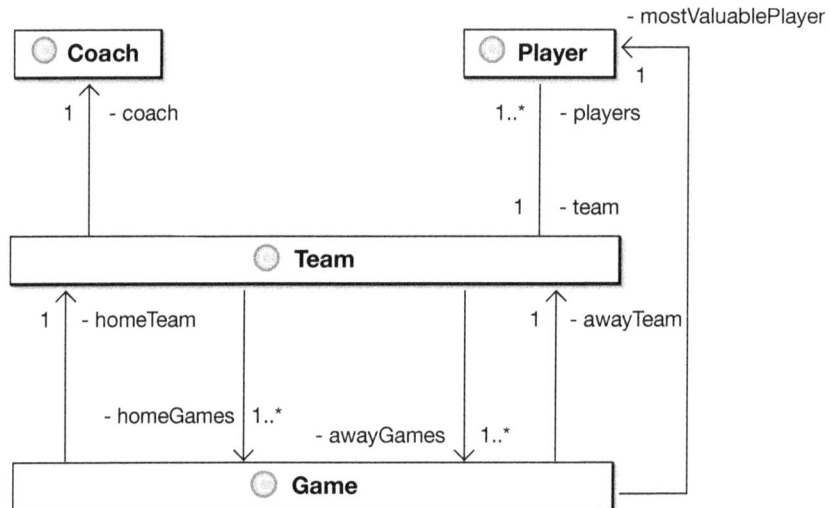

Nous commencerons par détailler le mapping de la classe Team puis donnerons la solution pour les autres classes. Le lecteur est invité à s'entraîner avec cet exemple, les mappings fournis dans la suite de l'ouvrage augmentant progressivement en complexité.

Le nœud *id*

Obligatoire, le nœud id mappe la colonne identifiée comme clé primaire. Nous parlons en ce cas de *propriété identifiante*. Il s'agit de la notion d'identité de la base de données. Pour le mapping des clés primaires composées, référez-vous au chapitre 8.

☞ *id* simple

```
<id name="id" column="TEAM_ID">
  <!-- choix du générateur d'id -->
</id>
```

La forme minimale comporte les attributs `name` (nom de la propriété), `column` (nom de la colonne) et `generator`, qui décrit le mécanisme retenu pour la génération de l'id.

☛ Génération automatique d'*id*

L'utilisation d'une clé artificielle étant une best practice, Hibernate dispose de plusieurs moyens de la générer automatiquement. Le moyen en question est un générateur, qui doit être défini au niveau de l'élément `generator`.

Les différents générateurs disponibles sont les suivants :

- `increment` ;
- `identity` ;
- `sequence` ;
- `seqhilo` ;
- `uuid.hex` ;
- `uuid.string` ;
- `native` ;
- `assigned` ;
- `foreign` (utile pour le `one-to-one`) ;
- `persistentIdentifierGenerator` ;
- `GUID` (nouveau générateur utilisant la fonction `NEWID()` de SQL Server).

Nous n'allons pas décrire chacun de ces générateurs, le guide de référence le faisant très bien. Il est parfois nécessaire de passer des paramètres au générateur. Le guide en fournit aussi tous les détails pour chacun des générateurs.

Retenons que `native` choisit le générateur en fonction de la base de données à laquelle l'application se connecte :

- Pour Oracle, PostgreSQL et DB2, il choisit `sequence`.
- Pour MySQL et Sybase, il choisit `identity`.

Cette génération automatique de la propriété `id` s'effectue au moment où vous invoquez l'ordre de persistance.

Si vous utilisez Oracle et une séquence `MY_SEQ`, votre déclaration d'id est la suivante :

```
<generator class="native">  <!--ou sequence -->
   <param name="sequence">MY_SEQ</param>
</generator>
```

L'invocation de la demande de persistance engendre la sortie suivante :

```
select MY_SEQ.nextval from dual
insert into XXX (YYY,…)
```

Si vous configurez le nœud id pour notre exemple d'application, Team.hbm.xml devient :

```xml
<?xml version="1.0"?>
<!DOCTYPE hibernate-mapping SYSTEM
  "http://hibernate.sourceforge.net/hibernate-mapping-3.0.dtd">
<hibernate-mapping package="com.eyrolles.sportTracker.model">
  <class name="Team" table="TEAM" lazy="true">
    <!-- id name="id" column="TEAM_ID" unsaved-value="0" -->
    <id name="id" column="TEAM_ID">
      <generator class="native"/>
    </id>
    <property name="name" column="TEAM_NAME"/>
    <property name="nbWon" column="NB_WON"/>
    <property name="nbLost" column="NB_LOST"/>
    <property name="nbPlayed" column="NB_PLAYED"/>
    <!--mapping des collections, component, composite element -->
  </class>
</hibernate-mapping>
```

☞ La valeur *unsaved-value*

unsaved-value est la valeur de la propriété identifiante qui permet à Hibernate de savoir si l'instance est transiente et si elle peut être rendue persistante. Dans Hibernate 2, cette valeur est, par défaut, égale à null. Si votre propriété identifiante est de type int, puisque int ne peut être null, une exception survient.

Hibernate 3 est bien plus souple sur ce point et s'adapte par défaut aux types primitifs :

• Si le type de id est int, long, double, etc., unsaved-value="0".

• Si le type de id est Integer, Long, Double, etc., unsaved-value="null".

Si vous souhaitez redéfinir la valeur d'id pour laquelle votre instance doit être considérée comme transiente, pensez à définir cet attribut. Cet attribut est aussi disponible pour les déclarations de version et timestamp qui permettent d'activer le versionnement.

Si vous forcez une instance à devenir persistante et que la valeur de sa propriété identifiante soit différente de celle spécifiée par unsaved-value, l'exception suivante est lancée :

```
org.hibernate.PersistentObjectException: detached entity passed to create: null
```

☞ Assignation manuelle d'*id*

Le générateur assigned est le seul à vous permettre d'assigner un id manuellement. Par définition, vous ne pouvez dissocier une instance transiente d'une instance persistante pour les classes dont l'id est déclaré avec assigned.

En effet, la valeur identifiante devant être forcée par l'utilisateur avant persistance, Hibernate considère unsaved-value="undefined". Rendre persistante une telle instance est plus compliqué puisqu'il faut qu'Hibernate interroge la base de données avec une requête du style :

```
select xxx from TABLE_X t where t.id = laValeurId
```

Si le resultset est vide, Hibernate en déduit qu'il lui faut exécuter un insert. Sinon, il fait un update.

Mapping des collections de la classe *Team*

Dans la classe `Team`, les éléments des collections `homeGames` et `awayGames` doivent être indexés par date. Nous choisissons donc des maps.

Pour la collection `players`, choisissons arbitrairement le set dans un premier temps.

Référez-vous au guide de référence ou à la synthèse du chapitre 9 pour obtenir la liste des paramètres applicables à la déclaration d'une collection. En résumé, le premier choix est de définir le type de collection que vous souhaitez (`<bag/>`, `<set/>`, `</list>`, `<map/>`). La `key column` est la colonne soumise à une contrainte de clé étrangère. C'est elle qui permet à Hibernate de gérer les jointures et les associations. L'élément `one-to-many` permet de spécifier de quel type sont les éléments de la collection. Avec ces deux informations, Hibernate est capable de gérer la lecture comme l'écriture de ce réseau d'objets.

Le fichier de mapping complété avec les déclarations de nos collections devient :

```xml
<?xml version="1.0"?>
<!DOCTYPE hibernate-mapping SYSTEM
  "http://hibernate.sourceforge.net/hibernate-mapping-3.0.dtd">
<hibernate-mapping package="com.eyrolles.sportTracker.model">
<class name="Team" table="TEAM" lazy="true">
  <id name="id" column="TEAM_ID">
      <generator class="native"/>
  </id>
  <property name="name" column="TEAM_NAME"/>
  <property name="nbWon" column="NB_WON"/>
  <property name="nbLost" column="NB_LOST"/>
  <property name="nbPlayed" column="NB_PLAYED"/>
  <many-to-one name="coach" class="Coach" column="COACH_ID"
    unique="true"/>
  <set name="players" cascade="save-update" inverse="true">
    <key column="TEAM_ID" />
    <one-to-many class="Player" />
  </set>
  <map name="homeGames" cascade="save-update" inverse="true" lazy="true">
    <key column="HOME_TEAM_ID" />
    <index column="GAME_DATE" type="date" />
    <one-to-many class="Game" />
  </map>
  <map name="awayGames" cascade="save-update" inverse="true" lazy="true">
    <key column="AWAY_TEAM_ID" />
    <index column="GAME_DATE" type="date"  />
    <one-to-many class="Game" />
  </map>
</class>
```

```
</hibernate-mapping>
```

Ne vous attardez pas trop sur les attributs `cascade` et `inverse`, car nous reviendrons sur l'importance de ces attributs ultérieurement dans l'ouvrage.

Vous pouvez constater que, pour les collections indexées (`Map`, `List`), le nœud XML `index` spécifie la colonne faisant office d'index. Lorsque cette colonne est un objet (par exemple, pour la map), vous devez en spécifier le type (ici `date`).

Exercice

Énoncé :

À partir de la figure 3.8, du référentiel des métadonnées, de la structure des fichiers de mapping mise en place pour la classe `Team` et des définitions des tables relationnelles ci-dessous, écrivez le mapping des classes `Game`, `Coach` et `Player`.

Définition des tables de l'exercice :

```
create table TEAM (
  TEAM_ID bigint generated by default as identity (start with 1),
  COACH_ID bigint,
  TEAM_NAME varchar(255),
  NB_WON integer,
  NB_LOST integer,
  NB_PLAYED integer,
  primary key (TEAM_ID)
)
create table PLAYER (
  PLAYER_ID bigint generated by default as identity (start with 1),
  PLAYER_NAME varchar(255),
  PLAYER_NUMBER integer,
  BIRTHDAY timestamp,
  HEIGHT float,
  WEIGHT float,
  TEAM_ID bigint,
  primary key (PLAYER_ID)
)
create table GAME (
  GAME_ID bigint not null,
  AWAY_TEAM_SCORE integer,
  HOME_TEAM_SCORE integer,
  GAME_DATE timestamp,
  PLAYER_ID bigint,
  HOME_TEAM_ID bigint,
  AWAY_TEAM_ID bigint,
  primary key (GAME_ID)
)
create table COACH (
  COACH_ID bigint generated by default as identity (start with 1),
  COACH_NAME varchar(255),
  primary key (COACH_ID)
)
alter table TEAM add constraint FK273A5DC711EEE0
```

```
    foreign key (COACH_ID) references COACH
 alter table PLAYER add constraint FK8CD18EE1AA36363D
    foreign key (TEAM_ID) references TEAM
 alter table GAME add constraint FK2143F2906ADF39
    foreign key (PLAYER_ID) references PLAYER
 alter table GAME add constraint FK2143F2685F82DD
    foreign key (HOME_TEAM_ID) references TEAM
 alter table GAME add constraint FK2143F2FB90F1EC
    foreign key (AWAY_TEAM_ID) references TEAM
```

Solution pour les classes Game, Coach et Player :

La classe la plus simple à mapper sur la figure 3.8 est la classe Coach, car elle ne fait référence à aucune autre classe. Les seules déclarations concernent l'id et les propriétés :

```xml
<?xml version="1.0"?>
<!DOCTYPE hibernate-mapping SYSTEM
  "http://hibernate.sourceforge.net/hibernate-mapping-3.0.dtd">

<hibernate-mapping package="com.eyrolles.sportTracker.model">
  <class name="Coach" table="COACH">
    <id name="id" column="COACH_ID">
     <generator class="native"/>
    </id>
    <property name="name" column="COACH_NAME"/>
  </class>
</hibernate-mapping>
```

La classe Player augmente ensuite la difficulté puisqu'elle fait référence à la classe Team *via* une association many-to-one :

```xml
<?xml version="1.0"?>
<!DOCTYPE hibernate-mapping SYSTEM
   "http://hibernate.sourceforge.net/hibernate-mapping-3.0.dtd">

<hibernate-mapping package="com.eyrolles.sportTracker.model">
  <class name="Player" table="PLAYER" >
    <id name="id" column="PLAYER_ID">
     <generator class="native"/>
    </id>
     <property name="name" column="PLAYER_NAME"/>
     <property name="number" column="PLAYER_NUMBER"/>
     <property name="birthday" column="BIRTHDAY"/>
     <property name="height" column="HEIGHT"/>
     <property name="weight" column="WEIGHT"/>
     <many-to-one column="TEAM_ID" name="team" class="Team" />
  </class>
</hibernate-mapping>
```

La classe Game est du même ordre de complexité que la classe Player puisqu'elle fait référence à deux classes par des associations many-to-one :

```xml
<?xml version="1.0"?>
<!DOCTYPE hibernate-mapping SYSTEM
```

```
       "http://hibernate.sourceforge.net/hibernate-mapping-3.0.dtd">

<hibernate-mapping package="com.eyrolles.sportTracker.model">
  <class name="Game" table="GAME" lazy="true">
    <id name="id" column="GAME_ID">
      <generator class="assigned"/>
    </id>
    <property name="awayTeamScore" column="AWAY_TEAM_SCORE"/>
    <property name="homeTeamScore" column="HOME_TEAM_SCORE"/>
    <property name="gameDate" column="GAME_DATE"/>
    <many-to-one cascade="none" name="mostValuablePlayer"
      class="Player" column="PLAYER_ID" />
    <many-to-one cascade="none" name="homeTeam" class="Team"
      column="HOME_TEAM_ID" />
    <many-to-one cascade="none" name="awayTeam" class="Team"
      column="AWAY_TEAM_ID" />
  </class>
</hibernate-mapping>
```

Si vous avez compris comment sont conçus les fichiers de mapping de cet exercice, vous serez capable de mapper sans difficulté de petites et moyennes applications.

En résumé

Les fichiers de mapping sont un peu déroutants au début, mais avec l'aide de la DTD, du référentiel des métadonnées et du guide de référence, vous arriverez très rapidement à les écrire. Si vous ajoutez à cela l'outillage disponible, décrit au chapitre 9, les fichiers de mapping ne vous prendront pas beaucoup de temps.

Conclusion

Les chapitres 2 et 3 n'ont été pour l'essentiel qu'un condensé du guide de référence d'Hibernate. Il était important de préciser les bases Java et de mapping avant d'entrer dans le vif du sujet.

Dès le chapitre 4, vous aborderez des notions plus complexes, comme l'héritage, les associations *n*-aires et les relations bidirectionnelles.

Pour ne pas vous perdre par la suite, n'hésitez pas à relire plusieurs fois ces chapitres 2 et 3 si une question ou une autre vous paraît obscure.

4

Héritage, polymorphisme et associations ternaires

Ce chapitre se penche sur les fonctionnalités avancées de mapping que sont les stratégies de mapping d'héritage, de relations bidirectionnelles et d'associations ternaires.

Notion essentielle dans la programmation objet, l'héritage permet la spécialisation des classes. De leur côté, les relations bidirectionnelles autorisent la navigation vers la classe liée, et ce, depuis les deux extrémités de l'association, tandis que les associations ternaires mettent en jeu plus de deux classes.

Nous touchons ici à la frontière sensible entre le monde objet et le monde relationnel, notamment avec l'héritage. Le concepteur doit donc être vigilant et faire ses choix avec bon sens. Il est possible que la criticité des performances relatives à la base de données relationnelle le pousse à sacrifier quelques parties du modèle objet au profit de la performance de l'application.

Cela ne signifie pas qu'Hibernate bride la créativité, bien au contraire. Il convient simplement de ne pas utiliser à outrance ses fonctionnalités poussées sans en mesurer les impacts.

Stratégies de mapping d'héritage et polymorphisme

Cette section ne se veut pas un cours sur le polymorphisme. Son but est de vous donner les éléments vous permettant de faire le meilleur choix ainsi que les informations qui vous seront indispensables pour mapper ce choix.

Regardons concrètement dans notre application exemple si nous avons des cas de polymorphisme. Sur le diagramme de classes illustré à la figure 4.1, rien n'est lié à Person. Nous pouvons donc affirmer qu'*a priori* le polymorphisme ne nous concerne pas.

Figure 4.1

Diagramme de classes exemple

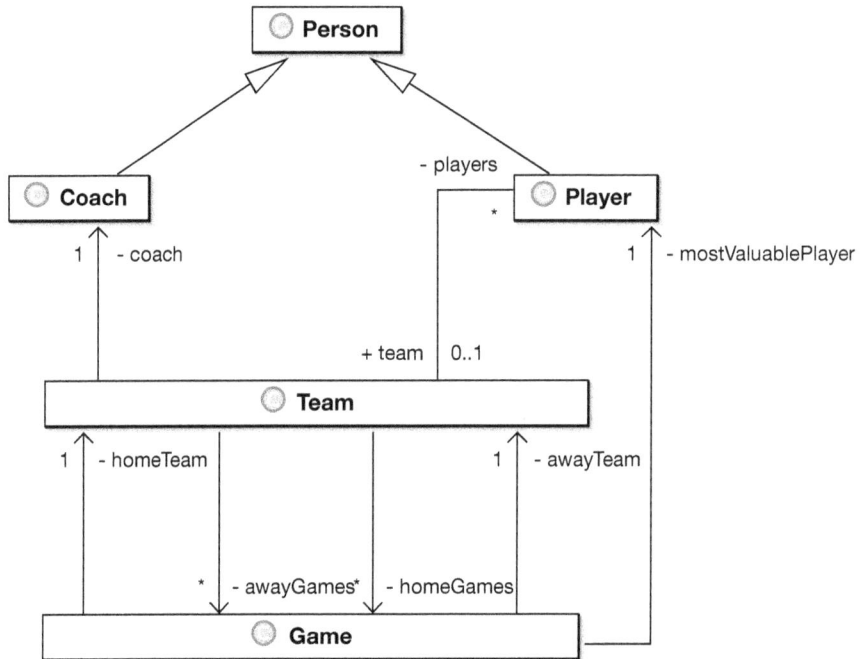

Ce diagramme de classes n'offre cependant qu'une vue globale de notre problématique métier. Faisons un zoom sur l'arbre d'héritage Person. À la figure 4.2, nous découvrons deux niveaux d'héritage et comprenons qu'un Player peut être Rookie ou SuperStar. Une lecture attentive de ce diagramme montre que Sponsor n'hérite pas de SuperStar mais lui est associé *via* une relation many-to-one.

Dans l'absolu, il s'agit d'un très mauvais exemple de polymorphisme puisqu'un *rookie* peut devenir *superstar* alors que, en Java, nous ne pouvons changer son type. Pour ces cas, préférez le pattern Delegate (par exemple, en ajoutant une association vers une classe Type). Quoi qu'il en soit, cet exemple est parfait pour appréhender les différentes stratégies d'implémentation de l'héritage dans un schéma relationnel, car il comporte :

- une table par sous-classe ;
- une table par hiérarchie de classe ;
- une table par sous-classe avec discriminateur ;
- une table par classe concrète ;
- une table par classe concrète avec option « union ».

Les sections qui suivent détaillent chacune de ces stratégies.

Figure 4.2

*Hiérarchie
de classes à deux
niveaux d'héritage*

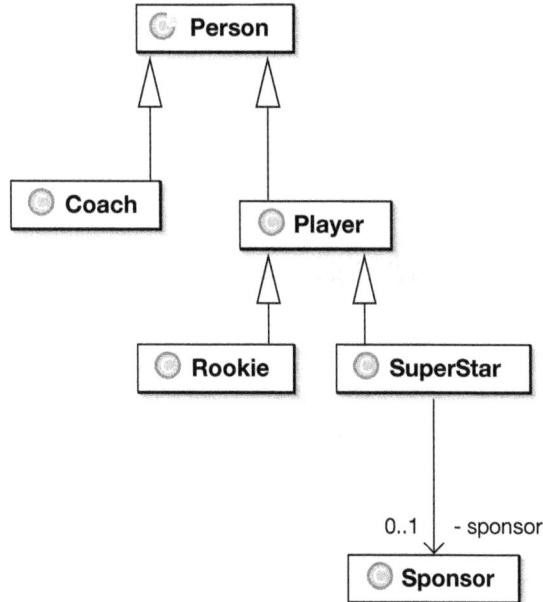

Pour bien cerner les avantages et inconvénients de chaque stratégie, les trois traitements suivants vont nous être utiles :

- Génération du schéma de la basse de données (DDL) depuis SchemaExport, un outil fourni pas Hibernate que nous détaillons au chapitre 9.

- Analyse du déroulement de l'insertion d'une instance de classe fille en base de données à l'aide du code ci-dessous :

```
Session session = HibernateUtil.getSession();
Transaction tx=null;
try {
  tx = session.beginTransaction();
  // Teams
  Team t = new Team("inheritanceTeam");
  t.addPlayer(new Rookie("inheritancePlayer"));
  t.setCoach(new Coach("inheritanceCoach"));
  session.persist(t);
  tx.commit();
}
catch (Exception e) {
  if (tx!=null) tx.rollback();
  throw e;
}
```

```
finally {
  session.close();
}
```

- Récupération d'instances de classes héritées testée *via* :

```
List l = session.createQuery("from Player p").list();
```

En raison de certaines limitations de MySQL, certains exemples de cette partie ont été réalisés avec HSQLDB.

Stratégie « une table par sous-classe »

Cette stratégie consiste à utiliser une table par sous-classe en plus de la table mappée à la classe mère. Cela signifie que toutes les classes, qu'elles soient abstraites ou concrètes, et toutes les interfaces sont mappées respectivement à une table.

Le mapping utilise l'élément `<joined-subclass/>`. L'élément `<key/>` déclare la clé étrangère vers la classe mère, qui est aussi la clé primaire de la classe déclarée. Relationnellement parlant, il s'agit d'un pur `one-to-one`.

```
<hibernate-mapping package="com.eyrolles.sportTracker.model">
  <class name="Person" table="PERSON">
    <id name="id" column="PERSON_ID">
      <generator class="native"/>
    </id>
    <property name="name" column="PERSON_NAME"/>
    <property name="birthday" column="BIRTHDAY"/>
    <property name="height" column="HEIGHT"/>
    <property name="weight" column="WEIGHT"/>
    <joined-subclass name="Player" table="PLAYER">
      <key column=" PLAYER_ID"/>
      <property name="number" column="PLAYER_NUMBER"/>
      <many-to-one name="team" class="Team" column="TEAM_ID"/>
      <joined-subclass name="Rookie" table="ROOKIE">
        <key column="ROOKIE_ID"/>

        ...
      </joined-subclass>
      <joined-subclass name="SuperStar" table="SUPERSTAR">
        <key column="SUPERSTAR_ID"/>
        <many-to-one name="sponsor" class="Sponsor" column="SPONSOR_ID" />
      </joined-subclass>
    </joined-subclass>
    <joined-subclass name="Coach" table="COACH">
      <key column="COACH_ID"/>
      <many-to-one name="team" class="Team" column="TEAM_ID" />
    </joined-subclass>
  </class>
</hibernate-mapping>
```

Rappel de la DTD *joined-subclass*

```
<!ELEMENT joined-subclass (
  meta*,
  subselect?,
  synchronize*,
  key,
  (property|many-to-one|one-to-one|component|
  dynamic-component|any|map|set|list|bag|idbag|array|primitive-array|query-list)*,
  joined-subclass*,
  loader?,sql-insert?,sql-update?,sql-delete?
)>
  <!ATTLIST joined-subclass name CDATA #REQUIRED>
  <!ATTLIST joined-subclass entity-name CDATA #IMPLIED>
  <!ATTLIST joined-subclass proxy CDATA #IMPLIED>
  <!ATTLIST joined-subclass table CDATA #IMPLIED>
  <!ATTLIST joined-subclass schema CDATA #IMPLIED>
  <!ATTLIST joined-subclass catalog CDATA #IMPLIED>
  <!ATTLIST joined-subclass subselect CDATA #IMPLIED>
  <!ATTLIST joined-subclass dynamic-update (true|false) "false">
  <!ATTLIST joined-subclass dynamic-insert (true|false) "false">
  <!ATTLIST joined-subclass select-before-update (true|false) "false">
  <!ATTLIST joined-subclass extends CDATA #IMPLIED>
  <!ATTLIST joined-subclass lazy (true|false) #IMPLIED>
  <!ATTLIST joined-subclass abstract (true|false) "false">
  <!ATTLIST joined-subclass persister CDATA #IMPLIED>
  <!ATTLIST joined-subclass check CDATA #IMPLIED>
```

Le schéma de base de données correspondant est le suivant :

```
create table PERSON (
    PERSON_ID bigint not null auto_increment,
    PERSON_NAME varchar(255),
    BIRTHDAY datetime,
    HEIGHT float,
    WEIGHT float,
    primary key (PERSON_ID)
)
create table PLAYER (
    PERSON_ID bigint not null,
    PLAYER_NUMBER integer,
    TEAM_ID bigint,
    primary key (PERSON_ID)
)
create table ROOKIE (
    PERSON_ID bigint not null,
    ...,
    primary key (PERSON_ID)
)
```

```
create table SUPERSTAR (
    PERSON_ID bigint not null,
    SPONSOR_ID bigint,
    primary key (PERSON_ID)
)
create table COACH (
    PERSON_ID bigint not null,
    TEAM_ID bigint,
    primary key (PERSON_ID)
)
...
alter table PLAYER add constraint FK8CD18EE1906ADF39 foreign key (PLAYER_ID)
    references PERSON
alter table PLAYER add constraint FK8CD18EE1AA36363D foreign key (TEAM_ID) references
    TEAM
alter table ROOKIE add constraint FK906BAFB5BD7D1DE5 foreign key (ROOKIE_ID)
    references PLAYER
alter table SUPERSTAR add constraint FK924F502D2B0D1060 foreign key (SPONSOR_ID)
    references SPONSOR
alter table SUPERSTAR add constraint FK924F502DB1A5324D foreign key (SUPERSTAR_ID)
    references PLAYER
alter table GAME add constraint FK2143F2906ADF39 foreign key (PLAYER_ID) references
    PLAYER
alter table COACH add constraint FK3D50C7AC711EEE0 foreign key (COACH_ID) references
    PERSON
alter table COACH add constraint FK3D50C7AAA36363D foreign key (TEAM_ID) references
    TEAM
alter table PLAYER add constraint FK8CD18EE1AA36363D foreign key (TEAM_ID) references
    TEAM
...
```

Les clés primaires des tables PLAYER, COACH, SUPERSTAR et ROOKIE pointent vers la clé primaire de PERSON. Les dernières lignes montrent bien que les associations de notre modèle objet sont respectées :

- PLAYER pointe vers TEAM (une *team* possède plusieurs *players,* qu'ils soient *rookie* ou *superstar*).

- COACH pointe vers TEAM (une *team* peut posséder plusieurs *coachs*, mais en réalité chaque *team* n'en a qu'un).

- SUPERSTAR pointe vers SPONSOR (un *sponsor* sponsorise plusieurs *superstars*).

Cette stratégie garantit le respect des contraintes not-null.

Le test d'insertion engendre les traces suivantes :

```
insert into TEAM (TEAM_NAME, NB_WON, NB_LOST, NB_PLAYED, TEAM_ID) values (?, ?, ?, ?,
null)
call identity()
insert into PERSON (PERSON_NAME, BIRTHDAY, HEIGHT, WEIGHT, PERSON_ID) values (?, ?, ?, ?,
null)
```

```
call identity()
insert into COACH (TEAM_ID, COACH_ID) values (?, ?)
insert into PERSON (PERSON_NAME, BIRTHDAY, HEIGHT, WEIGHT, PERSON_ID) values (?, ?, ?, ?,
null)
call identity()
insert into PLAYER (PLAYER_NUMBER, TEAM_ID, PLAYER_ID) values (?, ?, ?)
insert into ROOKIE (ROOKIE_ID) values (?)
```

Une création de Coach nécessite une insertion dans PERSON et une autre dans COACH. Pour une création de Rookie, les insertions dans PERSON, PLAYER puis ROOKIE sont nécessaires.

Afin de déterminer quelle est la classe fille, la requête est obligée d'interroger toutes les tables entrant en jeu pour un arbre d'héritage donné. Ainsi, lorsque nous souhaitons récupérer les objets qui héritent de Person, il est nécessaire d'interroger toutes les tables de notre exemple pour trouver le type de classe fille à récupérer. Voici la requête SQL générée :

```
select player0_.PERSON_ID as PERSON_ID, player0_1_.PERSON_NAME as PLAYER_N2_2_,
player0_1_.BIRTHDAY as BIRTHDAY2_, player0_1_.HEIGHT as HEIGHT2_, player0_1_.WEIGHT as
WEIGHT2_, player0_.PLAYER_NUMBER as PLAYER_N2_3_, player0_.TEAM_ID as TEAM_ID3_,
player0_3_.SPONSOR_ID as SPONSOR_ID5_,
case when player0_2_.PERSON_ID is not null then 2
    when player0_3_.PERSON_ID is not null then 3
    when player0_.PERSON_ID is not null then 1 end as clazz_
from Player player0_
  inner join PERSON player0_1_ on player0_.PERSON_ID=player0_1_.PERSON_ID
  left outer join ROOKIE player0_2_ on player0_.PERSON_ID=
    player0_2_.PERSON_ID
  left outer join SUPERSTAR player0_3_ on player0_.PERSON_ID=
    player0_3_.PERSON_ID
```

Le principal inconvénient de cette stratégie est l'impact notable des jointures effectuées sur les performances à la lecture mais aussi en insertion lors d'insertions massives. Ses avantages certains sont la garantie de l'intégrité des données et l'accès au polymorphisme.

Stratégie « une table par hiérarchie de classe »

Cette stratégie propose de mapper la totalité de l'arbre à une seule table. Le mapping se déclare *via* l'élément <subclass/>, le type de la classe est géré par une colonne discriminante spécifiée par l'élément <discriminator/> :

```
<hibernate-mapping package="com.eyrolles.sportTracker.model">
  <class name="Person" table="PERSON">
    <id name="id" column="PERSON_ID">
      <generator class="native"/>
    </id>
    <discriminator column="PERSON_TYPE" type="string"/>
    <property name="name" column="PERSON_NAME"/>
    <property name="birthday" column="BIRTHDAY"/>
```

```
      <property name="height" column="HEIGHT"/>
      <property name="weight" column="WEIGHT"/>
      <subclass name="Player" discriminator-value="PLAYER">
        <property name="number" column="PLAYER_NUMBER"/>
        <many-to-one name="team" class="Team" column="TEAM_ID"/>
        <subclass name="Rookie" discriminator-value="ROOKIE">

        ...
        </subclass>
        <subclass name="SuperStar" discriminator-value="SUPERSTAR">
          <many-to-one name="sponsor" class="Sponsor" column="SPONSOR_ID" />
        </subclass>
      </subclass>
      <subclass name="Coach" discriminator-value="COACH">
        <many-to-one name="team" class="Team" column="TEAM_ID" />
      </subclass>
    </class>
  </hibernate-mapping>
```

Dans cet exemple, si la valeur de la colonne PERSON_TYPE est PLAYER, Hibernate en déduit que le type de l'objet est Player ; si la valeur est SUPERSTAR, l'objet est une instance de la classe Superstar, et ainsi de suite.

Rappel de la DTD *subclass*

```
<!ELEMENT subclass (
  meta*,
  synchronize*,
  (property|many-to-one|one-to-one|component|
  dynamic-component|any|map|set|list|bag|idbag|array|primitive-array|query-list)*,
  join*,
  subclass*,
  loader?,sql-insert?,sql-delete?,sql-update?
)>
  <!ATTLIST subclass name CDATA #REQUIRED>
  <!ATTLIST subclass entity-name CDATA #IMPLIED>
  <!ATTLIST subclass proxy CDATA #IMPLIED>
  <!ATTLIST subclass discriminator-value CDATA #IMPLIED>
  <!ATTLIST subclass dynamic-update (true|false) "false">
  <!ATTLIST subclass dynamic-insert (true|false) "false">
  <!ATTLIST subclass select-before-update (true|false) "false">
  <!ATTLIST subclass extends CDATA #IMPLIED>
  <!ATTLIST subclass lazy (true|false) #IMPLIED>
  <!ATTLIST subclass abstract (true|false) "false">
  <!ATTLIST subclass persister CDATA #IMPLIED>
```

La table correspondante se crée *via* le script suivant :

```
create table PERSON (
    PERSON_ID bigint not null auto_increment,
    PERSON_TYPE varchar(255) not null,
```

```
    PERSON_NAME varchar(255),
    BIRTHDAY datetime,
    HEIGHT float,
    WEIGHT float,
    PLAYER_NUMBER integer,
    TEAM_ID bigint,
    SPONSOR_ID bigint,
    …,
    primary key (PERSON_ID)
)
alter table PERSON add constraint FK8C768F55AA36363D foreign key (TEAM_ID) references
TEAM
alter table PERSON add constraint FK8C768F552B0D1060 foreign key (SPONSOR_ID)
references SPONSOR
…
```

Si des propriétés de Rookie ou SuperStar ne pouvaient être nulles, cette stratégie serait incapable de garantir l'intégrité des données du côté de la base de données *via* de simples clauses not-null.

Reprenons l'exemple de la classe SuperStar. Celle-ci est forcément liée à une instance de Sponsor. Une contrainte not-null sur SPONSOR_ID serait donc justifiée. Cependant, la classe Rookie n'a pas de propriété sponsor, et comme Rookie et SuperStar sont mappées à la même table, la contrainte not-null sur SPONSOR_ID n'est pas applicable.

En lieu et place d'une contrainte forte de type not-null, il est possible de créer une check constraint. Rapprochez-vous toutefois de votre DBA (DataBase Administrator) pour savoir s'il vous autorise à utiliser ce genre de contrainte. Notez qu'une évolution de l'outil SchemaExport générera ce type de contrainte pour vous.

Voyons comment se déroule la persistance de nouvelles instances :

```
insert into TEAM (TEAM_NAME, NB_WON, NB_LOST, NB_PLAYED, TEAM_ID) values (?, ?, ?, ?,
null)
call identity()
insert into PERSON (PERSON_NAME, BIRTHDAY, HEIGHT, WEIGHT, TEAM_ID, PERSON_TYPE,
PERSON_ID) values (?, ?, ?, ?, ?, 'COACH', null)
call identity()
insert into PERSON (PERSON_NAME, BIRTHDAY, HEIGHT, WEIGHT, PLAYER_NUMBER, TEAM_ID,
PERSON_TYPE, PERSON_ID) values (?, ?, ?, ?, ?, ?, 'ROOKIE', null)
call identity()
```

Une seule insertion est nécessaire pour persister une instance de Coach comme de Rookie.

Pour notre requête HQL test, la requête SQL générée est :

```
select player0_.PERSON_ID as PERSON_ID, player0_.PERSON_NAME as PLAYER_N3_2_,
player0_.BIRTHDAY as BIRTHDAY2_, player0_.HEIGHT as HEIGHT2_, player0_.WEIGHT as
WEIGHT2_, player0_.PLAYER_NUMBER as PLAYER_N7_2_, player0_.TEAM_ID as TEAM_ID2_,
player0_.SPONSOR_ID as SPONSOR_ID2_, player0_.PERSON_TYPE as PERSON_T2_
from PERSON player0_ where player0_.PERSON_TYPE in ('PLAYER', 'ROOKIE', 'SUPERSTAR')
```

Nous constatons qu'aucune jointure n'est nécessaire. Cette stratégie est non seulement excellente pour les performances, mais elle autorise en outre le polymorphisme. Son principal défaut est qu'elle ne garantit généralement pas l'intégrité des données au niveau du datastore par des contraintes not-null, ce qui peut gêner son utilisation dans certains projets.

Stratégie « une table par sous-classe avec discriminateur »

Cette stratégie est un mélange des deux précédentes. Concernant le mapping, elle mêle les éléments ‹dicriminator/›, ‹subclass/› et ‹join/› :

```xml
<hibernate-mapping package="com.eyrolles.sportTracker.model">
  <class name="Person" table="PERSON">
    <id name="id" column="PERSON_ID">
      <generator class="native"/>
    </id>
    <discriminator column="PERSON_TYPE" type="string"/>
    <property name="name" column="PERSON_NAME"/>
    <property name="birthday" column="BIRTHDAY"/>
    <property name="height" column="HEIGHT"/>
    <property name="weight" column="WEIGHT"/>
    <subclass name="Player" discriminator-value="PLAYER">
      <join table="PLAYER">
        <key column="PLAYER_ID"/>
        <property name="number" column="PLAYER_NUMBER"/>
        <many-to-one name="team" class="Team" column="TEAM_ID"/>
      </join>
      <subclass name="Rookie" discriminator-value="ROOKIE">
        <join table="ROOKIE">
          <key column="ROOKIE_ID"/>
          …
        </join>
      </subclass>
      <subclass name="SuperStar" discriminator-value="SUPERSTAR">
        <join table="SUPERSTAR">
          <key column="SUPERSTAR_ID"/>
          <many-to-one name="sponsor" class="Sponsor" column="SPONSOR_ID" />
        </join>
      </subclass>
    </subclass>
    <subclass name="Coach" discriminator-value="COACH">
      <join table="COACH">
        <key column="COACH_ID"/>
        <many-to-one name="team" class="Team" column="TEAM_ID" />
      </join>
    </subclass>
  </class>
</hibernate-mapping>
```

La partie de DTD utilisée ici étant la même que pour la stratégie précédente, nous ne mettons en avant que l'utilisation de l'élément `<join/>`. L'utilisation habituelle de `<join/>` consiste à mapper une classe à deux tables *(voir le chapitre 8)*. Nous en faisons ici une utilisation détournée, qui revient à utiliser une colonne discriminante puis une table pour représenter chaque sous-classe.

Voici les tables correspondantes :

```
create table PERSON (
    PERSON_ID bigint generated by default as identity (start with 1),
    PERSON_TYPE varchar(255) not null,
    PERSON_NAME varchar(255),
    BIRTHDAY timestamp,
    HEIGHT float,
    WEIGHT float,
    primary key (PERSON_ID)
)
create table PLAYER (
    PLAYER_ID bigint not null,
    PLAYER_NUMBER integer,
    TEAM_ID bigint,
    primary key (PLAYER_ID)
)
create table ROOKIE (
    ROOKIE_ID bigint not null,

    primary key (ROOKIE_ID)
)
create table SUPERSTAR (
    SUPERSTAR_ID bigint not null,
    SPONSOR_ID bigint,
    primary key (SUPERSTAR_ID)
)
create table COACH (
    COACH_ID bigint not null,
    TEAM_ID bigint,
    primary key (COACH_ID)
)
alter table PLAYER add constraint FK8CD18EE1906ADF39 foreign key (PLAYER_ID)
  references PERSON
alter table ROOKIE add constraint FK906BAFB5BD7D1DE5 foreign key (ROOKIE_ID)
  references PERSON
alter table SUPERSTAR add constraint FK924F502DB1A5324D foreign key (SUPERSTAR_ID)
  references PERSON
14:25:50,765 DEBUG SchemaExport:154 - alter table COACH add constraint
  FK3D50C7AC711EEE0 foreign key (COACH_ID) references PERSON

```

La cohérence de l'héritage est assurée par les clé étrangères. L'intégrité des données ne pose donc pas problème.

Le test d'insertion donne exactement le même nombre de requête que pour la stratégie « une table par sous-classe » :

```
insert into TEAM (TEAM_NAME, NB_WON, NB_LOST, NB_PLAYED, TEAM_ID) values (?, ?, ?, ?,
null)
call identity()
insert into PERSON (PERSON_NAME, BIRTHDAY, HEIGHT, WEIGHT, PERSON_TYPE, PERSON_ID)
values (?, ?, ?, ?, 'COACH', null)
call identity()
insert into COACH (TEAM_ID, COACH_ID) values (?, ?)
insert into PERSON (PERSON_NAME, BIRTHDAY, HEIGHT, WEIGHT, PERSON_TYPE, PERSON_ID)
values (?, ?, ?, ?, 'ROOKIE', null)
call identity()
insert into PLAYER (PLAYER_NUMBER, TEAM_ID, PLAYER_ID) values (?, ?, ?)
insert into ROOKIE (ROOKIE_ID) values (?)
```

Pour la lecture, nous avons :

```
select  player0_.PERSON_ID  as  PERSON_ID,  player0_.PERSON_NAME  as  PERSON_N3_2_,
player0_.BIRTHDAY  as  BIRTHDAY2_,  player0_.HEIGHT  as  HEIGHT2_,  player0_.WEIGHT  as
WEIGHT2_,  player0_1_.PLAYER_NUMBER  as  PLAYER_N2_3_,  player0_1_.TEAM_ID  as  TEAM_ID3_,
player0_3_.SPONSOR_ID as SPONSOR_ID5_, player0_.PERSON_TYPE as PERSON_T2_
from PERSON player0_
  inner join PLAYER player0_1_ on player0_.PERSON_ID=player0_1_.PLAYER_ID
  left outer join ROOKIE player0_2_ on player0_.PERSON_ID= player0_2_.ROOKIE_ID
  left outer join SUPERSTAR player0_3_ on player0_.PERSON_ID= player0_3_.SUPERSTAR_ID
where player0_.PERSON_TYPE in ('PLAYER', 'ROOKIE', 'SUPERSTAR')
```

La requête effectue plusieurs jointures afin de couvrir l'ensemble des possibilités, ce qui impacte les performances.

Stratégie « une table par classe concrète »

Avec cette stratégie, chaque classe concrète est mappée d'une manière indépendante de la hiérarchie de classe.

Création d'une table pour la classe Rookie :

```xml
<class name="Rookie" table="ROOKIE" >
  <id name="id" column="ROOKIE_ID">
   <generator class="native"/>
  </id>
  <property name="name" column="PLAYER_NAME"/>
  <property name="number" column="PLAYER_NUMBER"/>
  <property name="birthday" column="BIRTHDAY"/>
  <property name="height" column="HEIGHT"/>
  <property name="weight" column="WEIGHT"/>
  <many-to-one column="TEAM_ID" name="team" fetch="join" class="Team"
   cascade="save-update" />
</class>
```

Création d'une table pour la classe `SuperStar` (ainsi que pour `Coach`) :

```
<class name="SuperStar" table="SUPERSTAR" >
  <id name="id" column="SUPERSTAR_ID">
   <generator class="native"/>
  </id>
  <property name="name" column="PLAYER_NAME"/>
  <property name="number" column="PLAYER_NUMBER"/>
  <property name="birthday" column="BIRTHDAY"/>
  <property name="height" column="HEIGHT"/>
  <property name="weight" column="WEIGHT"/>
  <many-to-one column="TEAM_ID" name="team" fetch="join" class="Team" cascade="save-
    update" />
  <many-to-one name="sponsor" class="Sponsor" column="SPONSOR_ID" />
</class>
```

Cette stratégie est la meilleure si aucune association vers `Person` ou `Player` n'est déclarée, en d'autres termes si vous n'avez pas besoin du polymorphisme sur cette partie du diagramme. Dans le cas contraire, `Person` et `Player` n'étant plus mappées, un problème apparaît.

Souvenez-vous de la déclaration de collection dans la classe `Team` :

```
<bag name="players">
  <key column="TEAM_ID" />
  <one-to-many class="Player" />
</bag>
```

Celle-ci devient impossible (`Player` n'est plus mappée), et il n'y a pas de solution.

De même, dans la classe `Game`, nous avions :

```
<many-to-one cascade="none" name="mostValuablePlayer" class="Player"
column="PLAYER_ID" />
```

qui doit être réécrit en utilisant la balise `<any>` *(voir le guide de référence pour plus de détail sur cette balise)*.

Vous pouvez constater que, dès que vous avez besoin de polymorphisme, cette stratégie est inadaptée. Si vous souhaitez préserver une table par classe concrète et que vous ayez besoin de polymorphisme, surtout pour une association `one-to-many`, choisissez la stratégie suivante.

Stratégie « une table par classe concrète avec option union »

La génération d'id par le générateur `identity` ne convient pas pour cette stratégie. Cela explique l'utilisation d'`assigned` *(voir ci-dessous)*. Le développeur doit donc renseigner lui-même les id des classes.

Si vous utilisez une séquence, chacune des tables doit avoir une génération d'id réalisée par la même séquence. La déclaration de mapping ressemble alors à celle de la stratégie « une table par sous-classe » :

```
<hibernate-mapping package="com.eyrolles.sportTracker.model">
  <class name="Person" table="PERSON" abstract="true">
    <id name="id" column="PERSON_ID">
      <generator class="assigned"/>
    </id>
    <property name="name" column="PERSON_NAME"/>
    <property name="birthday" column="BIRTHDAY"/>
    <property name="height" column="HEIGHT"/>
    <property name="weight" column="WEIGHT"/>
    <union-subclass name="Player" table="PLAYER">
      <property name="number" column="PLAYER_NUMBER"/>
      <many-to-one name="team" class="Team" column="TEAM_ID"/>
      <union-subclass name="Rookie" table="ROOKIE">

        …
      </union-subclass>
      <union-subclass name="SuperStar" table="SUPERSTAR">
        <many-to-one name="sponsor" class="Sponsor" column="SPONSOR_ID" />
      </union-subclass>
    </union-subclass>
    <union-subclass name="Coach" table="COACH">
      <many-to-one name="team" class="Team" column="TEAM_ID" />
    </union-subclass>
  </class>
</hibernate-mapping>
```

Rappel de la DTD *union-subclass*

```
<!ELEMENT union-subclass (
  meta*,
  subselect?,
  synchronize*,
  (property|many-to-one|one-to-one|component|dynamic-component|any|query-list)*,
  union-subclass*,
  loader?,sql-insert?,sql-update?,sql-delete?
)>
  <!ATTLIST union-subclass name CDATA #REQUIRED>
  <!ATTLIST union-subclass entity-name CDATA #IMPLIED>
  <!ATTLIST union-subclass proxy CDATA #IMPLIED>
  <!ATTLIST union-subclass table CDATA #IMPLIED>
  <!ATTLIST union-subclass schema CDATA #IMPLIED>
  <!ATTLIST union-subclass catalog CDATA #IMPLIED>
  <!ATTLIST union-subclass subselect CDATA #IMPLIED>
  <!ATTLIST union-subclass dynamic-update (true|false) "false">
  <!ATTLIST union-subclass dynamic-insert (true|false) "false">
  <!ATTLIST union-subclass select-before-update (true|false) "false">
```

```
<!ATTLIST union-subclass extends CDATA #IMPLIED>
<!ATTLIST union-subclass lazy (true|false) #IMPLIED>
<!ATTLIST union-subclass abstract (true|false) "false">
<!ATTLIST union-subclass persister CDATA #IMPLIED>
<!ATTLIST union-subclass check CDATA #IMPLIED>
```

Les mêmes tables que pour la stratégie « une table par classe concrète » sont générées.

La persistance de nouvelles instances donne lieu aux traces suivantes :

```
insert into TEAM (TEAM_NAME, NB_WON, NB_LOST, NB_PLAYED) values (?, ?, ?, ?)
insert into COACH (PERSON_NAME, BIRTHDAY, HEIGHT, WEIGHT, TEAM_ID, PERSON_ID) values (?,
?, ?, ?, ?, ?)
insert into ROOKIE (PERSON_NAME, BIRTHDAY, HEIGHT, WEIGHT, PLAYER_NUMBER, TEAM_ID,
PERSON_ID) values (?, ?, ?, ?, ?, ?, ?)
```

L'insertion est efficace puisque le travail est effectué sur une table cible unique par instance.

Regardez désormais la sélection :

```
select player0_.PERSON_ID as PERSON_ID, player0_.PERSON_NAME as PERSON_N2_2_,
player0_.BIRTHDAY as BIRTHDAY2_, player0_.HEIGHT as HEIGHT2_, player0_.WEIGHT as
WEIGHT2_, player0_.PLAYER_NUMBER as PLAYER_N1_3_, player0_.TEAM_ID as TEAM_ID3_,
player0_.SPONSOR_ID as SPONSOR_ID5_, player0_.clazz_ as clazz_ from
  ( select PERSON_NAME, HEIGHT, null as SPONSOR_ID, PERSON_ID, TEAM_ID, PLAYER_NUMBER,
WEIGHT, BIRTHDAY, 1 as clazz_
     from PLAYER union
   select PERSON_NAME, HEIGHT, null as SPONSOR_ID, PERSON_ID, TEAM_ID, PLAYER_NUMBER,
WEIGHT, BIRTHDAY, 2 as clazz_
     from ROOKIE union
   select PERSON_NAME, HEIGHT, SPONSOR_ID, PERSON_ID, TEAM_ID, PLAYER_NUMBER, WEIGHT,
BIRTHDAY, 3 as clazz_ from SUPERSTAR ) player0_
```

La requête générée est plus complexe, car elle utilise le union SQL. La sélection est aussi plus lourde, puisqu'un union sur les différentes tables est nécessaire. Cette stratégie n'en permet pas moins le polymorphisme et garantit l'intégrité des données.

En résumé

Le tableau 4.1 récapitule les caractéristiques de chaque stratégie de mapping *(voir aussi le guide de référence)*.

Notez que les requêtes polymorphiques de type from Player p sont utilisables pour toutes les stratégies.

En utilisant les stratégies avec les éléments XML <joined-subclass/>, <subclass/> et <union-subclass/>, vous avez vu que plusieurs classes pouvaient être définies dans un même fichier de mapping, ce qui peut nuire à la maintenance de ces fichiers ainsi qu'à leur lisibilité.

Tableau 4.1. Stratégies d'implémentation de l'héritage

	joined-subclass	joined-subclass + discriminator	subclass	class	union-subclass
Intégrité des données	+ +	+ +	check constraint	+ +	+ +
Polymorphisme one-to-many	Oui	Oui	Oui	Non	Seulement si inverse="true"
Polymorphisme many-to-many	Oui	Oui	Oui	many-to-any	Oui
Polymorphisme one-to-one	Oui	Oui	Oui	Non	Oui
Polymorphisme many-to-one	Oui	Oui	Oui	any	Oui
Polymorphisme session.get()	Oui	Oui	Oui	Par requête	Oui
Requête polymorphique de type *from Team t join t.player p*	Oui	Oui	Oui	Non	Oui
Chargement par *outer-join*	Oui	Oui	Oui	Non	Oui
Performances en insertion	– –	– –	+ +	+ +	+ +
Performances en requête	– –	–	+ +	+	–

Pour éviter ce problème, vous pouvez moduler vos fichiers et respecter la règle générale d'un fichier de mapping par classe.

Ainsi, l'ancien fichier **Person.hbm.xml :**

```
<hibernate-mapping package="com.eyrolles.sportTracker.model">
  <class name="Person" table="PERSON">
    <id name="id" column="PERSON_ID">
      <generator class="native"/>
    </id>
    <discriminator column="PERSON_TYPE" type="string"/>
    <property name="name" column="PERSON_NAME"/>
    <property name="birthday" column="BIRTHDAY"/>
    <property name="height" column="HEIGHT"/>
    <property name="weight" column="WEIGHT"/>
    <subclass name="Player" discriminator-value="PLAYER">
      <property name="number" column="PLAYER_NUMBER"/>
      <many-to-one name="team" class="Team" column="TEAM_ID"/>
```

```
        <subclass name="Rookie" discriminator-value="ROOKIE">
          …
        </subclass>
        <subclass name="SuperStar" discriminator-value="SUPERSTAR">
          <many-to-one name="sponsor" class="Sponsor" column="SPONSOR_ID" />
        </subclass>
      </subclass>
      <subclass name="Coach" discriminator-value="COACH">
        <many-to-one name="team" class="Team" column="TEAM_ID" />
      </subclass>
    </class>
</hibernate-mapping>
```

peut devenir :

```
<hibernate-mapping package="com.eyrolles.sportTracker.model">
  <class name="Person" table="PERSON">
    <id name="id" column="PERSON_ID">
      <generator class="native"/>
    </id>
    <discriminator column="PERSON_TYPE" type="string"/>
    <property name="name" column="PERSON_NAME"/>
    <property name="birthday" column="BIRTHDAY"/>
    <property name="height" column="HEIGHT"/>
    <property name="weight" column="WEIGHT"/>
  </class>
</hibernate-mapping>
```

Vous pouvez créer de la même façon les autres fichiers de mapping, par exemple,
Player.hbm.xml :

```
<hibernate-mapping package="com.eyrolles.sportTracker.model">
  <subclass name="Player" extends="Person" discriminator-value="PLAYER">
    <property name="number" column="PLAYER_NUMBER"/>
  </subclass>
</hibernate-mapping>
```

Vous ne faites de la sorte que mettre en application ce qu'autorise la DTD :

```
<!ELEMENT hibernate-mapping (
  meta*,
  typedef*,
  import*,
  (class|subclass|joined-subclass|dynamic-class)*,
  (query|sql-query)*,
  filter-def*
)>
```

Notez l'utilisation de extends="Person" dans le fichier **Player.hbm.xml.** Les fichiers de
mapping de Coach, Rookie et SuperStar suivent le même principe.

Si vous optez pour cette écriture, il est obligatoire d'ordonner vos déclarations de
mapping dans **hibernate.hbm.xml :**

```
<mapping resource="com/eyrolles/sportTracker/model/Person.hbm.xml"/>
<mapping resource="com/eyrolles/sportTracker/model/Coach.hbm.xml"/>
<mapping resource="com/eyrolles/sportTracker/model/Player.hbm.xml"/>
<mapping resource="com/eyrolles/sportTracker/model/Rookie.hbm.xml"/>
<mapping resource="com/eyrolles/sportTracker/model/Superstar.hbm.xml"/>
```

Cette obligation devrait disparaître dans une prochaine évolution.

Enfin, si vous souhaitez rejouer les tests pour chacune des stratégies que nous venons de décrire, n'écrasez pas vos fichiers de mapping au fur et à mesure de vos tests, mais jouez simplement sur **hibernate.cfg.xml :**

```
<!--mapping resource="com/eyrolles/sportTracker/model/Player.hbm.xml"/-->
<mapping resource="com/eyrolles/sportTracker/model/Game.hbm.xml"/>
<mapping resource="com/eyrolles/sportTracker/model/Team.hbm.xml"/>
<mapping resource="com/eyrolles/sportTracker/model/Coach.hbm.xml"/>
<!--mapping resource="com/eyrolles/sportTracker/model/PersonStratgie2.hbm.xml"/-->
<mapping resource="com/eyrolles/sportTracker/model/Person.hbm.xml"/>
<mapping resource="com/eyrolles/sportTracker/model/Sponsor.hbm.xml"/>
<!--mapping resource="com/eyrolles/sportTracker/model/Rookie.hbm.xml"/-->
<!--mapping resource="com/eyrolles/sportTracker/model/Superstar.hbm.xml"/-->
```

Mise en œuvre d'une association bidirectionnelle

Le concept d'association bidirectionnelle est courant dans les modèles de classes métier. Sur la figure 4.3, la navigabilité est active sur les deux classes qui sont les deux « extrémités » de l'association. Pourtant, en base de données, il n'existe pas de notion de navigabilité, les tables étant simplement liées par une clé étrangère. La colonne sur laquelle porte la clé étrangère représente le lien entre les deux classes. Il y a donc deux extrémités susceptibles de gérer une même colonne.

Cette section décrit en détail cette notion de « responsabilité » dans le contexte d'une association bidirectionnelle à partir de l'exemple illustré à la figure 4.3.

Figure 4.3
Association
bidirectionnelle exemple

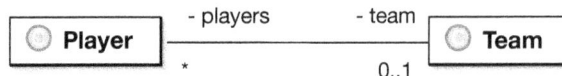

La première étape de la démonstration consiste à analyser les deux associations monodirectionnelles possibles entre Team et Player : les associations one-to-many et many-to-one.

Association one-to-many

La figure 4.4 illustre l'association one-to-many monodirectionnelle entre Team et Player.

Team possède une collection d'éléments de type Player, tandis que Player n'a pas d'attribut team de type Team.

Figure 4.4

Association one-to-many *monodirectionnelle*

Le fichier de mapping qui nous importe est celui de `Team` :

```
<hibernate-mapping package="com.eyrolles.sportTracker.model">
  <class name="Team" table="TEAM" >
    <id name="id" column="TEAM_ID">
      <generator class="native"/>
    </id>
    <property name="name" column="TEAM_NAME"/>
      ...
    <bag name="players" cascade="persist,save-update">
      <key column="TEAM_ID" />
      <one-to-many class="Player" />
    </bag>
  </class>
</hibernate-mapping>
```

Il est important de préciser ici que nous pouvons choisir n'importe quel type de collection.

La gestion du lien entre l'instance de `Team` et les instances de `Player` contenues dans sa collection se traduit dans la base de données par la clé étrangère de la table PLAYER vers la table TEAM (colonne TEAM_ID).

Le code de test est le suivant :

```
tx = session.beginTransaction();
Player player = new Player("playerTest");
session.persist(player);
team = (Team)session.get(Team.class,new Long(1));
team.getPlayers().add(player);
tx.commit();
session.close();
```

Ce code est relativement simple. Nous rendons persistante une nouvelle instance de `Player`, que nous ajoutons à la collection `players` d'une instance de `Team` existante. La trace est la suivante :

```
insert into PLAYER (PLAYER_NAME, PLAYER_NUMBER, BIRTHDAY, HEIGHT, WEIGHT, PLAYER_ID)
values (?, ?, ?, ?, ?, null)
call identity()
select team0_.TEAM_ID as TEAM_ID1_, ...
   from TEAM team0_ left outer join PERSON players1_ on
   team0_.TEAM_ID=players1_.TEAM_ID where team0_.TEAM_ID=?
update PERSON set TEAM_ID=? where PERSON_ID=?
```

La première requête correspond à la persistance de notre instance de `Player`. À ce stade, aucune information n'est disponible pour renseigner la clé étrangère vers TEAM_ID.

La seconde requête correspond à la récupération de l'instance de Team.

L'update est exécuté au commit. Nous verrons plus loin quand Hibernate décide d'exécuter les requêtes et dans quel ordre. Sachez simplement pour le moment que, dans cet exemple, l'appel de commit force la session Hibernate à se poser les bonnes questions sur les objets qu'elle contient. Après analyse de l'instance team, elle note le rattachement de player à la collection players, ce qui engendre l'update.

Association many-to-one

La figure 4.5 illustre la situation inverse de la précédente. Player possède une référence vers Team, mais Team n'a plus de collection players.

Figure 4.5

Association many-to-one
monodirectionnelle

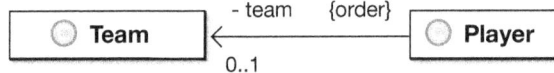

Le fichier de mapping qui nous intéresse désormais est celui de Player :

```
<hibernate-mapping package="com.eyrolles.sportTracker.model">
  <class name="Player" table="PLAYER" >
  <id name="id" column="PLAYER_ID">
    <generator class="native"/>
  </id>
  <property name="name" column="PLAYER_NAME"/>
  …
  <many-to-one column="TEAM_ID" name="team" class="Team" />
  </class>
</hibernate-mapping>
```

Notre but est toujours de savoir comment est géré le lien entre l'instance de Team et celle de Player.

Voyons ce que provoque notre code de test :

```
tx = session.beginTransaction();
Player player = new Player("playerTest");
session.persist(player);
team = (Team)session.get(Team.class,new Long(1));
player.setTeam(team);
tx.commit();
session.close();
```

Ce code est identique à celui du test précédent, à l'exception de la ligne suivante :

```
team.getPlayers().add(player);
```

que nous avons remplacée par :

```
player.setTeam(team);
```

La trace est la suivante :

```
insert into PLAYER (PLAYER_NAME, PLAYER_NUMBER, BIRTHDAY, HEIGHT, WEIGHT, TEAM_ID,
PLAYER_ID) values (?, ?, ?, ?, ?, ?, null)
call identity()
select team0_.TEAM_ID as TEAM_ID0_, team0_.TEAM_NAME as TEAM_NAME2_0_, team0_.NB_WON as
NB_WON2_0_, team0_.NB_LOST as NB_LOST2_0_, team0_.NB_PLAYED as NB_PLAYED2_0_
    from TEAM team0_ where team0_.TEAM_ID=?
update PLAYER set PLAYER_NAME=?, PLAYER_NUMBER=?, BIRTHDAY=?, HEIGHT=?, WEIGHT=?,
TEAM_ID=? where PLAYER_ID=?
```

Les traces sont sensiblement les mêmes. Lorsque l'association est monodirectionnelle, la responsabilité de la persistance de cette association est effectuée à l'exécution soit de :

```
team.getPlayers().add(player);
```

soit de :

```
player.setTeam(team);
```

Ces deux exemples n'ont d'autre intérêt que de soulever les questions suivantes :

• Que se passe-t-il si nous mixons les deux fichiers de mapping et laissons ces deux associations ?

• Obtenons-nous une association bidirectionnelle ?

• Quelle action va-t-elle provoquer l'update de la clé étrangère ?

• Que devons-nous utiliser pour rendre l'association persistante ?

Pour répondre à ces questions, effectuons un test, et concentrons-nous sur le code :

```
tx = session.beginTransaction();
Player player = new Player("playerTest");
session.persist(player);
team = (Team)session.get(Team.class,new Long(1));
player.setTeam(team);
tx.commit();
session.close();
```

À l'appel du commit, les enregistrements en base de données sont cohérents, et `player` a bien une référence vers `team`. Par contre, la collection `players` de notre instance `team` n'est pas à jour.

Ajoutons la ligne suivante :

```
team.getPlayers().add(player);
```

après :

```
player.setTeam(team);
```

Remarquez la lourdeur de cette écriture, qui nous oblige à écrire deux lignes pour une seule action.

Observons les traces :

```
insert into PLAYER (PLAYER_NAME, PLAYER_NUMBER, BIRTHDAY, HEIGHT, WEIGHT, TEAM_ID,
PLAYER_ID) values (?, ?, ?, ?, ?, ?, null)
call identity()
select team0_.TEAM_ID as TEAM_ID0_, team0_.TEAM_NAME as TEAM_NAME2_0_, team0_.NB_WON as
NB_WON2_0_, team0_.NB_LOST as NB_LOST2_0_, team0_.NB_PLAYED as NB_PLAYED2_0_ from TEAM
team0_ where team0_.TEAM_ID=?
select   players0_.TEAM_ID   as   TEAM_ID__,   players0_.PLAYER_ID   as   PLAYER_ID__,
players0_.PLAYER_ID   as   PLAYER_ID0_,   players0_.PLAYER_NAME   as   PLAYER_N2_0_0_,
players0_.PLAYER_NUMBER   as   PLAYER_N3_0_0_,   players0_.BIRTHDAY   as   BIRTHDAY0_0_,
players0_.HEIGHT as HEIGHT0_0_, players0_.WEIGHT as WEIGHT0_0_, players0_.TEAM_ID as
TEAM_ID0_0_ from PLAYER players0_ where players0_.TEAM_ID=?
update PLAYER set PLAYER_NAME=?, PLAYER_NUMBER=?, BIRTHDAY=?, HEIGHT=?, WEIGHT=?,
TEAM_ID=? where PLAYER_ID=?
update PLAYER set TEAM_ID=? where PLAYER_ID=?
```

Nous découvrons qu'un update de trop a été exécuté.

Méthodologie d'association bidirectionnelle

La conclusion de notre démonstration est double :

- Les lignes team.getPlayers().add(player) et player.setTeam(team) doivent être regroupées dans une méthode métier « de cohérence » *(voir le chapitre 3),* en l'occurrence la méthode team.addPlayer(player). Celle-ci est à écrire une seule fois pour toute l'application, après quoi vous n'avez plus à vous soucier de la cohérence de vos instances.

- Il est nécessaire d'indiquer à Hibernate laquelle des deux extrémités de l'association bidirectionnelle est responsable de la gestion de la clé étrangère. Le paramètre permettant d'indiquer cela – et qui est si difficile à comprendre pour ceux qui font leurs premiers pas dans Hibernate – est l'attribut inverse. L'action sur l'extrémité qui ne sera pas responsable de la gestion de la clé étrangère n'aura aucune propagation dans la base de données.

Finissons-en avec l'analyse de notre exemple :

- Nos classes Team et Player ne changent pas, si ce n'est que, cette fois, nous utilisons la méthode addPlayer(Player p) de Team, que nous avons décrite au chapitre 3.

- Le fichier de mapping de Player ne change pas.

- Celui de Team est modifié au niveau de la déclaration de la collection :

```
<bag name="players" inverse="true">
  <key column="TEAM_ID" />
  <one-to-many class="Player" />
</bag>
```

- Notre exemple de code fait désormais appel à team.addPlayer(player), et nous n'entendons plus parler de team.getPlayers().add(player) ni de player.setTeam(team).

Voici les ordres SQL générés :

```
insert into PLAYER (PLAYER_NAME, PLAYER_NUMBER, BIRTHDAY, HEIGHT, WEIGHT, TEAM_ID,
PLAYER_ID) values (?, ?, ?, ?, ?, ?, null)
call identity()
select team0_.TEAM_ID as TEAM_IDO_, team0_.TEAM_NAME as TEAM_NAME2_0_, team0_.NB_WON as
NB_WON2_0_, team0_.NB_LOST as NB_LOST2_0_, team0_.NB_PLAYED as NB_PLAYED2_0_ from TEAM
team0_ where team0_.TEAM_ID=?
update PLAYER set PLAYER_NAME=?, PLAYER_NUMBER=?, BIRTHDAY=?, HEIGHT=?, WEIGHT=?,
TEAM_ID=? where PLAYER_ID=?
```

Nous obtenons bien l'effet souhaité. L'attribut `inverse="true"` n'est positionnable qu'au niveau des collections. Il n'y a donc pas réellement de choix, puisqu'il est impossible de le placer au niveau du `many-to-one` de l'association bidirectionnelle.

Impacts sur l'extrémité inverse de l'association bidirectionnelle

Pour une association `one-to-many`, c'est toujours la déclaration de la collection qui est marquée `inverse="true"`. L'élément `many-to-one` n'accepte de toute façon pas le tag `inverse`.

Pour une association `many-to-many` bidirectionnelle, vous êtes libre de choisir laquelle des extrémités sera `inverse` en prenant en compte cette limitation qu'une collection marquée `inverse` ne peut être indexée et que vous devez choisir entre un set et un bag. C'est la seule réelle limitation.

Il existe toutefois une évolution récente à cette limitation, qui est très bien décrite sur le wiki d'Hibernate *(http://www.hibernate.org/193.html)*.

En résumé

Vous devriez maintenant y voir plus clair sur les actions qui régissent les colonnes soumises à une contrainte de clé étrangère.

Il est toujours intéressant de pouvoir anticiper quelques-unes des générations de requêtes SQL. Les associations bidirectionnelles offrent un confort de navigation non négligeable pour vos graphes d'objets. Pour autant, ce n'est pas une obligation.

Les autres types d'associations

Les associations que nous avons vues jusqu'à présent étaient binaires, c'est-à-dire qu'elles ne liaient que deux classes entre elles. L'association entre `Coach` et `Team` était une relation `one-to-one`, comme le rappelle la figure 4.6.

Figure 4.6

Relation one-to-one *entre*
Coach *et* Team

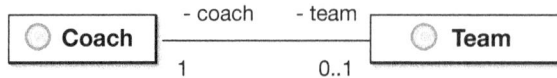

En raisonnant sur la durée, cette conception n'est que partiellement vraie. En effet, le *coach* entraînera très probablement plusieurs *teams,* et une même *team* sera dirigée par différents *coachs.*

L'association many-to-many

Lorsque l'association devient many-to-many, nous devons rectifier notre conception. Pour simplifier, rendons-la monodirectionnelle, comme illustré à la figure 4.7. La rendre bidirectionnelle ne serait guère plus compliqué. Il suffirait de garder à l'esprit l'impossibilité pour la collection inverse d'être indexée, tout du moins sans subterfuge.

Figure 4.7

Association many-to-many
entre Coach *et* Team

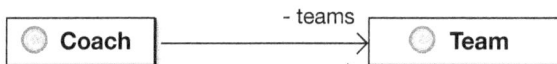

Une telle association se spécifie de la façon suivante (tous les types de collections peuvent bien sûr être utilisés) :

```
<class name="Coach" table="COACH">
  <id name="id" column="COACH_ID">
    <generator class="native"/>
  </id>
  <property name="name" column="COACH_NAME"/>
  <list name="teams" table="COACH_TEAM" cascade="persist,save-update"
  fetch="select">
    <key column="COACH_ID" />
    <index column="YEAR" />
    <many-to-many column="TEAM_ID" class="Team" fetch="select" />
  </list>
</class>
```

La construction du many-to-many est semblable à celle du one-to-many, si ce n'est qu'il convient de spécifier l'attribut column, qui donne le nom de la colonne définissant la jointure entre la table d'association et la table cible. De même, l'attribut table présent dans la définition de la collection reprend le nom de la table d'association.

Pour un chargement à la demande lors d'un many-to-many, nous pouvons paramétrer fetch à deux niveaux : au niveau de la collection puis au niveau du many-to-many lui-même. La première déclaration permet de paramétrer le chargement au niveau de la table d'association et la seconde au niveau de l'autre extrémité. Dans notre cas, elle contrôlera le chargement depuis la table TEAM.

Grâce à cette collection indexée, pour une instance de Coach donnée, si nous souhaitons travailler sur l'instance de Team associée pour l'année 0, il suffit de faire :

```
…
// répuration du Coach dont l'id est 1
Coach c = (Coach)session.get(Coach.class,new Long(1));
List teamList = c.getTeams();
Team t = (Team)teamList.get(0);
System.out.println(t.getName());
myCoach.getTeams().get(0) ;
…
```

Ce qui engendre, avec notre paramétrage fetch précédent, les requêtes suivantes :

```
select coach0_.COACH_ID as COACH_ID0_, coach0_.COACH_NAME as COACH_NAME3_0_ from COACH
coach0_ where coach0_.COACH_ID=?
select teams0_.COACH_ID as COACH_ID__, teams0_.TEAM_ID as TEAM_ID__, teams0_.YEAR as
YEAR__ from COACH_TEAM teams0_ where teams0_.COACH_ID=?
select team0_.TEAM_ID as TEAM_ID0_, team0_.TEAM_NAME as TEAM_NAME2_0_, team0_.NB_WON as
NB_WON2_0_, team0_.NB_LOST as NB_LOST2_0_, team0_.NB_PLAYED as NB_PLAYED2_0_ from TEAM
team0_ where team0_.TEAM_ID=?
« nom de l'équipe »
```

Le chargement à la demande a ceci de pratique qu'il nous évite de charger toutes les instances de teams et même d'interroger la table d'association si nous ne travaillons pas du tout avec la collection.

Dans la pratique, une table d'association est l'endroit privilégié pour ajouter des informations supplémentaires. Cet ajout d'informations parfois très pratique brise le concept de many-to-many.

Le composite-element

Le composite-element est la notion de mapping qui va nous permettre de traiter ces fameuses informations supplémentaires présentes dans les tables d'association.

Imaginons que nous souhaitions stocker dans la table d'association le nom du directeur du club (DIRECTOR_NAME).

La table d'association deviendrait :

```
create table COACH_TEAM (
    COACH_ID bigint not null,
    DIRECTOR_NAME varchar(255),
    TEAM_ID bigint,
    YEAR integer not null,
    primary key (COACH_ID, YEAR)
)
```

Nous avons besoin de modifier notre modèle de classe pour pouvoir récupérer l'information DIRECTOR_NAME. Où placer une telle information ? Elle n'appartient ni à la classe

`Coach`, ni à la classe `Team`. Le concept `many-to-many` de base ne permet donc pas d'exploiter cette information. La table d'association devient une classe à part entière dans notre nouveau diagramme de classes, comme l'illustre la figure 4.8.

Figure 4.8

Modélisation de la classe d'association

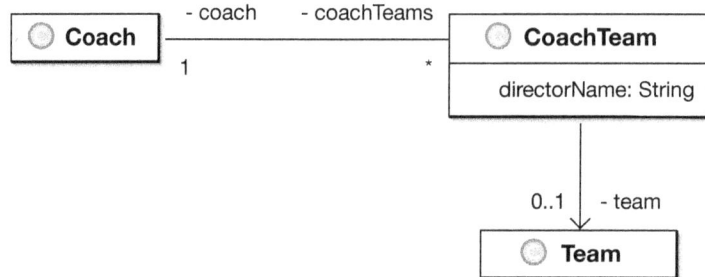

La classe `CoachTeam` est des plus simples :

```
public class CoachTeam implements Serializable{
   private String directorName;
   private Team team;
   private Coach coach;
   ...
```

Pour mapper une telle classe, nous utilisons le `composite-element` :

```
<class name="Coach" table="COACH">
  <id name="id" column="COACH_ID">
    <generator class="native"/>
  </id>
  <property name="name" column="COACH_NAME"/>
  <list name="coachTeams" table="COACH_TEAM">
    <key column="COACH_ID" />
    <index column="YEAR" />
    <composite-element class="CoachTeam">
      <parent name="coach"/>
      <property column="DIRECTOR_NAME" name="directorName" />
      <many-to-one name="team" column="TEAM_ID" fetch="select" />
    </composite-element>
  </list>
</class>
```

Il s'agit du concept de valeur évoqué au chapitre 2. Une instance de `CoachTeam` n'est pas une entité, et son cycle de vie est entièrement lié à celui de l'instance de `Coach`.

Du point de vue de la nouvelle classe `CoachTeam`, nous réduisons la cardinalité vers `Team` à un, ce qui explique le `many-to-one`. Notez l'élément parent qui permet de faire un renvoi vers `Coach`. Il s'agit d'une sorte de relation bidirectionnelle entre `Coach` et `CoachTeam`.

Il est inutile d'écrire un fichier de mapping pour `CoachTeam`, la déclaration `composite-element` suffisant à la gérer. `CoachTeam` n'a en fait aucun intérêt sans `Coach`.

Le code suivant montre comment se passe la manipulation et la persistance de cet ensemble de classes :

```
public void testInsertComposite() throws Exception {
   Session session = HibernateUtil.getSession();
   Transaction tx=null;
   Coach coach = null;
   Team team = null;
   // block try pour l'alimentation en données de notre test
   try {
     tx = session.beginTransaction();
     coach = new Coach("compositeCoach");
     session.persist(coach);
     team = new Team("compositeTeam");
     session.persist(team);
     tx.commit();
     HibernateUtil.closeSession();
     // à ce moment team et coach sont détachés
     session = HibernateUtil.getSession();
   }
   catch (Exception e) {

     …
   }
   // ce bloc try représente notre test
   try {
     System.out.println("==========testInsertComposite========");
     tx = session.beginTransaction();
     // l'id 1 représente notre coach de test
     Coach c = (Coach)session.get(Coach.class,new Long(1));
     CoachTeam ct = new CoachTeam();
     ct.setCoach(c);
     ct.setTeam(team);
     ct.setDirectorName("compositeDirector");
     c.getCoachTeams().add(ct);
     tx.commit();
   }
   catch (Exception e) {

     …
   }
   finally {

     …
     System.out.println("==========testInsertComposite========");
   }
}
```

Ce code permet de comprendre comment manipuler le composite-element.

Vérifions l'impact de cette classe sur la base de données :

```
insert into COACH (COACH_NAME, COACH_ID) values (?, null)
call identity()
```

```
insert into TEAM (TEAM_NAME, NB_WON, NB_LOST, NB_PLAYED, TEAM_ID) values (?, ?, ?, ?,
null)
call identity()
==========testInsertComposite========
select coach0_.COACH_ID as COACH_ID0_, coach0_.COACH_NAME as COACH_NAME3_0_ from COACH
coach0_ where coach0_.COACH_ID=?
select coachteams0_.COACH_ID as COACH_ID__, coachteams0_.DIRECTOR_NAME as DIRECTOR2___,
coachteams0_.TEAM_ID as TEAM_ID__, coachteams0_.YEAR as YEAR__ from COACH_TEAM
coachteams0_ where coachteams0_.COACH_ID=?
insert into COACH_TEAM (COACH_ID, YEAR, DIRECTOR_NAME, TEAM_ID) values (?, ?, ?, ?)
==========testInsertComposite========
```

Les quatre premières requêtes représentent l'alimentation en données. Nous avons une insertion pour coach et une autre pour team.

Le premier select est exécuté pour la récupération du *coach* dont l'id est égal à un. Le second select est exécuté à l'ajout de l'élément ct dans la collection coachTeams. Il permet de récupérer le prochain index. Enfin, nous avons un insert dans la table d'association.

L'association ternaire

Dans la réalité, le fait d'attribuer une date comme index est restrictif pour notre modèle. Il serait plus judicieux d'isoler cette notion dans une classe Season. Pour commencer, cette classe pourrait ne contenir qu'une date de début et une date de fin.

Nous utilisons la notation qualifier d'UML pour représenter un tel index, comme illustré à la figure 4.9.

Figure 4.9

La classe season *comme index de la collection*

La classe season est très simple et peut être enrichie selon les besoins de l'application :

```
public class Season implements Serializable{
  private Long id;
  private Date startDate;
  private Date endDate;
  …
}
```

La table correspondante est elle aussi très simple :

```
create table SEASON (
  SEASON_ID bigint generated by default as identity (start with 1),
  START_DATE timestamp,
  END_DATE timestamp,
  primary key (SEASON_ID)
)
```

La table d'association ne contient plus une colonne date mais un id (foreign-key SEASON_ID) pointant vers la nouvelle table SEASON :

```
create table COACH_TEAM (
  COACH_ID bigint not null,
  TEAM_ID bigint not null,
  SEASON_ID bigint not null,
  primary key (COACH_ID, SEASON_ID)
)
```

Voici les mappings qui permettent de réaliser notre association ternaire :

```
<class name="Season" table="SEASON">
  <id name="id" column="SEASON_ID">
    <generator class="native"/>
  </id>
  <property name="startDate" column="START_DATE"/>
  <property name="endDate" column="END_DATE"/>
</class>-
<class name="Coach" table="COACH">
  <id name="id" column="COACH_ID">
    <generator class="native"/>
  </id>
  <property name="name" column="COACH_NAME"/>
  <map name="teams" table="COACH_TEAM" cascade="persist,save-update">
    <key column="COACH_ID" />
    <index-many-to-many column="SEASON_ID" class="Season"/>
    <many-to-many column="TEAM_ID" class="Team" fetch="select"/>
  </map>
</class>
```

L'élément index-many-to-many reprend le qualifier UML. Nous spécifions la colonne de jointure et le type d'objet qu'est l'index. La déclaration many-to-many, qui permet de spécifier l'extrémité Team, ne diffère pas. L'exécution du code de test d'insertion n'a rien de particulier. Il renseigne la table d'association.

Voici quelques méthodes très utiles que pourraient contenir votre classe :

```
private Map teams;
// Retourne l'ensemble des teams sous forme de Map
public java.util.Map getTeams() {
  return teams;
}
// Méthode privée car d'intérêt limité
private void setTeam(java.util.Map value) {
  teams = value;
}
// Renvoie la liste des seasons sous forme de Set
public Set getSeasons() {
  return teams.keySet();
}
// Renvoie la liste des teams sous forme de Collection
```

```
public Collection getTeams() {
  return teams.values();
}
// Permet de tester la présence d'une team pour une season donnée
public boolean teamContainsKey(Season key) {
  return teams.containsKey(key);
}
// Permet de tester la présence d'une team
public boolean teamContainsValue(Team value) {
  return teams.containsValue(value);
}
// Récupère la team de la season donnée
public Team getTeam(Season key) {
  return (Team) teams.get(key);
}
// Ajoute la team pour la season donnée
public Team putTeam(Season key, Team value) {
  // C'est un bon endroit pour effectuer le traitement métier

  ...
  return (Team) teams.put(key, value);
}
...
```

Voyons comment se déroule l'accès à une instance de Team selon la logique suivante :

```
...
tx = session.beginTransaction();
Coach c = (Coach)session.get(Coach.class,new Long(1));
Team theTeam = (Team)c.getTeam(season);
System.out.println(theTeam.getName());
tx.commit();
...
```

Les requêtes exécutées sont :

```
select coach0_.COACH_ID as COACH_ID0_, coach0_.COACH_NAME as COACH_NAME3_0_ from COACH
coach0_ where coach0_.COACH_ID=?
select teams0_.COACH_ID as COACH_ID__, teams0_.TEAM_ID as TEAM_ID__, teams0_.SEASON_ID
as SEASON_ID__ from COACH_TEAM teams0_ where teams0_.COACH_ID=?
select team0_.TEAM_ID as TEAM_ID0_, team0_.TEAM_NAME as TEAM_NAME2_0_, team0_.NB_WON as
NB_WON2_0_, team0_.NB_LOST as NB_LOST2_0_, team0_.NB_PLAYED as NB_PLAYED2_0_ from TEAM
team0_ where team0_.TEAM_ID=?
```

La première requête correspond à la récupération de l'instance de Coach, la deuxième se déclenche lors de l'accès à la map teams, et la dernière n'est exécutée qu'au moment où nous essayons d'avoir des informations sur un élément précis de la collection.

La map permet donc de déclarer une association ternaire. Pour une association *n*-aire, il est nécessaire d'utiliser à nouveau un composite-element.

L'association n-*aire*

Dans l'exemple précédent, nous avons oublié notre information `DIRECTOR_NAME`. De la même manière, pour rendre plus évolutif notre modèle, nous allons ajouter une association vers notre classe `Person`, dont le rôle sera `director` *(voir figure 4.10)*.

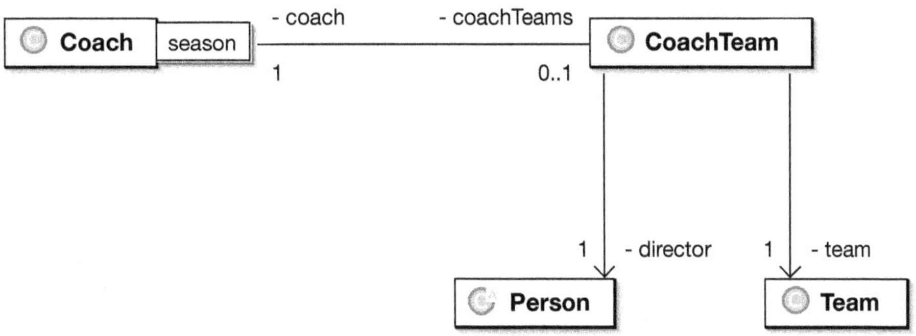

Figure 4.10

Association n-*aire avec* composite-element

Notre table d'association devient :

```
create table COACH_TEAM (
   COACH_ID bigint not null,
   TEAM_ID bigint,
   DIRECTOR_ID bigint,
   SEASON_ID bigint not null,
   primary key (COACH_ID, SEASON_ID)
)
```

Notre classe d'association comporte désormais une propriété `director` :

```
public class CoachTeam implements Serializable{
   private Team team;
   private Coach coach;
   private Person director;

   …
}
```

Le mapping n'est pas très compliqué et s'écrit logiquement :

```
<class name="Coach" table="COACH">
   <id name="id" column="COACH_ID">
      <generator class="native"/>
   </id>
   <property name="name" column="COACH_NAME"/>
   <map name="teams" table="COACH_TEAM" cascade="persist,save-update">
      <key column="COACH_ID" />
      <index-many-to-many column="SEASON_ID" class="Season"/>
      <composite-element class="CoachTeam">
```

```
        <parent name="coach"      />
          <many-to-one name="team" column="TEAM_ID" fetch="select" />
          <many-to-one name="director" column="DIRECTOR_ID"
            fetch="select" />
      </composite-element>
    </map>
  </class>
```

L'insertion et la lecture n'ont rien de spécifique par rapport à l'exemple précédent. Le chargement à la demande et l'insertion dans la table d'association se déroulent de la même manière.

En résumé

Vous venez de suivre, étape par étape, les subtilités relatives à l'enrichissement en données d'une table d'association. Cet enrichissement est des plus courants dans les applications d'entreprise, ce qui rend l'association many-to-many de base (table d'association sans valeur ajoutée) rare. En lieu et place, vous rencontrerez plutôt des associations *n*-aire ou des cas nécessitant l'emploi de composite-element.

Conclusion

Vous avez vu dans ce chapitre qu'à partir d'un exemple des plus simples, votre modèle de classes pouvait être très vite enrichi grâce à l'héritage et à divers types d'associations. Hibernate ne vous bride aucunement dans l'enrichissement de votre modèle de classes. Plus votre modèle de classes est fin et riche, plus vous pouvez en réutiliser des parties et plus il est facile à maintenir. Un tel niveau de finesse ne pouvait être atteint avec les EJB Entité versions 1 ou 2.

Le fait qu'Hibernate repousse fortement les limites concrètes entre les mondes objet et relationnel est une des raisons de son succès.

5

Méthodes de récupération d'instances persistantes

L'accès aux données et donc la récupération des objets est une partie sensible de l'application, sur laquelle l'optimisation peut jouer un grand rôle. Les précédentes générations de solutions de mapping objet-relationnel et autres EJB Entité (versions 1 et 2) ont répandu l'idée selon laquelle toute forme de persistance par logique de mapping objet empêchait l'utilisation des fonctionnalités avancées des bases de données. Ces dernières se voyaient ainsi privées de levier d'optimisation, et ces solutions ne pouvaient proposer de performances optimales.

Hibernate fournit une solution complète pour maîtriser l'accès aux données, et ce selon les trois axes principaux suivants :

- configuration du chargement à la demande, ou *lazy loading,* dans les fichiers de mapping afin d'éviter le chargement d'instances inutiles ;

- chargement des instances associées à l'exécution afin de permettre le chargement d'un réseau d'objets plus large que celui défini par défaut et de limiter ainsi le nombre de requêtes générées ;

- optimisation du SQL généré, afin de tirer parti d'un certain nombre de spécificités du dialecte de la base de données cible.

Le *lazy loading,* ou chargement à la demande

Le *lazy loading* est un des leviers sur lesquels vous pouvez agir pour anticiper les problèmes potentiels de performance dus à un chargement trop large de votre graphe d'objets.

Tout l'intérêt d'un outil de mapping objet-relationnel est de travailler avec un ensemble de classes liées entre elles par diverses associations dans le but de résoudre un problème métier.

Même peu complexe, un système peut reposer sur un modèle métier de plusieurs dizaines de classes. De plus, ces classes peuvent être potentiellement liées entre elles. Il faut donc pouvoir naviguer dans le graphe d'objets de manière transparente.

Par exemple, nous pourrions imaginer une application sur laquelle nous naviguerions de la façon suivante :

```
maPersonne.getChienDomestique().getMere().getRace().getRacesDerivees(2).xxx.
```

Il ne serait guère performant de charger la totalité du graphe à la seule récupération de `maPersonne`. Le *lazy loading,* littéralement « chargement paresseux », entre ici en scène en n'interrogeant la base de données que lorsque nous faisons appel aux getters. Il s'agit d'un chargement à la demande.

Comportements par défaut

Le *lazy loading* consiste en un paramétrage de valeurs par défaut pour les classes et associations. Ces valeurs sont différentes dans Hibernate 2 et Hibernate 3 *(voir plus loin).*

Voyons comment cela se déroule avec l'exemple de classe `Team`, qui possède des associations `to-many` et une association `to-one`.

Cas des associations *to-many*

Dans le fichier de mapping, nous avons déclaré :

```
<!-- pour des raisons de simplicité, nous utilisons ici le Bag
et donc une List dans le POJO -->
<bag name="players">
  <key column="TEAM_ID" />
  <one-to-many class="Player" />
</bag>
```

Testons le code suivant au débogueur dans notre IDE favori :

```
Team team = (Team)session.get(Team.class, new Long(1));
System.out.println(((Player)team.getPlayers().get(0)).getName());
```

Marquons un point d'arrêt à la seconde ligne, et exécutons en mode debug :

```
select team0_.TEAM_ID as TEAM_ID0_, team0_.TEAM_NAME as TEAM_NAME2_0_, team0_.NB_WON as
NB_WON2_0_, team0_.NB_LOST as NB_LOST2_0_, team0_.NB_PLAYED as NB_PLAYED2_0_,
team0_.COACH_ID as COACH_ID2_0_
from TEAM team0_
where team0_.TEAM_ID=?
```

Comme vous le voyez, la requête effectuée pour récupérer l'objet team ne comporte aucune notion de *player*. Après exécution du session.get(Team.class, new Long(1)), le seul moyen de savoir ce qu'il y a dans team.getPlayers() consiste à examiner ce que comporte le volet Variables de l'IDE *(voir figure 5.1)*.

Figure 5.1

*Collection
non chargée*

players a beau être null (set= null), les variables initialized et session sont un peu surprenantes ici. Souvenez-vous que vous avez plusieurs possibilités à votre disposition pour mapper une collection. Dans cet exemple, nous avons choisi un set, alors que initialized et session ne font pas partie, à première vue, de la définition de l'interface Set.

L'implémentation la plus courante de l'interface Set est la classe HashSet, mais ce n'est pas celle utilisée par Hibernate. Hibernate utilise ses propres implémentations des interfaces Map, List et Set (ici PersistentSet) pour compléter les contrats des interfaces de ses fonctionnalités propres, dont le *lazy loading*. Sachez simplement que les variables session et initialized entrent en jeu dans la fonctionnalité du *lazy loading*.

Continuons notre débogage, et exécutons la deuxième ligne :

```
System.out.println(((Player)team.getPlayers().get(0)).getName());
```

Celle-ci devrait remonter une NullPointerException puisque la collection players semble null. Or voici ce qui s'affiche dans la console de sortie :

```
select   players0_.TEAM_ID   as   TEAM_ID__,   players0_.PLAYER_ID   as   PLAYER_ID__,
players0_.PLAYER_ID   as   PLAYER_ID0_,   players0_.PLAYER_NAME   as   PLAYER_N2_0_0_,
players0_.PLAYER_NUMBER   as   PLAYER_N3_0_0_,   players0_.BIRTHDAY   as   BIRTHDAY0_0_,
players0_.HEIGHT as HEIGHT0_0_, players0_.WEIGHT as WEIGHT0_0_, players0_.TEAM_ID as
TEAM_ID0_0_
from PLAYER players0_
where players0_.TEAM_ID=?
NomDuJoueur
```

Hibernate a repris la main sur son implémentation afin de charger de manière transparente les éléments de la collection `players`.

La figure 7.2 illustre ce que comporte désormais le volet Variables.

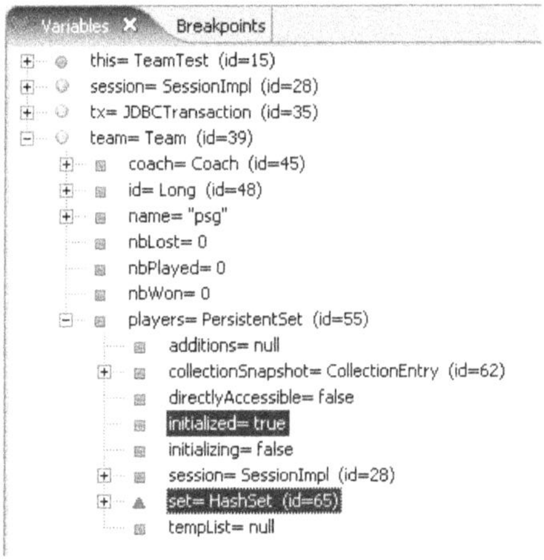

Figure 5.2

Collection chargée

Nous retrouvons les mêmes informations, mais cette fois la collection est initialisée, et nous pouvons même voir quel type d'implémentation nous avons pour le set.

Nous venons de vérifier que, par défaut, les collections ne sont pas chargées lors de la récupération de l'entité à laquelle elles sont associées. C'est là un gage de performance puisque nos objets peuvent posséder des collections avec des milliers d'éléments. De la même manière qu'en JDBC, Hibernate évite le traitement de resultsets trop volumineux. Ce comportement est cependant modifiable dans les fichiers de mapping et même lors de l'exécution.

D'Hibernate 2 à Hibernate 3

Dans Hibernate 3, les valeurs du paramétrage par défaut des attributs relatifs au *lazy loading* représentent un grand changement par rapport à Hibernate 2, qui n'adopte pas le *lazy loading* par défaut pour les collections et nécessite de forcer son activation dans les fichiers de mapping.

Cas des associations *to-one*

Les instances de la classe `Player` sont associées à une instance de `Team` *via* une relation `many-to-one` :

```
<many-to-one column="TEAM_ID" name="team" class="Team"/>
```

Comme précédemment, déboguons les deux lignes de code suivantes :

```
Player player = (Player)session.get(Player.class, new Long(1));
System.out.println(player.getTeam().getName());
```

Exécution de la ligne 1 :

```
select  player0_.PLAYER_ID  as  PLAYER_ID0_,  player0_.PLAYER_NAME  as  PLAYER_N2_0_0_,
player0_.PLAYER_NUMBER as PLAYER_N3_0_0_, player0_.BIRTHDAY as BIRTHDAY0_0_, player0_.HEIGHT
as HEIGHT0_0_, player0_.WEIGHT as WEIGHT0_0_, player0_.TEAM_ID as TEAM_ID0_0_
from PLAYER player0_
where player0_.PLAYER_ID=?
```

Une fois de plus, l'instance de Team associée semble null. Pourtant, comme l'illustre la figure 5.3, quelque chose de nouveau se produit : même si tous ces attributs sont null (ou égaux à 0), l'instance est Team$$EnhancerByCGLIB$$83701e6a. Cet élément correspond à un proxy, CGLIB.jar étant une des bibliothèques dont dépend Hibernate pour générer les proxy.

Figure 5.3

Entité team
non chargée

```
player= Player  (id=38)
    birthday= null
    height= 0.0
    id= Long  (id=42)
    name= "fiorez"
    number= 0
    team= Team$$EnhancerByCGLIB$$83701e6a (id=50)
        awayGames= HashMap (id=55)
        CGLIB$BOUND= true
        CGLIB$CALLBACK_0= CGLIBLazyInitializer (id=60)
        coach= Coach (id=67)
        games= HashMap (id=69)
        homeGames= HashMap (id=70)
        id= null
        lostGames= HashSet (id=71)
        name= null
        nbLost= 0
        nbPlayed= 0
        nbPlayer= 0
        nbWon= 0
        players= ArrayList (id=78)
        wonGames= HashSet (id=83)
    weight= 0.0
```

CGLIB (Code Generation LIBrary)

CGLIB est une bibliothèque qui permet d'implémenter des interfaces et d'étendre des classes à l'exécution (runtime). Cette bibliothèque est, entre autres, utilisée dans les projets Open Source Hibernate, Spring, Proxool, iBatis, etc.

(http://cglib.sourceforge.net/index.html).

Proxy est un design pattern qui comporte de nombreuses variantes. Hibernate l'utilise en tant que déclencheur pour gérer l'accès à une entité. Ici, le proxy remplace l'objet qui devrait être à l'extrémité de l'association to-one.

Si le proxy est accédé, il a la faculté de se remplacer lui-même par la véritable entité. Il déclenche alors de manière transparente les événements suivants :

• Lecture dans la session Hibernate.

• Lecture dans le cache de second niveau, si celui-ci est configuré et si le comportement par défaut n'est pas surchargé.

- Interrogation en base de données, si cela s'avère nécessaire, comme dans notre test.

Hibernate utilise intensivement les proxy. Cela offre au développeur un contrôle très fin sur l'interrogation de la base de données et la taille de la session puisque des proxy non initialisés n'occupent pas de mémoire.

Si vous ne paramétrez rien, le comportement de chargement d'une association to-one est le même que celui des collections, incluant le chargement à la demande.

Récapitulatif des comportements de chargement par défaut

Le tableau 5.1 récapitule les comportements de chargement des associations par défaut.

Tableau 5.1. Comportements par défaut

	Hibernate 3	Hibernate 2
to-many (collection)	Lazy	Non lazy
to-one (entité)	Lazy	Non lazy
property (valeur)	Non lazy	Non supporté
component	Non lazy	Non supporté

Dans Hibernate 3, les comportements de chargement par défaut permettent une prévention des problèmes de performance qu'engendreraient des chargements trop larges de vos graphes d'objets. Pour autant, ce paramétrage peut être surchargé dans les fichiers de mapping et surtout à l'interrogation de la base de données *via,* par exemple, les requêtes orientées objet.

Paramétrage du chargement via *l'attribut* fetch *(Hibernate 3)*

Vous retrouverez l'attribut fetch principalement dans les parties de vos fichiers de mapping relatives à la déclaration des associations et éléments liés. Cet attribut est le plus direct et le plus simple pour l'activation/désactivation du *lazy loading*. Le mot *fetch* veut dire « charger ».

L'attribut fetch accepte comme valeurs select et join :

- Avec select, qui est la valeur par défaut, il exécute un ordre SQL select supplémentaire à la demande afin de récupérer les informations permettant de construire les éléments liés.

- Avec join, il utilise une jointure externe (left outer join) pour récupérer en une requête la partie du graphe d'objets concernée.

fetch est disponible pour les éléments de mapping many-to-one, one-to-one et many-to-many, ainsi que pour les collections et la fonctionnalité avancée join, qui permet de mapper deux tables à une classe.

Reprenons les exemples précédents, et changeons :

```
<bag name="players">
   <key column="TEAM_ID" />
   <one-to-many class="Player" />
</bag>
```

et :

```
<many-to-one column="TEAM_ID" name="team" class="Team/>
```

en :

```
<bag name="players" cascade="save-update" fetch="join" inverse="true">
   <key column="TEAM_ID" />
   <one-to-many class="Player" />
</bag>
```

et :

```
<many-to-one column="TEAM_ID" name="team" fetch="join" class="Team" />
```

Avec ce paramétrage, les requêtes exécutées sont :

```
select team0_.TEAM_ID as TEAM_ID1_, team0_.XXX
players1_.PLAYER_ID as PLAYER_ID__, players1_.YYY
from TEAM team0_ left outer join PLAYER players1_ on team0_.TEAM_ID=players1_.TEAM_ID
where team0_.TEAM_ID=?
```

et :

```
select player0_.PLAYER_ID as PLAYER_ID1_, player0_.XXX,
team1_.TEAM_ID as TEAM_ID0_, team1_.YYY
from PLAYER player0_ left outer join TEAM team1_ on player0_.TEAM_ID=team1_.TEAM_ID
where player0_.PLAYER_ID=?
```

Cette fois, une seule requête permet de charger une portion plus vaste du graphe d'objets. Aucune requête supplémentaire n'est exécutée si nous invoquons player.getTeam.getName() ou team.getPlayers().get(0).getName().

Cela n'est toutefois efficace que si notre application dans son ensemble a besoin de travailler avec la collection players des instances de Team. Le raisonnement est le même pour le chargement de l'instance de Team associée à une instance de Player particulière.

Voyons maintenant un second paramètre, l'attribut lazy. L'attribut lazy permet d'agir sur le comportement du chargement. Par défaut, cet attribut est égal à true pour les collections.

La déclaration initiale :

```
<bag name="players">
   <key column="TEAM_ID" />
   <one-to-many class="Player" />
</bag>
```

est donc équivalente à :

```
<bag name="players" lazy="true" fetch="select">
    <key column="TEAM_ID" />
    <one-to-many class="Player" />
</bag>
```

D'autres combinaisons possibles d'attributs sont :

- lazy="true" + fetch="join" : la collection est chargée immédiatement *via* outer join.

- lazy="false" + fetch="join" : la collection est chargée immédiatement *via* outer join. Cette combinaison est donc identique à la combinaison précédente, si ce n'est que l'attribut fetch prévaut sur l'attribut lazy.

- lazy="false" + fetch="select" : la collection est chargée immédiatement *via* une seconde requête.

Il est recommandé de ne pas paramétrer lazy et de contrôler le chargement en ne paramétrant que l'attribut fetch.

L'attribut lazy est aussi disponible pour les associations many-to-one, mais il demande en ce cas une instrumentation particulière.

Paramétrage du chargement via *les attributs* lazy *et* outer-join

Si vous découvrez Hibernate avec la version 3, oubliez l'utilisation conjointe des attributs lazy et outer-join, qui ne sert qu'à offrir une compatibilité avec les applications portées d'Hibernate 2 à Hibernate 3 et est plus compliquée.

Pour reproduire le *lazy loading* dans une association one-to-one ou many-to-one, il faut que la classe liée autorise le proxy. Pour ce faire, elle doit avoir l'attribut lazy="true" ou l'attribut proxy="nom de classe proxy" (peut être la classe elle-même).

Reprenons l'exemple Player *--1 Team :

```
<hibernate-mapping package="com.eyrolles.sportTracker.model">
  <class name="Team" table="TEAM" lazy="true">
    ...
  </class>
</hibernate-mapping>
```

ou :

```
<hibernate-mapping package="com.eyrolles.sportTracker.model">
  <class name="Team" table="TEAM"
    proxy="com.eyrolles.sportTracker.model.Team">
    ...
  </class>
</hibernate-mapping>
```

ou encore, si la classe `Team` implémente l'interface `com.I` :

```
<hibernate-mapping package="com.eyrolles.sportTracker.model">
  <class name="Team" table="TEAM" proxy="com.I">
    ...
  </class>
</hibernate-mapping>
```

Avec ce paramétrage plus délicat à contrôler, toutes les classes qui auront une association `to-one` vers `Player` adopteront le *lazy loading* sur `Player`. L'inconvénient est que, selon le cas d'utilisation considéré, nous pouvons vouloir que `Player` soit chargé à la demande (*lazy loading*) depuis une classe `X` mais que, à l'opposé, il soit chargé automatiquement (sans *lazy loading*) depuis la classe `Y`.

Il est possible d'agir en ce cas sur l'attribut `outer-join` de l'élément `one-to-one` ou `many-to-one`. Cet élément prend trois valeurs :

- `outer-join="auto"` (par défaut) : l'objet associé est chargé à la demande si et seulement si il respecte l'étape précédente (déclaration de l'attribut `proxy` ou `lazy` au niveau `class`).

- `outer-join="true"` : l'objet est systématiquement chargé *via* un `outer-join`, même si l'étape précédente est paramétrée.

- `outer-join="false"` : l'objet est systématiquement chargé en interrogeant d'abord le cache de second niveau s'il est configuré. Si ce cache n'est pas configuré ou que l'entité ne soit pas en cache, une requête supplémentaire est effectuée immédiatement.

Pour les collections, le paramétrage est un peu plus facile *(voir le tableau 5.2)* puisqu'il suffit de paramétrer l'association.

Tableau 5.2. Possibilités de paramétrage du chargement avec Hibernate 2

Lazy loading	Outer-join	Effet
`false` (défaut)	`false` (défaut)	La collection est systématiquement chargée en interrogeant d'abord le cache de second niveau s'il est configuré. Si ce cache n'est pas configuré ou que la collection ne soit pas en cache, une requête supplémentaire est effectuée immédiatement.
`true`	`false` (défaut)	Collection chargée à la demande
`false`	`true`	Collection chargée automatiquement *via* un `outer-join`
`true`	`true`	N'a pas de sens.

Type de collection et lazy loading

Selon le type de la collection retenue pour un mapping particulier, un impact peut être observé sur le chargement des associations. En lecture, tous les types de collections adoptent le *lazy loading*, tandis qu'en écriture leur comportement diffère d'un type à un autre.

list, set et map

Dans la classe Team, nous avons choisi arbitrairement de mapper la collection players avec un set. De plus, nous voulions un lazy loading sur cette collection. Nous n'avons donc pas surchargé l'attribut fetch :

```xml
<?xml version="1.0"?>
<!DOCTYPE hibernate-mapping SYSTEM
  "http://hibernate.sourceforge.net/hibernate-mapping-3.0.dtd">
<hibernate-mapping package="com.eyrolles.sportTracker.model">
  <class name="Team" table="TEAM" lazy="true">

    ...
    <set name="players">
      <key column="TEAM_ID" />
      <one-to-many class="Player" />
    </set>

    ...
  </class>
</hibernate-mapping>
```

Testons l'ajout d'une instance de Player dans cette collection :

```java
tx = session.beginTransaction();
Team team = (Team)session.get(Team.class, new Long(4));
team.addPlayer(new Player("NewPlayer"));
tx.commit();
```

Sur les traces, nous voyons clairement apparaître trois requêtes :

```
Hibernate: select team0_.TEAM_ID as TEAM_ID0_, team0_.TEAM_NAME as TEAM_NAME2_0_,
team0_.NB_WON as NB_WON2_0_, team0_.NB_LOST as NB_LOST2_0_, team0_.NB_PLAYED as
NB_PLAYED2_0_, team0_.COACH_ID as COACH_ID2_0_ from TEAM team0_ where team0_.TEAM_ID=?
Hibernate: select players0_.TEAM_ID as TEAM_ID__, players0_.PLAYER_ID as PLAYER_ID__,
players0_.PLAYER_ID as PLAYER_ID0_, players0_.PLAYER_NAME as PLAYER_N2_0_0_,
players0_.PLAYER_NUMBER as PLAYER_N3_0_0_, players0_.BIRTHDAY as BIRTHDAY0_0_,
players0_.HEIGHT as HEIGHT0_0_, players0_.WEIGHT as WEIGHT0_0_, players0_.TEAM_ID as
TEAM_ID0_0_ from PLAYER players0_ where players0_.TEAM_ID=?
Hibernate: insert into PLAYER (PLAYER_NAME, PLAYER_NUMBER, BIRTHDAY, HEIGHT, WEIGHT,
TEAM_ID) values (?, ?, ?, ?, ?, ?)
```

La première sert à récupérer l'instance de Team avec l'id 4, la troisième correspond à l'ajout dans la collection, et la deuxième est exécutée pour garantir que le contrat de l'interface Set est respecté. Les éléments sont tous chargés pour vérifier qu'il n'y a pas de doublon.

Il en irait de même pour List. Les éléments seraient chargés pour récupérer le prochain index et respecter l'ordre.

Le bag

Le bag ne possède pas ce genre de contrainte. Il n'a pas besoin d'accéder aux éléments qui le composent pour vérifier un aspect de son contrat. Permet-il pour autant d'éviter le chargement complet des éléments pour l'ajout d'un nouvel élément ?

Effectuez les modifications suivantes, d'abord sur la classe :

```
// private Set players = new HashSet();
// pensez à adapter vos accesseurs, les méthodes addPlayer, …
// rappel : la représentation d'un bag est une List
private List players = new ArrayList();
```

puis sur le fichier de mapping :

```
<!-- à l'attribut sort près, les déclarations bag et set sont identiques -->
<bag name="players">
  <key column="TEAM_ID" />
  <one-to-many class="Player" />
</bag>
```

Le code de test ne change pas, et vous obtenez la sortie suivante :

```
Hibernate: select team0_.TEAM_ID as TEAM_ID0_, team0_.TEAM_NAME as TEAM_NAME2_0_,
team0_.NB_WON as NB_WON2_0_, team0_.NB_LOST as NB_LOST2_0_, team0_.NB_PLAYED as
NB_PLAYED2_0_, team0_.COACH_ID as COACH_ID2_0_ from TEAM team0_ where team0_.TEAM_ID=?
Hibernate: insert into PLAYER (PLAYER_NAME, PLAYER_NUMBER, BIRTHDAY, HEIGHT, WEIGHT,
TEAM_ID) values (?, ?, ?, ?, ?, ?)
```

Hibernate n'a pas eu à charger la totalité des éléments pour ajouter l'instance de `Player`. En terme de complexité SQL, cette requête est simple, puisqu'elle n'opère qu'une jointure. En revanche, selon l'application considérée, cette collection pourrait contenir des milliers d'éléments, et donc un resultset très volumineux, avec beaucoup de données sur le réseau puis en mémoire. Gardez toujours à l'esprit que, pour « magique » qu'il soit, Hibernate ne fait pas de miracle et reste fondé sur JDBC.

Le nombre d'éléments dans la collection n'est pas le seul critère. Vous pourriez, par exemple, n'avoir qu'une dizaine d'éléments mais avec une centaine de propriétés de type texte long. Dans ce cas, les performances seraient sérieusement impactées lors de l'ajout d'un nouvel élément.

Efficacité du bag

Le bag est particulièrement efficace en cas d'ajout d'élément fréquent dans une collection comportant énormément d'éléments ou dans laquelle chaque élément est lourd.

En résumé

Les différents paramètres que nous venons de voir (`fetch`, `lazy` et `outer-join`) permettent de définir un comportement par défaut du chargement des associations et éléments liés de vos applications. Ces paramètres prennent des valeurs par défaut, qui, pour Hibernate 3, permettent de prévenir des problèmes de performance liés à un chargement trop gourmand de vos graphes d'objets.

Il est bon de définir ces paramètres en fin de conception, en consolidant les cas d'utilisation de vos applications. Il serait d'ailleurs intéressant de faire apparaître vos choix de chargement sur vos diagrammes de classes UML sous forme de notes.

Une fois vos stratégies de chargement établies, vous devez les surcharger lors de la récupération de vos graphes d'objets pour les cas d'utilisation demandant un chargement différent de celui spécifié dans les fichiers de mapping.

Les techniques de récupération d'objets

Le paramétrage du chargement des graphes d'objets que nous venons de décrire permet de définir un comportement global pour l'ensemble d'une application. Les techniques de récupération d'objets proposées par Hibernate offrent une multitude de fonctionnalités supplémentaires, notamment la surcharge de ce comportement.

La présente section décrit les fonctionnalités de récupération d'objets suivantes :

• HQL (Hibernate Query Language), un puissant langage de requête orienté objet ;

• l'API `Criteria` ;

• le mapping de résultats de requêtes SQL (SQLQuery).

Les deux premières techniques couvrent la grande majorité des besoins, même les plus avancés. Pour les cas d'utilisation qui demandent des optimisations de haut niveau ou l'intervention d'un DBA raisonnant en SQL pur, Hibernate fournit la dernière technique, qui consiste à charger vos objets depuis le resultset d'une requête écrite en SQL.

HQL (Hibernate Query Language)

Le langage HQL est le moyen préféré des utilisateurs pour récupérer les instances dont ils ont besoin. Il consiste en une encapsulation du SQL selon une logique orientée objet.

Son utilisation passe par l'API `Query`, que vous obtenez depuis la session Hibernate en invoquant `session.createQuery(String requete)` :

```
StringBuffer queryString = new StringBuffer();
queryString.append("requête en HQL")
Query query = session.createQuery(queryString.toString());
```

Comme une requête SQL, une requête HQL se décompose en plusieurs clauses, notamment `from`, `select` et `where`.

L'exécution d'une requête renvoie une liste de résultats sous la forme de `List` à l'invocation de la méthode `list()` de votre instance de `query` :

```
List results = query.list() ;
```

Il est possible d'obtenir un `Iterator` en invoquant `iterate()` :

```
Iterator itResults = query.iterate() ;
```

L'utilisation de `query.iterate()` n'est utile que si vous utilisez le cache de second niveau et que les chances pour que les instances demandées s'y trouvent soient élevées.

String ou StringBuffer ?

La méthode `session.createQuery(requete)` prend en argument une chaîne de caractères. Une bonne pratique pour construire ce genre de chaîne de caractères consiste à utiliser systématiquement la classe `StringBuffer` pour la concaténation des parties constituant la chaîne. L'opérateur + appliqué à la classe `String` demande plus de ressources que la méthode `append()`.

Nous allons travailler avec le diagramme de classes de la figure 5.4 pour décrire la constitution d'une requête.

Figure 5.4

Diagramme de classes exemple

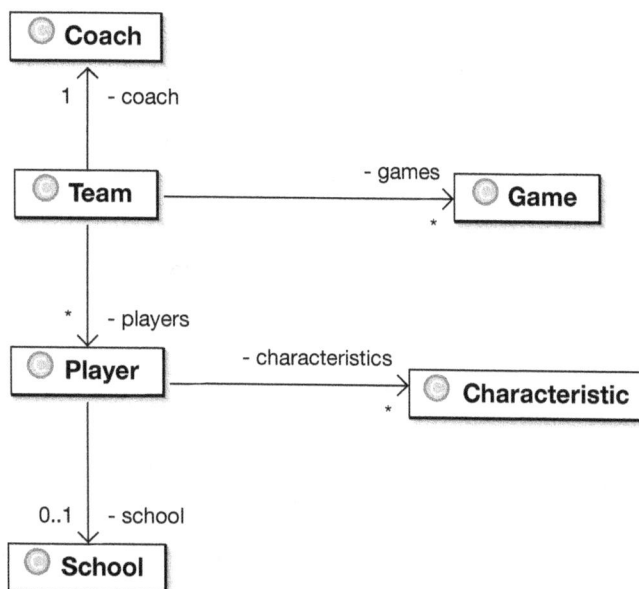

La clause *select*

Une requête des plus simples consiste à récupérer une propriété particulière d'une classe :

```
select team.name from Team team
```

Dans cet exemple, la liste des résultats contiendra des chaînes de caractères. Notez que la clause `from` interroge une classe et non une table. Plus généralement, les éléments de la liste de résultats sont du même type que le composant présent dans la clause `select`.

Vous pouvez ajouter autant de propriétés que vous le souhaitez dans la clause `select` :

```
select team.name, team.id from Team team
```

Cette requête retourne un tableau d'objets.

Le traitement suivant permet de comprendre comment le manipuler :

```
StringBuffer queryString = new StringBuffer();
queryString.append("select team.name, team.id from Team team ");
Query query = session.createQuery(queryString.toString());
List results = query.list();
// pour chaque ligne de résultat, nous avons deux éléments
// dans le tableau d'objets
Object[] firstResult = (Object[])results.get(0);
String firstTeamName = (String)firstResult[0];
Long firstTeamId = (Long)firstResult[1];
```

Chaque élément de la liste results représente une ligne de résultat et est constitué d'un tableau d'objets. Chaque élément de ce tableau représente une partie de la clause select, et le tableau respecte l'ordre de la clause select. Il ne reste qu'à « caster » selon le type désiré.

Jusqu'ici nous n'avons interrogé que des propriétés simples. Cette syntaxe est cependant valide pour l'interrogation de plusieurs entités :

```
StringBuffer queryString = new StringBuffer();
queryString.append("select team, player from Team team, Player player ");
Query query = session.createQuery(queryString.toString());
List results = query.list();
Object[] firstResult = (Object[])results.get(0);
Team firstTeam = (Team)firstResult[0];
Player firstPlayer = (Player)firstResult[1];
```

Notez que les deux requêtes suivantes sont équivalentes :

```
from Team team, Coach coach
```

et

```
Select team, coach from Team team, Coach coach
```

La clause select est facultative si elle n'apporte rien de plus que la clause from.

Le langage étant fondé sur le raisonnement objet, la navigation dans le réseau d'objets peut être utilisée :

```
Select team.coach from Team team
```

Ou encore :

```
Select player.team.coach from Player p
```

Dans ce cas, une liste d'instances de Coach est renvoyée.

Nous verrons bientôt les jointures, mais constatons sans attendre qu'une fois de plus les requêtes suivantes sont équivalentes :

```
Select coach
from Player player
join player.team team
join team.coach coach
```

et

```
Select player.team.coach from Player player
```

La navigation dans le graphe d'objets est d'un grand apport par sa simplicité d'écriture et sa lisibilité.

Les éléments d'une collection peuvent être retournés directement par une requête grâce au mot-clé elements :

```
Select elements(team.players) from Team team
```

Vous pouvez récupérer des résultats distincts *via* le mot-clé distinct :

```
Select distinct player.school.name
from Player player
```

Les fonctions SQL peuvent être appelées en toute transparence :

```
Select upper(player.name)
from Player player
```

Les fonctions d'agrégation sont détaillées en fin de chapitre.

La clause *from*

La requête la plus simple est de la forme :

```
StringBuffer queryString = new StringBuffer();
queryString.append("from java.lang.Object o")
// ou queryString.append("from java.lang.Object as o")
```

Rappelons que la clause select n'est pas obligatoire.

Pour retourner les instances d'une classe particulière, il suffit de remplacer Object par le nom de la classe souhaitée :

```
StringBuffer queryString = new StringBuffer();
queryString.append("from Team team");
```

Tous les alias utilisés dans la clause from peuvent être utilisés dans la clause where pour former des restrictions.

☞ Polymorphisme nativement supporté par les requêtes

Si nous essayons d'exécuter la requête sur java.lang.Object, celle-ci retourne l'intégralité des instances persistantes de la classe Object et des classes qui en héritent. En d'autres termes, toutes les classes mappées sont prises en compte, les requêtes étant nativement polymorphes.

Vous pouvez donc interroger des classes abstraites, concrètes et même des interfaces dans la clause from : toutes les instances de classes héritées ou implémentant une interface donnée sont retournées.

En relation avec la figure 5.5, la requête :

```
from Person p
```

retourne les instances de Coach, Player, Rookie et SuperStar (Person étant une classe abstraite).

Figure 5.5
Arbre d'héritage

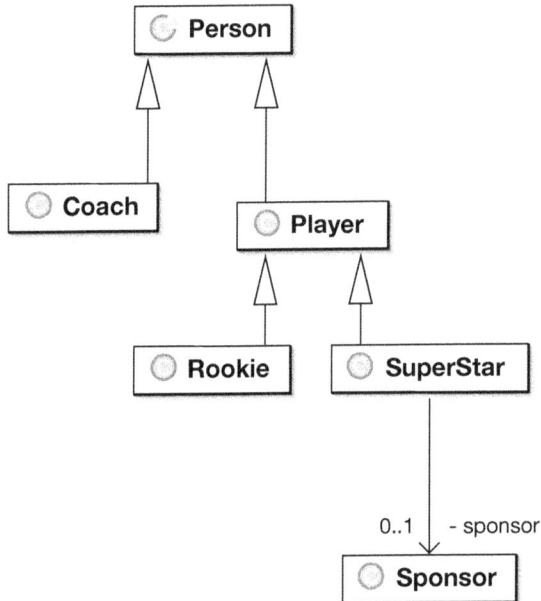

Figure 5.5
Arbre d'héritage

Les types de jointures explicites

Il est possible d'effectuer des jointures de diverses manières, la moins élégante étant de style *thêta*, qui consiste à reprendre la relation entre les classes et leurs id dans la clause where :

```
select team
from Team team, Player player
where team.name = :teamName
  and player.name = :playerName
  and player.team.id = team.id
```

La requête SQL générée donne :

```
select team0_.TEAM_ID as TEAM_ID, team0_.TEAM_NAME as TEAM_NAME2_,
  team0_.COACH_ID as COACH_ID2_
from TEAM team0_, PLAYER player1_
where (team0_.TEAM_NAME=? )
  and(player1_.PLAYER_NAME=? )
  and(player1_.TEAM_ID=team0_.TEAM_ID )
```

Dans cet exemple, l'association doit être bidirectionnelle pour que l'expression `player.team.id` puisse être interprétée. Il est important de préciser que cette notation ne supporte pas les jointures ouvertes (externes ou `outer join`). Cela signifie que seules les instances de `Team` référant au moins une instance de `Player` sont retournées. Néanmoins, cette écriture reste utile lorsque les relations entre tables ne sont pas reprises explicitement dans votre modèle de classes.

Une manière plus élégante d'effectuer la jointure est d'utiliser le mot-clé `join` :

```
select team
from Team team join team.coach
```

Cette requête exécute un `inner join` SQL, comme le montre la trace de sortie suivante :

```
select team0_.TEAM_ID as TEAM_ID, team0_.TEAM_NAME as TEAM_NAME2_,
  team0_.COACH_ID as COACH_ID2_
from TEAM team0_
  inner join COACH coach1_ on team0_.COACH_ID=coach1_.COACH_ID
```

En travaillant avec les instances illustrées à la figure 5.6, seule l'instance `teamA` est retournée, puisque l'instance `teamB` ne référence pas une instance de `Coach`.

Figure 5.6

Utilisation des jointures

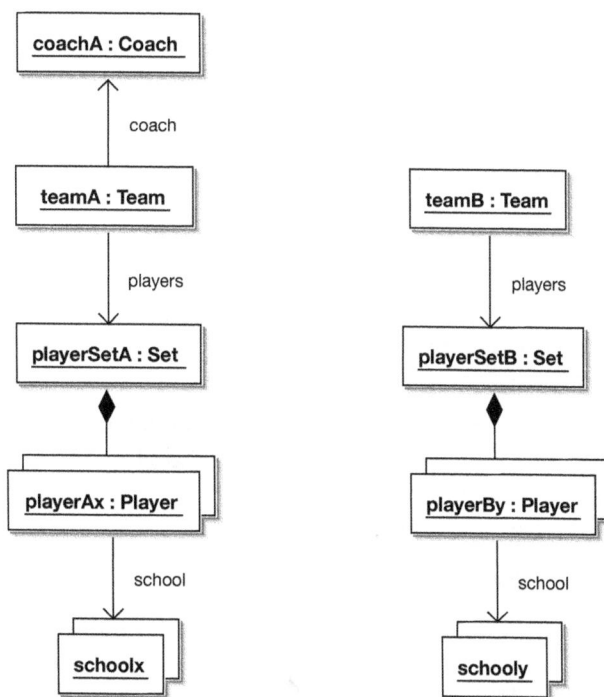

Pour remédier à cela, SQL propose l'écriture `left outer join`, qui, en HQL, donne simplement `left join` :

```
select team
from Team team left join team.coach
```

Cette requête exécute un `left outer join` SQL, comme le montre la trace de sortie suivante :

```
select team0_.TEAM_ID as TEAM_ID, team0_.TEAM_NAME as TEAM_NAME2_,
  team0_.COACH_ID as COACH_ID2_
from TEAM team0_
  left outer join COACH coach1_ on team0_.COACH_ID=coach1_.COACH_ID
```

La requête précédente retourne les instances de `Team` qui référencent ou non une instance de `Coach`, ce qui est le plus souvent utile.

Suppression des doublons

Les requêtes peuvent retourner plusieurs fois les mêmes instances si les jointures sont utilisées. Pour récupérer une collection de résultats uniques, il suffit d'utiliser le traitement suivant (`results` étant la liste des résultats retournés par l'API Query) :

```
Set distinctResults = new HashSet(results) ;
```

La clause *where*

La clause `where` permet d'appliquer une restriction sur les résultats retournés mais constitue aussi un moyen d'effectuer des jointures implicites, du fait de l'orientation objet du HQL.

Comme en SQL, chacun des alias définis dans la clause `from` peut être utilisé à des fins de restriction dans la clause `where`.

☞ Jointure implicite

Il est un type de jointure que nous avons à peine évoqué précédemment, à savoir la possibilité d'effectuer une jointure en naviguant simplement dans le graphe d'objets au niveau de la requête elle-même.

Une requête comme celle-ci implique une jointure implicite :

```
select team
from Team team
where team.coach.name = :name
```

La jointure SQL générée est du style *thêta* :

```
select team0_.TEAM_ID as TEAM_ID, team0_.TEAM_NAME as TEAM_NAME2_,
  team0_.COACH_ID as COACH_ID2_
from TEAM team0_, COACH coach1_
where (coach1_.COACH_NAME='Coach A'
  and team0_.COACH_ID=coach1_.COACH_ID)
```

Cela apporte non seulement une économie de code mais, surtout, constitue le cœur de l'aspect objet du HQL.

Si votre objectif est de récupérer les instances de Player liées à l'instance de Team référençant l'instance de Coach dont la propriété name est xxx, les moyens à votre disposition ne manquent pas. Les requêtes suivantes y répondent toutes, pour peu que la navigabilité de votre modèle le permette (cette liste n'est pas exhaustive) :

```
select player
from Player player, Team team, Coach coach
where coach.name = :name
and coach.id = team.coach.id
and player.team.id = team.id
```

```
select elements(team.players)
from Team team
where team.coach.name = :name
```

```
select player
from Player player
where player.team.coach.name = :name
```

Comme vous pouvez le voir, les deuxième et troisième requêtes sont orientées objet et sont plus lisibles.

Les opérateurs de restriction

Pour construire vos restrictions, vous pouvez utiliser les opérateurs =, <>, <, >, >=, <=, between, not between, in et not in.

Voici un exemple de requête utilisant l'opérateur between :

```
StringBuffer queryString = new StringBuffer();
queryString.append("Select player from Player player ")
  .append("where player.height between 1.80 and 1.90 ");
Query query = session.createQuery(queryString.toString());
List result = query.list();
```

et son équivalent en utilisant Criteria (nous abordons l'API Criteria un peu plus en détail plus loin dans ce chapitre) :

```
Criteria criteria = session.createCriteria(Player.class)
  .add( Expression.between("height",new Long("1,80"),new Long("1,90")));
List Expression = criteria.list();
```

Cette requête est un moyen efficace de tester une propriété sur une plage de valeurs.

La requête suivante teste un nombre fini de possibilités :

```
StringBuffer queryString = new StringBuffer();
queryString.append("Select player from Player player ")
  .append("where player.name in ('pa1','pa6')");
Query query = session.createQuery(queryString.toString());
List result = query.list();
```

L'équivalent avec `Criteria` est le suivant :

```
Criteria criteria = session.createCriteria(Player.class)
  .add( Expression.in("height",
    new Long[]{new Long("1,80"),
    new Long("1,90")}));
List Expression = criteria.list();
```

L'utilisation de `null` et `not null` se fait comme en SQL.

La requête suivante est incorrecte :

```
from Player player where player.name = null
```

Il faut utiliser la syntaxe `is null` :

```
from Player player where player.name is null
```

☞ Injection de critères restrictifs

L'injection de critères restrictifs peut se faire de deux manières, dont une est plus flexible et sécurisée que l'autre.

Les deux exemples suivants sont dangereux :

```
String param = "Team A";
String query = "from Team team where t.name ='" + param + "'";
```

et

```
StringBuffer queryString =
  new StringBuffer("select team from Team team where team.name ='");
  queryString.append(param).append("'");
```

Le premier utilise la concaténation de chaînes de caractères *via* la classe `String` et l'opérateur +, ce qui est dangereux pour les performances. De plus, tous deux utilisent l'injection directe du paramètre, ce qui constitue un trou de sécurité. Dans les applications Web, par exemple, ces valeurs viennent directement de l'interface avec l'utilisateur, qui peut entrer des ordres SQL directs, ou d'autres appels de procédures.

JDBC propose une fonctionnalité d'injection de paramètres qui présente le double avantage d'éviter le trou de sécurité précédent et de tirer parti du cache des *prepared statements,* ce qui permet d'accroître les performances.

Une première façon d'utiliser cette fonctionnalité au travers d'Hibernate consiste à utiliser le caractère ? :

```
String param = "Team A";
StringBuffer queryString = new StringBuffer();
queryString.append("select team from Team team where team.name = ?");
Query query = session.createQuery(queryString.toString());
query.setString(0,param);
```

L'important à retenir est la place du paramètre à injecter, ce qui présente néanmoins un inconvénient si des modifications de requêtes surviennent. Si vous ajoutez un élément à la clause `where` avant `team.name`, vous devez modifier les injections de paramètres, les indices ayant changé. Le grand avantage de cette méthode reste néanmoins que vous n'avez pas besoin de vous soucier des caractères d'échappement (ici `"'"`) .

Une seconde méthode pour injecter des critères restrictifs consiste à nommer les paramètres *(named parameters)* de la manière suivante :

```
String param = "Team A";
StringBuffer queryString = new StringBuffer();
queryString.append("select team from Team team where team.name = :name");
Query query = session.createQuery(queryString.toString());
query.setString("name",param);
```

La gestion des ordres ou index des paramètres n'est plus nécessaire, cette méthode fonctionnant avec des alias. L'avantage est que `:name` peut être utilisé plusieurs fois dans la requête tout en n'injectant sa valeur qu'une seule fois.

Si vous travaillez avec des formulaires et que vous fassiez attention au nommage de vos propriétés, vous pourriez avoir un Data Object (un simple Bean) provenant de la vue et contenant les propriétés suivantes :

```
private String playerName
private String teamName
...
```

L'instance peut être utilisée pour l'injection des paramètres. La query effectuera la comparaison des noms de propriétés avec la liste des paramètres nommés présents dans la requête. Elle puisera les valeurs dont elle a besoin, ignorant celles qui n'apparaissent pas dans la requête :

```
StringBuffer queryString = new StringBuffer();
queryString.append("select team ")
  .append("from Team team ")
  .append("join team.players player ")
  .append("where team.name = :teamName ")
  .append("and player.name = :playerName ");
Query query = session.createQuery(queryString.toString());
query.setProperties(dto);
List results = query.list();
```

Cette méthode économe en lignes de code exige du développeur de connaître parfaitement le contenu des Data Objects qu'il manipule et de fournir un léger effort sur les noms des propriétés.

Avec l'utilisation de la clause `in`, il peut être utile d'injecter une liste de valeurs.

Ainsi la requête suivante :

```
StringBuffer queryString = new StringBuffer();
queryString.append("Select player from Player player ")
  .append("where player.name in (:name1,:name2) ");
Query query = session.createQuery(queryString.toString());
Query.setParameter("name1","toto") ;
```

```
Query.setParameter("name2","titi") ;
List result = query.list();
```

pourrait s'écrire :

```
StringBuffer queryString = new StringBuffer();
queryString.append("Select player from Player player ")
  .append("where player.name in (:nameList)");
Query query = session.createQuery(queryString.toString());
query.setParameterList("nameList",nameList);
List result = query.list();
```

SetParameterList prend en arguments le nom du paramètre nommé puis une collection.

Externalisation des requêtes

Une bonne façon de faciliter la maintenance des requêtes consiste à les externaliser dans les fichiers de mapping.

La notation est la suivante :

```
</query name="testNamedQuery">
  <![CDATA[
    from Team team
  ]]>
</query>
```

Son utilisation dans votre application se fait ainsi :

```
Query query = session.getNamedQuery("testNamedQuery");
List results = query.list();
```

Chargement des associations

Il est temps de s'intéresser aux manières de forcer le chargement d'associations paramétrées dans les fichiers de mapping avec lazy="true". Nous supposerons que les exemples suivants répondent aux cas d'utilisation qui demandent un chargement plus large du graphe d'objets que le reste de l'application.

Reprenons notre diagramme de classes exemple *(voir figure 5.7)*, en précisant que l'ensemble des associations est paramétré comme étant *lazy*, ce qui est un choix généralement sécurisant pour les performances puisque nous restreignons la taille des graphes d'objets retournés.

Malgré cette sécurité prise par défaut pour l'ensemble de l'application, les cas d'utilisation devront travailler avec un réseau d'objets plus ou moins important.

Pour chaque cas d'utilisation, vous disposez d'une alternative pour le chargement du graphe d'objets :

• Conserver le chargement à la demande.

- Précharger manuellement le réseau qui vous intéresse afin d'accroître les performances, notamment en terme d'accès à la base de données.

Figure 5.7

Diagramme de classes exemple

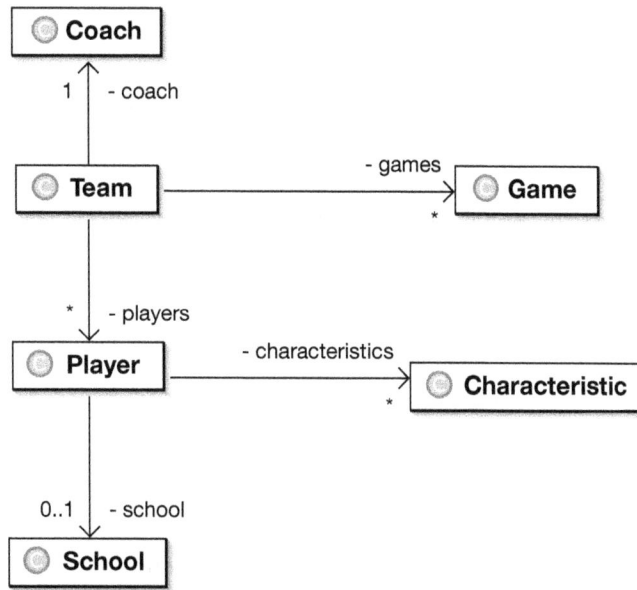

Lorsque vous devez forcer le chargement d'associations de votre graphe d'objets, vous devez respecter la règle suivante : en une seule requête, précharger autant d'entités (associations to-one) que désiré mais une seule collection (association to-many).

Évolution possible de la règle

Au moment de mettre cet ouvrage sous presse, cette règle est toujours d'actualité, mais il est envisagé d'autoriser le chargement de plusieurs collections.

Cette règle peut paraître restrictive, mais elle est pleinement justifiée. Les utilisateurs expérimentés, qui savent analyser les impacts des requêtes, en comprennent facilement tout l'intérêt, qui est de limiter le produit cartésien résultant des jointures.

En d'autres termes, cette règle évite que la taille du resultset JDBC sous-jacent n'explose à cause du produit cartésien, ce qui aurait des conséquences néfastes sur les performances. Pour charger deux collections, il est plus sûr d'exécuter deux requêtes à la suite.

D'après notre paramétrage par défaut, la requête suivante :

```
List results = session.createQuery("select team from Team team").list();
```

renvoie les instances de Team avec l'ensemble des associations non initialisées, comme le montre la requête générée *(voir figure 5.8)* :

```
select team0_.TEAM_ID as TEAM_ID, team0_.TEAM_NAME as TEAM_NAME2_,
  team0_.COACH_ID as COACH_ID2_
from TEAM team0_
```

Figure 5.8

*Diagramme
des instances
chargées par défaut*

| teamA : Team |

| teamB : Team |

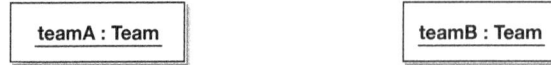

Notez que l'id de l'instance de Coach associée est récupérée afin de permettre le déclenchement de son chargement à la demande.

Pour forcer le chargement d'une association dans une requête, il faut utiliser le mot-clé fetch en association avec join. Les sections qui suivent en donnent différents exemples.

Chargement d'une collection et d'une association à une entité

D'après la règle, nous pouvons charger le coach et la collection games.

La requête est simple :

```
StringBuffer queryString = new StringBuffer();
queryString.append("select team from Team team ")
  .append("left join fetch team.coach c ")
  .append("left join fetch team.games g ");
List results = session.createQuery(queryString.toString()).list();
```

Les éléments à ne pas oublier sont les suivants :

• Jointure ouverte (left) sur coach, afin de récupérer aussi les instances de Team qui ne sont pas associées à une instance de Coach.

• Jointure ouverte (left) sur game, afin de récupérer aussi les instances de Team dont la collection games est vide.

• Traitement pour éviter les doublons des instances de Team du fait des jointures.

La requête SQL générée est plus complexe :

```
select team0_.TEAM_ID as TEAM_ID0_, coach1_.COACH_ID as COACH_ID1_,
  games2_.GAME_ID as GAME_ID2_, team0_.TEAM_NAME as TEAM_NAME2_0_,
  team0_.COACH_ID as COACH_ID2_0_, coach1_.COACH_NAME as COACH_NAME3_1_,
coach1_.BIRTHDAY as BIRTHDAY3_1_, coach1_.HEIGHT as HEIGHT3_1_,
  coach1_.WEIGHT as WEIGHT3_1_, games2_.AWAY_TEAM_SCORE as
  AWAY_TEA2_1_2_, games2_.HOME_TEAM_SCORE as HOME_TEA3_1_2_,
  games2_.PLAYER_ID as PLAYER_ID1_2_, games2_.TEAM_ID as TEAM_ID__,
  games2_.GAME_ID as GAME_ID__
from TEAM team0_
left outer join COACH coach1_ on team0_.COACH_ID=coach1_.COACH_ID
left outer join GAME games2_ on team0_.TEAM_ID=games2_.TEAM_ID
```

Imaginons maintenant que notre application gère 15 sports pour 10 pays, que chaque championnat d'un sport particulier contienne 40 matchs par équipe et par an, que l'application archive 5 ans de statistiques et qu'une équipe contienne en moyenne 10 joueurs.

Si le chargement n'était pas limité à une collection, notre couche de persistance devrait traiter un resultset JDBC de $15 \times 10 \times 40 \times 5 \times 10 = 300\,000$ lignes de résultats !

Cet exemple permet d'évaluer le foisonnement du nombre de lignes de résultats provoqué par les jointures. Si cette protection n'existait pas, il est facile d'imaginer la chute de performances d'applications de commerce traitant des catalogues de plusieurs milliers de références, et non de 10 joueurs.

La figure 5.9 illustre les instances chargées par notre requête.

Figure 5.9

*Diagramme
des instances mises
en application(1/2)*

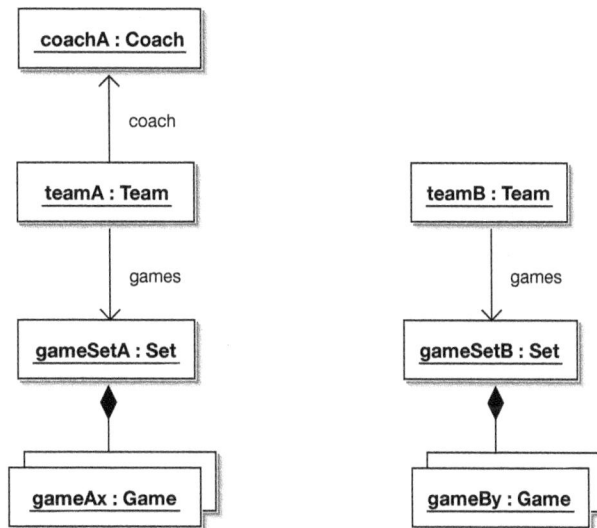

Chargement d'une collection et de deux associations vers une entité

L'application de la règle de chargement nous permet aussi de précharger l'instance de Coach, ainsi que la collection players et l'instance de School associée à chaque élément de la collection players puisqu'il ne s'agit pas d'une entité et que nous ne sommes pas limité pour leur chargement.

La requête est toujours aussi simple :

```
StringBuffer queryString = new StringBuffer();
queryString.append("select team from Team team ")
   .append("left join fetch team.coach c ")
   .append("left join fetch team.players p ")
   .append("left join fetch p.school s");
List results = session.createQuery(queryString.toString()).list();
```

La requête SQL générée contient une jointure de plus que dans l'exemple précédent :

```
select team0_.TEAM_ID as TEAM_ID0_, school3_.SCHOOL_ID as SCHOOL_ID1_,
  players2_.PLAYER_ID as PLAYER_ID2_, coach1_.COACH_ID as COACH_ID3_,
  team0_.TEAM_NAME as TEAM_NAME2_0_, team0_.COACH_ID as COACH_ID2_0_,
  school3_.SCHOOL_NAME as SCHOOL_N2_5_1_, players2_.PLAYER_NAME as
  PLAYER_N2_0_2_, players2_.PLAYER_NUMBER as PLAYER_N3_0_2_,
  players2_.BIRTHDAY as BIRTHDAY0_2_, players2_.HEIGHT as HEIGHT0_2_,
  players2_.WEIGHT as WEIGHT0_2_, players2_.SCHOOL_ID as SCHOOL_ID0_2_,
  coach1_.COACH_NAME as COACH_NAME3_3_, coach1_.BIRTHDAY as BIRTHDAY3_3_,
  coach1_.HEIGHT as HEIGHT3_3_, coach1_.WEIGHT as WEIGHT3_3_,
  players2_.TEAM_ID as TEAM_ID__, players2_.PLAYER_ID as PLAYER_ID__
from TEAM team0_
left outer join COACH coach1_ on team0_.COACH_ID=coach1_.COACH_ID
left outer join PLAYER players2_ on team0_.TEAM_ID=players2_.TEAM_ID
left outer join SCHOOL school3_ on players2_.SCHOOL_ID=school3_.SCHOOL_ID
```

Notez comment l'aspect objet du HQL permet de réduire considérablement le nombre de lignes en comparaison du SQL.

Les instances chargées sont illustrées à la figure 5.10.

Figure 5.10

Diagramme des instances mises en application (2/2)

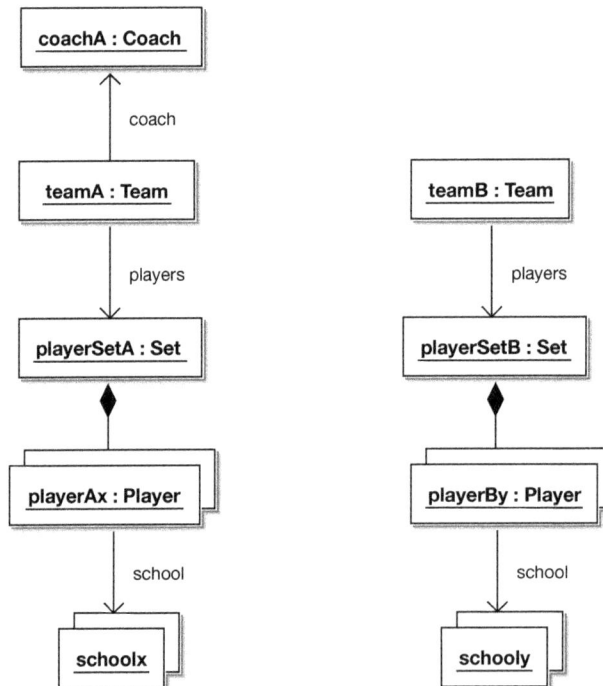

☞ **Le problème du $n + 1$ déporté**

Le problème dit du $n + 1$ est bien connu des utilisateurs des anciennes solutions de persistance, dont les EJB Entité. Il se présente dans différentes situations, notamment la suivante : si un objet est associé à une collection contenant *n* éléments, le moteur de persistance déclenche une première requête pour charger l'entité principale puis une requête par élément de la collection associée, ce qui résulte en *n* + 1 requêtes.

Dans l'exemple de la figure 5.9, avec d'anciens systèmes de mapping objet-relationnel, nous aurions eu un nombre important de requêtes :

- Une requête pour retourner `teamA` et `teamB`.
- Une requête pour construire `coachA`.
- Une requête pour nous rendre compte que `teamB` n'est pas associée à une instance de `Coach`.
- Une requête par élément de la collection `games` de `teamA`.
- Une requête par élément de la collection `games` de `teamB`.
- Etc.

Nous voyons donc que le chargement à la demande comme le chargement forcé *via* `fetch` limitent le risque *n* + 1 et que nous arrivons à limiter la génération SQL à une seule requête.

Dans certains cas, la règle de chargement forcée des associations peut aboutir à l'apparition du problème *n* + 1. C'est ce que nous nous proposons de démontrer par l'exemple illustré à la figure 5.11. Notre objectif est de charger le plus efficacement un réseau d'instances des classes apparaissant sur le diagramme de classes.

La règle de base nous empêchant de charger les deux collections en une seule requête, nous choisissons arbitrairement d'utiliser la requête de la première mise en application.

Figure 5.11

Cas typique de deux collections dont le chargement est délicat à gérer

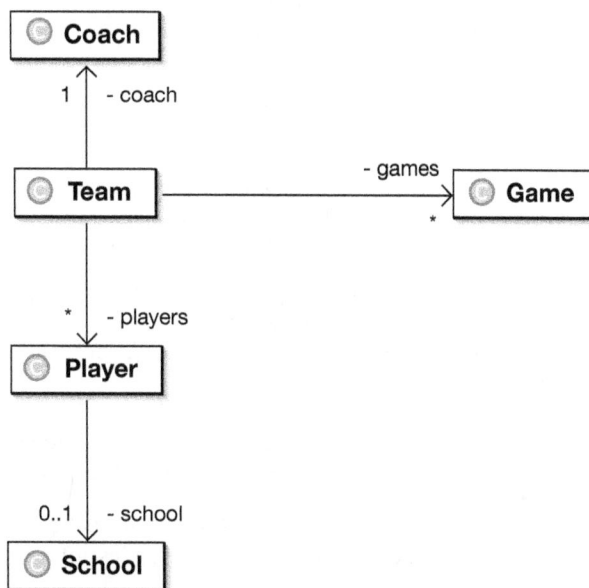

Le code suivant nous permet d'analyser les traces produites par notre cas d'utilisation :

```
StringBuffer queryString = new StringBuffer();
queryString.append("select team from Team team ")
  .append("left join fetch team.coach c ")
  .append("left join fetch team.games g ");
List results = session.createQuery(queryString.toString()).list();
Team team = (Team)results.get(0);
Iterator it = team.getPlayers().iterator();
while (it.hasNext()){
  Player player = (Player)it.next();
  String test= player.getSchool().getName();
}
```

La sortie suivante montre ce qui se produit à la fin du traitement de la boucle while (le numéro de la requête a été ajouté) :

```
1:  select  players0_.TEAM_ID  as  TEAM_ID__,  players0_.PLAYER_ID  as  PLAYER_ID__,
players0_.PLAYER_ID   as   PLAYER_ID0_,   players0_.PLAYER_NAME   as   PLAYER_N2_0_0_,
players0_.PLAYER_NUMBER  as  PLAYER_N3_0_0_,  players0_.BIRTHDAY  as  BIRTHDAY0_0_,
players0_.HEIGHT as HEIGHT0_0_, players0_.WEIGHT as WEIGHT0_0_, players0_.SCHOOL_ID as
SCHOOL_ID0_0_
from PLAYER players0_
where players0_.TEAM_ID=?
2: select school0_.SCHOOL_ID as SCHOOL_ID0_, school0_.SCHOOL_NAME as SCHOOL_N2_5_0_ from
SCHOOL school0_ where school0_.SCHOOL_ID=?
3: select school0_.SCHOOL_ID as SCHOOL_ID0_, school0_.SCHOOL_NAME as SCHOOL_N2_5_0_ from
SCHOOL school0_ where school0_.SCHOOL_ID=?
4: select school0_.SCHOOL_ID as SCHOOL_ID0_, school0_.SCHOOL_NAME as SCHOOL_N2_5_0_ from
SCHOOL school0_ where school0_.SCHOOL_ID=?
5: select school0_.SCHOOL_ID as SCHOOL_ID0_, school0_.SCHOOL_NAME as SCHOOL_N2_5_0_ from
SCHOOL school0_ where school0_.SCHOOL_ID=?
6: select school0_.SCHOOL_ID as SCHOOL_ID0_, school0_.SCHOOL_NAME as SCHOOL_N2_5_0_ from
SCHOOL school0_ where school0_.SCHOOL_ID=?
7: select school0_.SCHOOL_ID as SCHOOL_ID0_, school0_.SCHOOL_NAME as SCHOOL_N2_5_0_ from
SCHOOL school0_ where school0_.SCHOOL_ID=?
8: select school0_.SCHOOL_ID as SCHOOL_ID0_, school0_.SCHOOL_NAME as SCHOOL_N2_5_0_ from
SCHOOL school0_ where school0_.SCHOOL_ID=?
9: select school0_.SCHOOL_ID as SCHOOL_ID0_, school0_.SCHOOL_NAME as SCHOOL_N2_5_0_ from
SCHOOL school0_ where school0_.SCHOOL_ID=?
10: select  school0_.SCHOOL_ID  as  SCHOOL_ID0_,  school0_.SCHOOL_NAME as SCHOOL_N2_5_0_
from SCHOOL school0_ where school0_.SCHOOL_ID=?
11: select  school0_.SCHOOL_ID  as  SCHOOL_ID0_,  school0_.SCHOOL_NAME as SCHOOL_N2_5_0_
from SCHOOL school0_ where school0_.SCHOOL_ID=?
```

L'instance de Team possède une collection players contenant dix éléments. Le chargement à la demande n'a exécuté qu'une requête pour charger tous les éléments de la collection.

Comme l'association vers School est elle aussi chargée à la demande, nous avons une requête par instance de Player pour récupérer les informations relatives à l'instance de School associée.

Le résultat est de $n + 1$ requêtes, n étant le nombre d'éléments de la collection. Il apparaît lorsque les éléments d'une collection possèdent eux-mêmes une association vers une tierce entité, ici School. Ce résultat devient problématique lorsque les collections manipulées contiennent beaucoup d'éléments.

Les sections qui suivent décrivent deux moyens de résoudre ce problème.

Charger plusieurs collections

Vouloir charger la totalité des instances requises par un cas d'utilisation en une requête unique est tentant. Pour les raisons évoquées précédemment, cela ne résout cependant pas toujours les problèmes de performance, étant donné le volume des données retournées par la base de données, c'est-à-dire le produit cartésien engendré par les jointures.

Le monde informatique est souvent qualifié de binaire, les utilisateurs ayant tendance à raisonner en tout ou rien. Plutôt que de se résoudre à l'alternative « une et une seule requête » ou « $n + 1$ requêtes », n étant relativement élevé, pourquoi ne pas exécuter deux, trois voire quatre requêtes, chacune respectant un volume de données à traiter raisonnable ?

Cette logique est favorisée par la session Hibernate, cache de premier niveau, puisque tout ce qui est chargé dans la session *via* une requête n'a plus besoin d'être chargé par la suite.

Analysons ce qui se produit lorsque nous enchaînons les deux mises en application précédentes.

Commençons par charger les instances de Coach associées aux instances de Team que la requête retourne mais aussi les éléments des collections games :

```
StringBuffer queryString = new StringBuffer();
queryString.append("select team from Team team ")
   .append("left join fetch team.coach c ")
   .append("left join fetch team.games g ");
List results = session.createQuery(queryString.toString()).list();
```

Exécutons ensuite une seconde requête pour charger les collections players et les instances de School associées à leurs éléments :

```
StringBuffer queryString2 = new StringBuffer();
queryString2.append("select team from Team team ")
   .append("left join fetch team.players p ")
   .append("left join fetch p.school s");
```

Voici l'ensemble du test :

```
StringBuffer queryString = new StringBuffer();
queryString.append("select team from Team team ")
   .append("left join fetch team.coach c ")
   .append("left join fetch team.games g ");
List results = session.createQuery(queryString.toString()).list();
```

```
StringBuffer queryString2 = new StringBuffer();
queryString2.append("select team from Team team ")
  .append("left join fetch team.players p ")
  .append("left join fetch p.school s");
List results2 = session.createQuery(queryString2.toString()).list();
// TEST
Team team = (Team)results.get(0);
Iterator it = team.getPlayers().iterator();
while (it.hasNext()){
  Player player = (Player)it.next();
  String test= player.getSchool().getName();
}
```

Ce code peut certes être amélioré du point de vue Java, mais laissons-le en l'état pour une meilleure lecture.

Voici la sortie correspondante :

```
1:
select team0_.TEAM_ID as TEAM_ID0_, coach1_.COACH_ID as COACH_ID1_,
  games2_.GAME_ID as GAME_ID2_, team0_.TEAM_NAME as TEAM_NAME2_0_,
  team0_.COACH_ID as COACH_ID2_0_, coach1_.COACH_NAME as COACH_NAME3_1_,
  coach1_.BIRTHDAY as BIRTHDAY3_1_, coach1_.HEIGHT as HEIGHT3_1_,
  coach1_.WEIGHT as WEIGHT3_1_, games2_.AWAY_TEAM_SCORE as
  AWAY_TEA2_1_2_, games2_.HOME_TEAM_SCORE as HOME_TEA3_1_2_,
  games2_.PLAYER_ID as PLAYER_ID1_2_, games2_.TEAM_ID as TEAM_ID__,
  games2_.GAME_ID as GAME_ID__
from TEAM team0_
left outer join COACH coach1_ on team0_.COACH_ID=coach1_.COACH_ID
left outer join GAME games2_ on team0_.TEAM_ID=games2_.TEAM_ID
2:
select team0_.TEAM_ID as TEAM_ID0_, players1_.PLAYER_ID as PLAYER_ID1_,
  school2_.SCHOOL_ID as SCHOOL_ID2_, team0_.TEAM_NAME as TEAM_NAME2_0_,
  team0_.COACH_ID as COACH_ID2_0_, players1_.PLAYER_NAME as
  PLAYER_N2_0_1_, players1_.PLAYER_NUMBER as PLAYER_N3_0_1_,
  players1_.BIRTHDAY as BIRTHDAY0_1_, players1_.HEIGHT as HEIGHT0_1_,
  players1_.WEIGHT as WEIGHT0_1_, players1_.SCHOOL_ID as SCHOOL_ID0_1_,
  school2_.SCHOOL_NAME as SCHOOL_N2_5_2_, players1_.TEAM_ID as TEAM_ID__,
  players1_.PLAYER_ID as PLAYER_ID__
from TEAM team0_
left outer join PLAYER players1_ on team0_.TEAM_ID=players1_.TEAM_ID
left outer join SCHOOL school2_ on players1_.SCHOOL_ID=school2_.SCHOOL_ID
```

Les deux requêtes viennent alimenter la session. La seconde permet d'initialiser les proxy et de compléter ainsi le réseau d'objets dont a besoin notre cas d'utilisation.

Ce dernier dispose désormais des instances illustrées à la figure 5.12, le tout avec seulement deux accès en base de données et des resultsets sous-jacents de volume raisonnable.

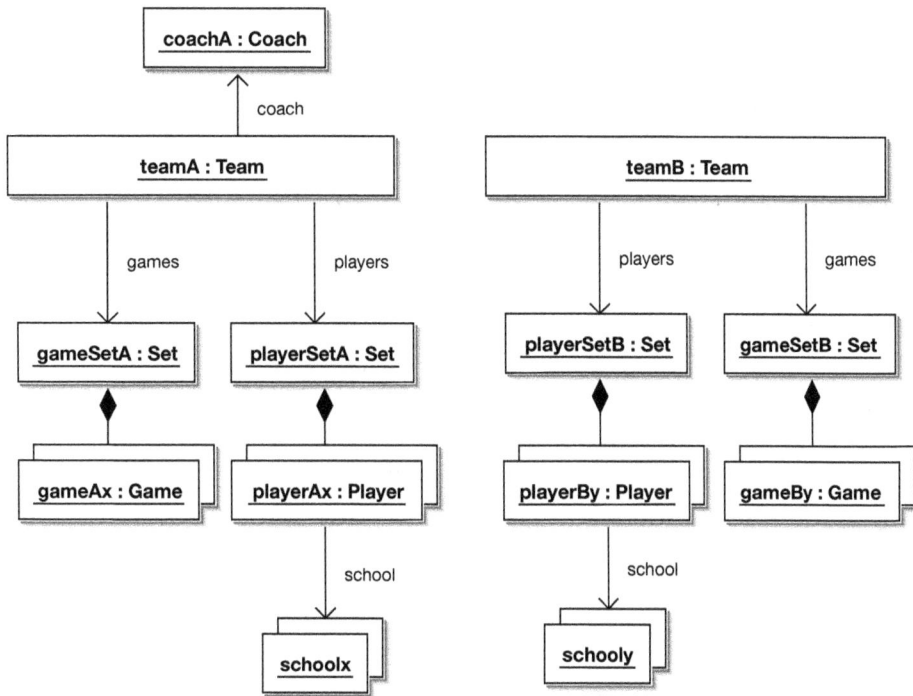

Figure 5.12

Diagramme des instances chargées en deux requêtes

Cette première méthode convient parfaitement aux cas d'utilisation qui demandent le chargement des collections directement associées à l'entité que nous interrogeons, comme le montre la figure 5.13.

Figure 5.13

Réseau de classes de complexité moyenne

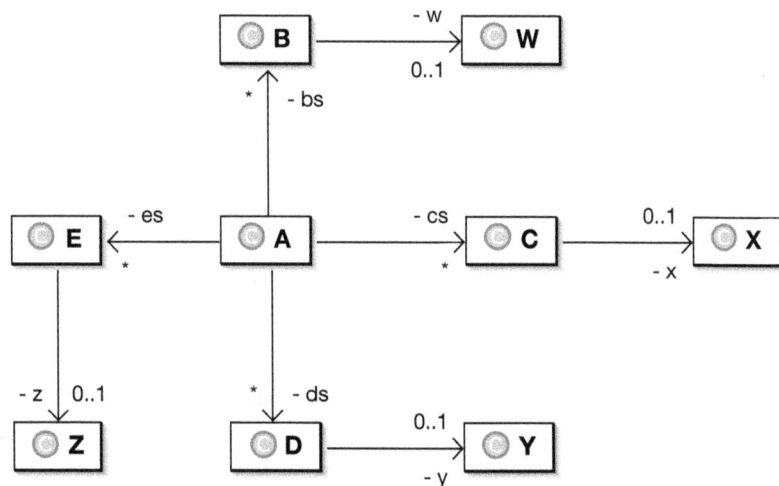

L'ensemble des instances des classes illustrées sur la figure peut être chargé en quatre requêtes.

L'inconvénient de cette technique est qu'elle ne nous permet pas de charger entièrement le réseau des instances des classes illustré à la figure 5.14. Au mieux, nous pourrions charger les instances de Player contenues dans la collection players.

Figure 5.14

Enchaînement
de deux collections

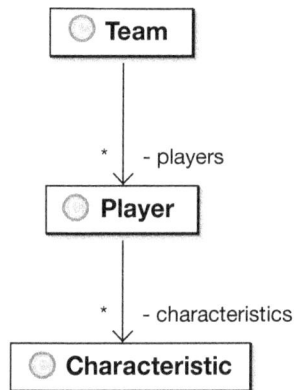

Pour cet exemple, notre datastore contient les données récapitulées au tableau 5.3 (seules les clés primaires y figurent).

Tableau 5.3. Données du datastore

TEAM_ID	PLAYER_ID	CHARACTERISTIC_ID
1	1	1
1	1	2
1	2	3
1	2	4
1	2	5
1	3	6
1	3	7
1	4	8
1	4	9
1	4	10
1	4	11
1	4	12
2	5	13
2	5	14
2	5	15

Voici le code de test :

```
StringBuffer queryString = new StringBuffer();
queryString.append("select team from Team team ")
  .append("left join fetch team.players p ");
Set results =
  new HashSet(session.createQuery(queryString.toString()).list());
Iterator itTeam = results.iterator();
while (itTeam.hasNext()){
  Team team = (Team)itTeam.next();
  Iterator itPlayer = team.getPlayers().iterator();
  while (itPlayer.hasNext()){
    Player player = (Player)itPlayer.next();
    Iterator itCharacteristic = player.getCharacteristics().iterator();
    while (itCharacteristic.hasNext()){
      Characteristic characteristic =
        (Characteristic)itCharacteristic.next();
      String test = characteristic.getName();
    }
  }
}
```

Nous commençons par exécuter une requête pour charger la collection `players`. Nous effectuons ensuite le traitement des doublons en utilisant le `HashSet` puis itérons sur chacun des niveaux d'association afin de tracer ce qui se passe. En sortie, nous obtenons sans grande surprise :

```
1: select   team0_.TEAM_ID   as   TEAM_ID0_,   players1_.PLAYER_ID   as   PLAYER_ID1_,
team0_.TEAM_NAME as TEAM_NAME2_0_,…
from TEAM team0_
left outer join PLAYER players1_ on team0_.TEAM_ID=players1_.TEAM_ID
2: select characteri0_.PLAYER_ID as PLAYER_ID__,…
3: select characteri0_.PLAYER_ID as PLAYER_ID__,…
4: select characteri0_.PLAYER_ID as PLAYER_ID__,…
5: select characteri0_.PLAYER_ID as PLAYER_ID__,…
6: select characteri0_.PLAYER_ID as PLAYER_ID__,…
```

Nous avons de nouveau *n* + 1 requêtes, *n* étant le nombre d'éléments de la collection `players`.

Pour ce genre de cas d'utilisation, le chargement par lot améliore les performances. Cette fonctionnalité est généralement appelée *batch fetching*.

Pour l'activer, il suffit de paramétrer l'attribut `batch-size` dans la déclaration d'une collection au niveau du fichier de mapping.

Appliquons-le à notre fichier **Player.hbm.xml** :

```
<hibernate-mapping package="com.eyrolles.sportTracker.model">
  <class name="Player" table="PLAYER" lazy="true">
    <id name="id" column="PLAYER_ID">
      <generator class="native"/>
    </id>
    <property name="name" column="PLAYER_NAME"/>
    <property name="number" column="PLAYER_NUMBER"/>
    <property name="birthday" column="BIRTHDAY"/>
    <property name="height" column="HEIGHT"/>
    <property name="weight" column="WEIGHT"/>
    <many-to-one column="SCHOOL_ID" name="school"  class="School"
      fetch="select" cascade="persist,merge"/>
    <set name="characteristics" fetch="select" batch-size="3" cascade="persist,merge">
      <key column="PLAYER_ID" />
    <one-to-many class="Characteristic" />
    </set>
  </class>
</hibernate-mapping>
```

Grâce à ce paramètre, les collections players non initialisées seront chargées par paquets de trois à la demande, engendrant sur notre exemple de code une réduction sensible du nombre de requêtes générées :

```
1:  select  team0_.TEAM_ID  as  TEAM_ID0_,  players1_.PLAYER_ID  as  PLAYER_ID1_,
team0_.TEAM_NAME as TEAM_NAME2_0_, …
from TEAM team0_
left outer join PLAYER players1_ on team0_.TEAM_ID=players1_.TEAM_ID
2: select characteri0_.PLAYER_ID as PLAYER_ID__,…
from CHARACTERISTIC characteri0_
where characteri0_.PLAYER_ID in (?, ?, ?)
3: select characteri0_.PLAYER_ID as PLAYER_ID__,…
from CHARACTERISTIC characteri0_
where characteri0_.PLAYER_ID in (?, ?)
```

La troisième requête est intéressante puisqu'elle charge non seulement la quatrième collection players de l'instance de Team dont l'id est 1 mais aussi la seule collection players de l'instance de Team dont l'id est 2. Le chargement se fait au fil de l'eau sur toutes les collections d'une même association (ici dont le rôle est players) non initialisées, quelle que soit leur entité racine

Si nous passons le paramètre à 5, seules deux requêtes sont exécutées. Pour notre exemple, la valeur de ce paramètre n'est pas bien compliquée à déterminer. Selon l'application considérée et la disparité des données qu'elle contient, il peut être cependant difficile de décider d'une valeur.

En effet, si une collection peut contenir entre 5 et 100 éléments, il devient délicat de décider d'une valeur optimale. Il convient en ce cas de considérer des estimations, ou statistiques.

L'attribut `batch-size` est paramétrable au niveau de la classe. Il permet le chargement par lot au niveau entité et non collection.

Le mapping suivant :

```
<hibernate-mapping package="com.eyrolles.sportTracker.model">
  <class batch-size="5" name="Coach" table="COACH">
  ...
  </class>
</hibernate-mapping>
```

permet, par exemple, de charger les instances de `Coach` associées aux instances de `Team` (`many-to-one`) par groupe de 5 si nous n'avons pas forcé ce chargement par une requête.

L'API Criteria

Avec l'API `Criteria`, Hibernate fournit un moyen élégant d'écrire les requêtes de manière programmatique. Nous avons déjà traité des opérateurs en abordant le HQL et avons même fourni quelques exemples à base de `Criteria`. Une instance de `Criteria` s'obtient en invoquant `createCriteria()` sur la session Hibernate, l'argument étant la classe que nous souhaitons interroger :

```
Criteria criteria = session.createCriteria(Team.class);
List results = criteria.list();
// ou Iterator itResults = criteria.iterate();
```

Comme pour `Query`, l'exécution de la requête se fait par l'invocation de `list()` ou `iterate()`. La requête ci-dessous retourne toutes les instances persistantes de la classe `Team`.

Instances de *Criterion*

Pour composer la requête *via* `Criteria`, nous ajoutons des instances de `Criterion` :

```
Criteria criteria = session.createCriteria(Team.class);
Criterion nameEq = Expression.eq("name", "Team A");
criteria.add(nameEq);
criteria.list();
```

La classe `Expression` propose des méthodes statiques mettant à notre disposition un large éventail de `Criterion`. Sa javadoc est notre guide, comme le montre le tableau 5.4.

Tableau 5.4. La javadoc de *Criterion (source javadoc Hibernate)*

Méthode	Description
`allEq(Map propertyNameValues)`	Applique une contrainte d'égalité sur chaque propriété figurant comme clé de la `Map`.
`and(Criterion lhs, Criterion rhs)`	Retourne la conjonction de deux expressions.
`between(String propertyName, Object lo, Object hi)`	Applique une contrainte d'intervalle (between) à la propriété nommée.

Tableau 5.4. La javadoc de *Criterion (source javadoc Hibernate)*

Méthode	Description
`static Conjunction conjunction()`	Regroupe les expressions pour qu'elles n'en fassent qu'une de type conjonction (A and B and C…).
`static Disjunction disjunction()`	Regroupe les expressions pour qu'elles n'en fassent qu'une de type disjonction (A and B and C…).
`static SimpleExpression eq(String propertyName, Object value)`	Applique une contrainte d'égalité sur la propriété nommée.
`eqProperty(String propertyName, String otherPropertyName)`	Applique une contrainte d'égalité entre deux propriétés.
`static SimpleExpression ge(String propertyName, Object value)`	Applique une contrainte « plus grand que ou égal à » à la propriété nommée.
`static SimpleExpression gt(String propertyName, Object value)`	Applique une contrainte « plus grand que » à la propriété nommée.
`ilike(String propertyName, Object value)`	Clause `like` non sensible à la casse, similaire à l'opération `ilike` de Postgres
`ilike(String propertyName, String value, MatchMode matchMode)`	Clause `like` non sensible à la casse, similaire à l'opération `ilike` de Postgres.
`in(String propertyName, Collection values)`	Applique une contrainte `in` à la propriété nommée.
`in(String propertyName, Object[] values)`	Applique une contrainte `in` à la propriété nommée.
`isEmpty(String propertyName)`	Contraint une collection à être vide.
`isNotEmpty(String propertyName)`	Contraint une collection à ne pas être vide.
`isNotNull(String propertyName)`	Applique une contrainte `is not null` à la propriété nommée.
`isNull(String propertyName)`	Applique une contrainte `is null` à la propriété nommée.
`static SimpleExpression le(String propertyName, Object value)`	Applique une contrainte « plus petit que ou égal à » à une propriété nommée.
`leProperty(String propertyName, String otherPropertyName)`	Applique une contrainte « plus petit que ou égal à » à deux propriétés.
`static SimpleExpression like(String propertyName, Object value)`	Applique une contrainte `like` à une propriété nommée.
`static SimpleExpression like(String propertyName, String value, MatchMode matchMode)`	Applique une contrainte `like` à une propriété nommée.
`static SimpleExpression lt(String propertyName, Object value)`	Applique une contrainte « plus petit que » à une propriété nommée.
`ltProperty(String propertyName, String otherPropertyName)`	Applique une contrainte « plus petit que » à deux propriétés.
`not(Criterion expression)`	Retourne la négation d'une expression.
`or(Criterion lhs, Criterion rhs)`	Retourne la disjonction de deux expressions.
`sizeEq(String propertyName, int size)`	Applique une contrainte de taille sur une collection.
`sql(String sql)`	Applique une contrainte SQL.
`sql(String sql, Object[] values, Type[] types)`	Applique une contrainte SQL, avec les paramètres JDBC donnés.
`sql(String sql, Object value, Type type)`	Applique une contrainte SQL, avec les paramètres JDBC donnés.

Les associations avec *Criteria*

Pour traverser le graphe d'objets depuis une instance de `Criteria`, il faut utiliser la méthode `fetchMode()` (mode de chargement).

Cette méthode prend comme argument l'association et l'une ou l'autre des constantes suivantes :

- `fetchMode.DEFAULT` : ce mode respecte les définitions du fichier de mapping.

- `fetchMode.JOIN` : chargement *via* un `outer join`.

- `fetchMode.SELECT` : chargement de l'association *via* un `select` supplémentaire.

Par exemple, l'instance de `Criteria` suivante :

```
Criteria criteria = session.createCriteria(Team.class);
criteria.setFetchMode("players",FetchMode.JOIN)
  .setFetchMode("coach",FetchMode.JOIN)
  .createCriteria("players","player")
    .add(Expression.like("name", "PlayerA", MatchMode.START))
    .createCriteria("school")
      .add(Expression.like("name", "SchoolA",MatchMode.ANYWHERE));
criteria.list();
```

force le chargement de l'instance de `Coach` associée, charge la collection `players` et, pour chaque élément de cette collection, charge l'instance de `School` associée.

Nous constatons que nous pouvons invoquer la méthode `createCriteria()` sur une instance de `Criteria`. Cette méthode permet de construire les restrictions sur les associations.

Dans l'exemple précédent, nous effectuons une correspondance de chaînes de caractères sur la propriété `name` des instances de `Coach` associées et une autre sur la propriété `name` des instances de `Player` composant la collection `players` de la classe `Team` :

```
select this_.TEAM_ID as TEAM_ID3_, …
  coach1_.COACH_ID as COACH_ID0_, …
  player_.PLAYER_ID as PLAYER_ID1_, …
  x0__.SCHOOL_ID as SCHOOL_ID2_, x0__.SCHOOL_NAME as SCHOOL_N2_5_2_
from TEAM this_
  left outer join COACH coach1_ on this_.COACH_ID=coach1_.COACH_ID
  inner join PLAYER player_ on this_.TEAM_ID=player_.TEAM_ID
  inner join SCHOOL x0__ on player_.SCHOOL_ID=x0__.SCHOOL_ID
where player_.PLAYER_NAME like ?
  and x0__.SCHOOL_NAME like ?
```

Précédentes versions d'Hibernate

Les constantes `fetchMode.LAZY` et `fetchMode.EAGER` sont dépréciées au profit de `fetchMode.JOIN` et `fetchMode.SELECT`.

QBE (Query By Example)

Si vous souhaitez récupérer les instances d'une classe qui « ressemblent » à une instance exemple, vous pouvez utiliser l'API QBE (Query By Example).

```
Criteria criteria = session.createCriteria(Team.class);
criteria.add( Example.create(teamExample) );
List result = criteria.list();
```

Pour la comparaison de chaînes de caractères, vous pouvez agir sur la sensibilité à la casse ou utiliser la fonctionnalité like :

```
Criteria criteria = session.createCriteria(Team.class);
criteria.add(
  Example.create(teamExample)
    .enableLike(MatchMode.ANYWHERE)
    .ignoreCase());
List result = criteria.list();
```

La requête SQL générée par l'exemple précédent est insensible à la casse et comprend une clause where avec restriction, du type like '%XXX%' sur toutes les chaînes de caractères.

Les possibilités de comparaison de chaînes de caractères sont les suivantes :

- MatchMode.ANYWHERE : la chaîne de caractères doit être présente quelque part dans la valeur de la propriété.
- MatchMode.END : la chaîne de caractères doit se trouver à la fin de la valeur de la propriété.
- MatchMode.START : la chaîne de caractères doit se trouver au début de la valeur de la propriété.
- MatchMode.EXACT : la valeur de la propriété doit être égale à la chaîne de caractères.

D'autres méthodes sont disponibles, notamment les suivantes *(voir l'API javadoc* Example*) :*

- Example.excludeNone() : ne pas exclure les valeurs nulles ou égales à zéro.
- Example.excludeProperty(string name) : exclure la propriété dont le nom est passé en paramètre.
- Example.excludeZeroes() : exclure les propriétés évaluées à zéro.

La simulation des jointures avec QBE se fait entité par entité. Si nous disposons d'instances exemples de Team, Coach et Player, nous devons donc construire la requête comme suit :

```
Criteria criteria = session.createCriteria(Team.class);
  criteria.add(Example.create(teamExample)
    .enableLike(MatchMode.ANYWHERE)
    .ignoreCase())
```

```
    .createCriteria("players","player")
      .add(Example.create(playerExample))
      .createCriteria("school")
        .add(Example.create(schoolExample));
 List result = criteria.list();
```

Nous créons une `Criteria` par entité exemple puis ajoutons le `Criterion` exemple.

Regardons de plus près la requête générée :

```
select this_.TEAM_ID as TEAM_ID2_, …
  player_.PLAYER_ID as PLAYER_ID0_, …
  x0__.SCHOOL_ID as SCHOOL_ID1_, …
from TEAM this_
  inner join PLAYER player_ on this_.TEAM_ID=player_.TEAM_ID
  inner join SCHOOL x0__ on player_.SCHOOL_ID=x0__.SCHOOL_ID
where (lower(this_.TEAM_NAME) like ?)
  and (player_.PLAYER_NAME=?
    and player_.PLAYER_NUMBER=?
    and player_.HEIGHT=?
    and player_.WEIGHT=?)
  and (x0__.SCHOOL_NAME=?)
```

Nous constatons une restriction sur les colonnes `HEIGHT` et `WEIGHT` de notre modèle de classes. Ces colonnes sont mappées à des propriétés de type `int`, qui ont donc `0` comme valeur par défaut.

Pour éviter de prendre en considération les propriétés de l'instance exemple qui n'auraient pas ces valeurs renseignées à zéro, nous devons modifier la requête en utilisant la méthode `excludeZeroes()` comme suit :

```
 Criteria criteria = session.createCriteria(Team.class);
 criteria.add(Example.create(teamExample)
   .enableLike(MatchMode.ANYWHERE).ignoreCase())
   .createCriteria("players","player")
     .add(Example.create(playerExample).excludeZeroes())
     .createCriteria("school")
       .add(Example.create(schoolExample));
 List result = criteria.list();
```

Avec une instance de `Player` dont les propriétés `height` et `weight` sont égales à `0`, la requête SQL générée est la suivante :

```
select this_.TEAM_ID as TEAM_ID2_, …
  player_.PLAYER_ID as PLAYER_ID0_, …
  x0__.SCHOOL_ID as SCHOOL_ID1_, …
from TEAM this_
  inner join PLAYER player_ on this_.TEAM_ID=player_.TEAM_ID
  inner join SCHOOL x0__ on player_.SCHOOL_ID=x0__.SCHOOL_ID
where (lower(this_.TEAM_NAME) like ?)
  and (player_.PLAYER_NAME=?)
  and (x0__.SCHOOL_NAME=?)
```

Les restrictions sur les colonnes WEIGHT et HEIGHT n'apparaissent que si les propriétés weight et height de l'instance de Player prise en exemple sont différentes de zéro.

Les requêtes SQL natives

L'utilisation de requêtes SQL en natif est utile lorsque vous avez besoin d'une requête optimisée au maximum et tirant parti des spécificités de votre base de données non prises en compte par la génération de code Hibernate.

En cas de portage d'une application existante en JDBC pur vers Hibernate, vous pouvez utiliser cette fonctionnalité pour limiter les charges de réécriture.

Syntaxe d'utilisation du SQL natif

L'exécution d'une requête en SQL natif se fait *via* session.createSQLQuery(), dont l'utilisation est relativement simple.

Considérons un premier exemple :

```
StringBuffer queryString = new StringBuffer();
queryString.append("select {team.*} ")
  .append("from TEAM team, COACH coach ")
  .append("where coach.COACH_NAME='CoachA' ")
  .append("and team.COACH_ID=coach.COACH_ID");
SQLQuery query = session.createSQLQuery(queryString.toString());
query.addEntity("team",Team.class);
List results = query.list();
```

Dans cet exemple, {team.*} est remplacé par l'ensemble des propriétés mappées de la classe définie en remplacement de l'alias "team", ici la classe Team. Pour chaque alias défini, vous devez spécifier la classe associée en invoquant addEntity(String alias, Class clazz).

Lorsque la clause Select est plus précise, la même logique est conservée :

```
StringBuffer queryString = new StringBuffer();
queryString.append("select {team.*}, ")
  .append("coach.COACH_ID as {coach.id}, ")
  .append("coach.BIRTHDAY as {coach.birthday}, ")
  .append("coach.HEIGHT as {coach.height}, ")
  .append("coach.WEIGHT as {coach.weight}, ")
  .append("coach.COACH_NAME as {coach.name} ")
  .append("from TEAM {team}, COACH {coach} ")
  .append("where coach.COACH_NAME='coachA' ")
  .append("and team.COACH_ID=coach.COACH_ID");
SQLQuery query = session.createSQLQuery(queryString.toString());
query.addEntity("team",Team.class);
query.addEntity("coach",Coach.class);

List results = query.list();
```

Si vous n'adoptez pas l'écriture {class.*}, vous devez impérativement lister l'ensemble des propriétés de la classe et des classes héritées que vous interrogez. En interrogeant deux tables dans la requête SQL (clause select), vous devez invoquer deux fois addEntity(String alias, Class clazz).

L'exécution de l'exemple précédent retourne un tableau d'objets (Object[]) contenant, pour chaque résultat, une instance de Team et une instance de Coach.

Externalisation des requêtes

Comme les requêtes standards, les requêtes SQL peuvent être externalisées.

La notation est la suivante :

```
<sql-query name="testNamedSQLQuery">
  <![CDATA[
    select {team.*},
      coach.COACH_ID as {coach.id},
      coach.BIRTHDAY as {coach.birthday},
      coach.HEIGHT as {coach.height},
      coach.WEIGHT as {coach.weight},
      coach.COACH_NAME as {coach.name}
    from TEAM {team}, COACH {coach}
    where coach.COACH_NAME='coachA'
      and team.COACH_ID=coach.COACH_ID
  ]]>
  <return alias="coach" class="Coach"/>
  <return alias="team" class="Team"/>
</sql-query>
```

En voici un exemple d'utilisation :

```
Query query = session.getNamedQuery("testNamedSQLQuery");
List results = query.list();
```

Options avancées d'interrogation

Nous allons achever cette section par la description d'options d'interrogation à utiliser dans des cas particuliers.

Instanciation dynamique

La session Hibernate scrute en permanence les objets qui lui sont attachés. Cela provoque un overhead estimé entre 5 et 10 %. Plus le nombre d'instances est important, plus cet overhead se fait ressentir.

Certaines requêtes, n'ont pour but que de restituer de l'information qui ne sera pas modifiée. Pour ces requêtes, il est possible d'instancier dynamiquement des objets grâce à la syntaxe select new() :

```
StringBuffer queryString = new StringBuffer();
queryString.append("Select new PlayerDTO(player.name, player.height) from Player player ");
Query query = session.createQuery(queryString.toString());
List result = query.list();
```

La classe `PlayerDTO` ne sert qu'à instancier des objets de transfert de données et n'est pas persistante. Pour autant, nous pouvons invoquer ses constructeurs à partir d'une requête HQL, ici `new PlayerDTO(String name, int height)`.

Trier les résultats

Il est possible de trier les résultats retournés par une requête.

En HQL, cela donne :

```
from Player player order by player.name desc
```

et, avec `Criteria` :

```
session.createCriteria(Player.class)
  .addOrder( Order.desc("name") )
```

Fonctions d'agrégation et groupe

Hibernate supporte les fonctions d'agrégation `count()`, `min()`, `max()`, `sum()` et `avg()`.

La requête suivante retourne la valeur moyenne de la propriété `height` pour les instances de `Player` :

```
StringBuffer queryString = new StringBuffer();
queryString.append("Select avg(player.height) from Player player ");
Query query = session.createQuery(queryString.toString());
List result = query.list();
```

Les fonctions d'agrégation sont généralement appelées sur un groupe d'enregistrements.

Si vous souhaitez obtenir la valeur moyenne de la propriété `height` des instances de `Player` groupées par équipe, vous devez modifier la requête de la façon suivante :

```
StringBuffer queryString = new StringBuffer();
queryString.append("Select avg(player.height) ")
  .append("from Team team join team.players player ")
  .append("group by team");
Query query = session.createQuery(queryString.toString());
List result = query.list();
```

Vous pouvez aussi définir une restriction sur un groupe avec l'expression `having` :

```
queryString.append("Select avg(player.height) ")
  .append("from Team team join team.players player ")
  .append("group by team ")
  .append("having count(player) >5");
Query query = session.createQuery(queryString.toString());
```

Cette fois, la requête ne s'effectue que sur les instances de Team possédant au moins 5 éléments dans leur collection players.

Pour information, voici la requête SQL générée :

```
select avg(players1_.HEIGHT) as col_0_0_
from TEAM team0_
  inner join PLAYER players1_ on team0_.TEAM_ID=players1_.TEAM_ID
group by  team0_.TEAM_ID
  having (count(players1_.PLAYER_ID)>5 )
```

Les requêtes imbriquées

Hibernate supporte l'écriture de sous-requêtes dans la clause where. Cette écriture n'est toutefois possible que pour les bases de données supportant les sous-requêtes, ce qui n'est pas toujours le cas.

Une telle sous-requête s'écrirait en HQL :

```
StringBuffer queryString = new StringBuffer();
queryString.append("from Team team ")
   .append("where :height = ")
   .append(" (select max(player.height) from team.players player)");
Query query = session.createQuery(queryString.toString());
```

Cette requête renvoie les instances de Team qui possèdent un élément dans la collection players dont la propriété height de plus haute valeur est égale au paramètre nommé :height.

Lorsque la sous-requête retourne plusieurs résultats, vous pouvez utiliser les écritures suivantes :

- all : l'ensemble des résultats doit vérifier la condition.

- any : au moins un des résultats doit vérifier la condition ; some et in sont des synonymes d'any.

La pagination (*Criteria* et *Query*)

Lorsqu'une recherche peut retourner des centaines de résultats et que ces résultats sont voués à être restitués à l'utilisateur sur une vue, il peut être utile de disposer d'un système de pagination.

Il existe des composants de pagination au niveau des vues. La bibliothèque displayTag, par exemple, contient un ensemble de fonctionnalités intéressantes, dont la pagination *(http://www.displaytag.org/index.jsp)*.

La figure 5.15 illustre un exemple d'utilisation de `displayTag`.

Figure 5.15
Exemple de pagination d'une vue (source www.displaytag.org)

120 items found, displaying 1 to 10.
[First/Prev] **1**, 2, 3, 4, 5, 6, 7, 8 [Next/Last]

ID	Name	Email	Status
87397	Invidunt Voluptua	invidunt-voluptua@et.com	DOLORES
5229	Nonumy Et	nonumy-et@tempor.com	ET
68703	Erat Ipsum	erat-ipsum@At.com	ET
98988	No Dolore	no-dolore@et.com	JUSTO
61200	Kasd Et	kasd-et@Stet.com	TAKIMATA
36042	Ipsum At	ipsum-At@At.com	EA
64441	Diam At	diam-At@diam.com	TAKIMATA
63190	Sanctus Et	sanctus-et@diam.com	JUSTO
12543	Voluptua Et	voluptua-et@dolore.com	LABORE
32762	Erat Diam	erat-diam@gubergren.com	TAKIMATA

La pagination au niveau de la couche de persistance peut s'effectuer *via* les interfaces `Query` ou `Criteria` :

```
Criteria criteria = session.createCriteria(Team.class);
criteria.setFirstResult(10)
   .setMaxResults(20);
List result = criteria.list();
Query query = session.createQuery("from Team team");
query.setFirstResult(10)
   .setMaxResults(20);
List result = query.list();
```

Pour assurer cette fonctionnalité, Hibernate tire parti de principes spécifiques de la base de données utilisée. Par exemple, sous HSQLDB, il utilise `limit` comme ci-dessous :

```
select limit ? ? this_.TEAM_ID as TEAM_ID0_,
  this_.TEAM_NAME as TEAM_NAME2_0_, this_.COACH_ID as COACH_ID2_0_
from TEAM this_
```

En résumé

Avec Hibernate, les moyens de récupérer les objets sont variés. Le HQL est un langage complet, qui permet au développeur de raisonner entièrement selon une logique objet. Certains préféreront l'aspect programmatique de l'API `Criteria`. `Criteria` ayant subi un enrichissement considérable, n'hésitez pas à consulter le guide de référence pour profiter de ces nouveautés.

Gardez à l'idée que la maîtrise du chargement des graphes d'objets que vous manipulerez vous permettra d'optimiser les performances de vos applications.

Conclusion

Vous avez vu dans ce chapitre que la définition de la stratégie de chargement par défaut s'effectuait au niveau des fichiers de mapping et que cette stratégie par défaut pouvait être surchargée à l'exécution.

Hibernate propose plusieurs fonctionnalités pour récupérer les entités. Les développeurs qui apprécient l'écriture programmatique choisiront `Criteria`, tandis que ceux qui assimilent facilement les pseudo-langages adopteront et apprécieront toute la souplesse et la puissance du langage HQL.

Il est désormais temps de s'intéresser aux opérations d'écriture des entités, que ce soit en création, modification ou suppression. C'est l'objet du chapitre 6.

6

Création, modification et suppression d'instances persistantes

Le chapitre 5 a décrit en détail les méthodes de récupération d'instances persistantes. Une fois une instance récupérée et présente dans une session, cette dernière peut être modifiée, supprimée ou détachée. Il est même possible de créer de nouvelles instances de vos classes persistantes.

Ces différentes opérations nécessitent une maîtrise des fichiers de mapping, ainsi que des services rendus par la session. Dans un contexte plus global d'application, il est en outre nécessaire de maîtriser le principe de transaction et d'être conscient des problématiques d'accès concourants.

Vous verrez dans le présent chapitre comment agir sur la propagation de votre modèle d'instances vers la base de données et traiter le problème plus global des accès concourants.

Persistance d'un réseau d'instances

La création, la modification et la suppression d'instances de classes persistantes engendrent une écriture en base de données, respectivement sous la forme d'INSERT, d'UPDATE et de DELETE SQL. Nous avons vu qu'Hibernate permettait de modéliser un modèle de classes riche *via* l'héritage et les associations.

Un réseau d'instances de classes persistantes, ou graphe d'objets, est défini par un modèle de classes et est configuré dans des fichiers de mapping. Les associations reprennent les liens qui existent entre les tables, liens qui sont exploités lors de la récupération des objets. Nous allons analyser l'impact des fichiers de mapping sur la persistance même des instances des classes persistantes constituant un réseau d'objets.

Nous allons travailler avec le diagramme de classes de la figure 6.1, en respectant ses cardinalités et navigabilités.

Figure 6.1

Diagramme de classes test

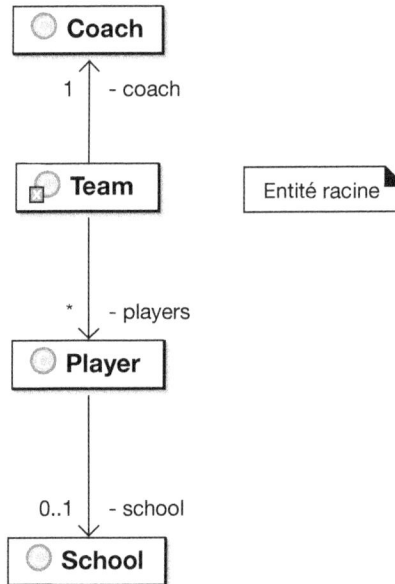

La classe Team se démarque nettement sur le diagramme puisque les navigabilités la désignent naturellement comme classe racine de notre réseau d'objets.

Dans vos applications, il n'y aura pas forcément une seule classe racine. Selon vos cas d'utilisation, un même graphe d'objets pourra être manipulé depuis telle ou telle instance d'une classe du modèle. Comment les références entre les instances sont-elles gérées et comment se répercutent-elles en base de données ? Nous verrons que le paramètre de mapping cascade fournit la réponse à ces questions dites de *persistance transitive.*

Commençons par rappeler le cycle de vie des instances dans le cadre d'une solution de persistance *(voir figure 6.2).*

Une instance persistante est une instance de classe persistante. Elle est surveillée par la session, qui a en charge de synchroniser l'état des instances persistantes avec la base de données. Si une instance sort du scope de la session, elle est dite *détachée.* Une instance de classe persistante nouvellement instanciée est dite *transiente.*

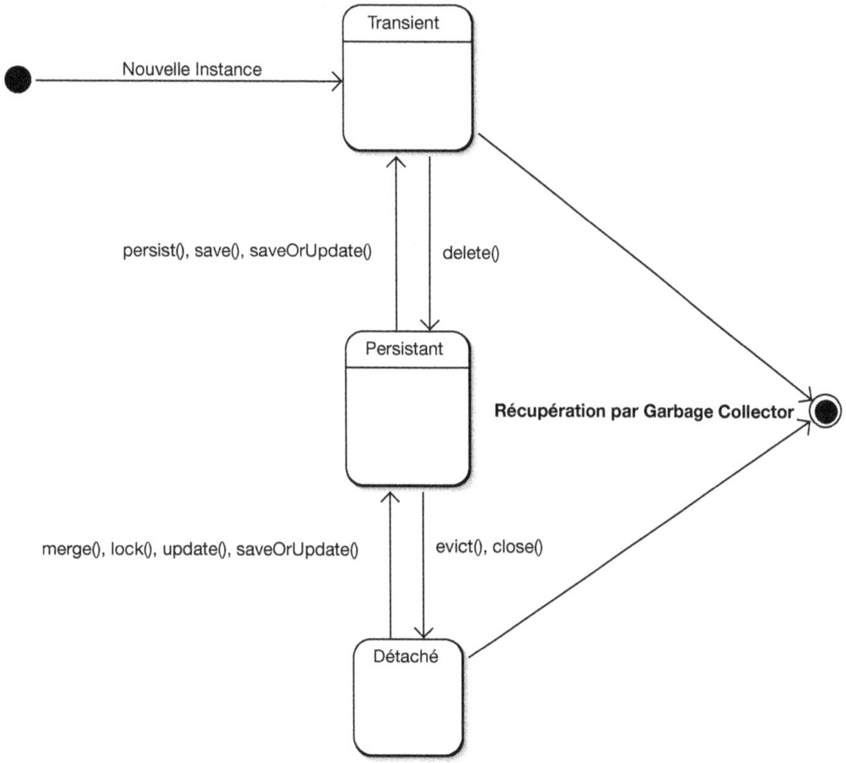

Figure 6.2

*Cycle de vie
d'une instance
de classe persistante*

Persistance explicite et manuelle d'objets nouvellement instanciés

Jusqu'à présent, nous n'avons vu aucune information relative à la gestion de nouvelles instances de classe persistante. Par défaut, nos fichiers de mapping sont constitués comme suit :

Mapping de `Team` :

```
<hibernate-mapping package="com.eyrolles.sportTracker.model">
  <class name="Team" table="TEAM" >
    <id name="id" column="TEAM_ID">
      <generator class="native"/>
    </id>
    <property name="name" column="TEAM_NAME"/>
    <many-to-one name="coach" class="Coach" column="COACH_ID" />
    <set name="players" inverse="false" fetch="select">
      <key column="TEAM_ID" />
      <one-to-many class="Player" />
    </set>
    ...
```

```
</class>
</hibernate-mapping>
```

Mapping de `Coach` : du fait de la navigabilité de notre diagramme de classes, aucune association particulière n'est définie dans ce fichier.

Mapping de `Player` :

```
<hibernate-mapping package="com.eyrolles.sportTracker.model">
  <class name="Player" table="PLAYER" lazy="true">
    <id name="id" column="PLAYER_ID">
      <generator class="native"/>
    </id>
...
    <many-to-one column="SCHOOL_ID" name="school"  class="School"
      fetch="select" />
...
  </class>
</hibernate-mapping>
```

Mapping de `School` : comme pour `Coach`, du fait de la navigabilité de notre diagramme de classes, aucune association particulière n'est définie dans ce fichier.

A priori, aucune indication n'est déclarée sur la propagation éventuelle des modifications d'une instance racine vers le reste d'un réseau d'objets. Voyons comment rendre persistantes ces nouvelles instances.

Persistance d'objets nouvellement instanciés

L'attribut `cascade` peut être défini sur chaque association, et donc sur chaque type de collection. Il prend comme valeur par défaut `none` (aucun). Les fichiers de mapping décrits ci-dessus ont donc l'attribut `cascade` positionné à `none`.

De ce fait, la persistance de nouvelles instances se fait entité par entité, comme le montre l'exemple de code suivant :

```
...
Team team = new Team("cascade test team");
Player player = new Player ("cascade player test");
School school = new School ("cascade school test");
Coach coach= new Coach ("cascade test coach");
player.setSchool(school);
team.addPlayer(player);
team.setCoach(coach);
Session session = HibernateUtil.getSession();
Transaction tx=null;
tx = session.beginTransaction();
session.persist(team);
session.persist(coach);
session.persist(school);
session.persist(player);
tx.commit();
```

```
session.close();
…
```

L'invocation de la méthode `persist()` de `session` est réalisée en passant successivement en paramètre chacune des entités composant le graphe d'objets.

Les traces en sortie sont intéressantes :

```
insert into COACH (COACH_NAME, BIRTHDAY, HEIGHT, WEIGHT, COACH_ID) values (?, ?, ?, ?,
null)
call identity()
insert into TEAM (TEAM_NAME, COACH_ID, TEAM_ID) values (?, ?, null)
call identity()
insert into PLAYER (PLAYER_NAME, PLAYER_NUMBER, BIRTHDAY, HEIGHT, WEIGHT, SCHOOL_ID,
PLAYER_ID) values (?, ?, ?, ?, ?, ?, null)
call identity()
insert into SCHOOL (SCHOOL_NAME, SCHOOL_ID) values (?, null)
call identity()
update PLAYER set PLAYER_NAME=?, PLAYER_NUMBER=?, BIRTHDAY=?, HEIGHT=?, WEIGHT=?,
SCHOOL_ID=? where PLAYER_ID=?
update PLAYER set TEAM_ID=? where PLAYER_ID=?
```

Remarquons l'appel à la procédure `identity()` de HSQLDB. Sous Oracle, nous aurions la récupération du numéro suivant d'une séquence donnée puis les insertions dans les tables respectives.

À première vue, la mise à jour sur la table `PLAYER` peut paraître étonnante, puisqu'elle s'opère sur la totalité des colonnes, alors que seule la colonne `SCHOOL_ID` a besoin d'être mise à jour afin de rendre persistante la référence de l'instance `school` par l'instance `player` (`player.setSchool(school)`).

Une mise à jour sur toutes les colonnes d'un enregistrement n'est pas moins performante que celle d'une seule colonne. Il est cependant un cas où ce comportement précédent peut poser problème : lorsque la mise à jour d'une colonne particulière déclenche un *trigger* en base de données. Dans ce cas, il est possible de paramétrer une mise à jour dynamique au niveau du fichier de mapping. Les attributs à déclarer sont `dynamic-update` et `dynamic-insert`, par défaut réglés à `false`.

Modifions notre fichier de mapping de la classe `Player` :

```xml
<hibernate-mapping package="com.eyrolles.sportTracker.model">
  <class name="Player" table="PLAYER" lazy="true"
    dynamic-update="true" dynamic-insert="true" >
    <id name="id" column="PLAYER_ID">
      <generator class="native"/>
    </id>
    …
    <many-to-one column="SCHOOL_ID" name="school"  class="School"
      fetch="select" />
    …
  </class>
</hibernate-mapping>
```

En rejouant le test précédent, les traces de sortie ne sont plus les mêmes :

```
insert into COACH (COACH_NAME, BIRTHDAY, HEIGHT, WEIGHT, COACH_ID) values (?, ?, ?, ?,
null)
call identity()
insert into TEAM (TEAM_NAME, COACH_ID, TEAM_ID) values (?, ?, null)
call identity()
insert into PLAYER (PLAYER_NAME, PLAYER_NUMBER, HEIGHT, WEIGHT, PLAYER_ID) values (?, ?,
?, ?, null)
call identity()
insert into SCHOOL (SCHOOL_NAME, SCHOOL_ID) values (?, null)
call identity()
update PLAYER set SCHOOL_ID=? where PLAYER_ID=?
update PLAYER set TEAM_ID=? where PLAYER_ID=?
```

La mise à jour sur la table PLAYER ne comprend cette fois que la colonne SCHOOL_ID.

Il est légitime de se demander pourquoi l'insertion comprend les colonnes PLAYER_NUMBER, HEIGHT et WEIGHT alors même que le code n'a pas défini leur valeur et que le paramètre dynamic-insert="true". Ces colonnes sont en fait mappées à des propriétés de type int, dont la valeur par défaut est 0, et il faut rendre persistante cette valeur 0.

Exemple de code maladroit

La persistance manuelle de chaque entité peut paraître laborieuse, surtout si vous manipulez un large réseau d'entités. Que se passe-t-il si un objet référencé par une instance qui sera rendue persistante n'est pas lui-même rendu explicitement persistant ?

Pour répondre à cette question, il est intéressant de tester le code suivant :

```
...
Team team = new Team("cascade test team");
Player player = new Player ("cascade player test");
School school = new School ("cascade school test");
Coach coach= new Coach ("cascade test coach");
player.setSchool(school);
team.addPlayer(player);
team.setCoach(coach);
Session session = HibernateUtil.getSession();
Transaction tx=null;
tx = session.beginTransaction();
session.persist(team);
//session.persist(coach);
session.persist(school);
session.persist(player);
tx.commit();
session.close();
...
```

Ce code est identique à celui du test précédent, à l'exception de la mise en commentaire de session.persist(coach). En demandant à la session Hibernate de rendre persistante l'instance team, nous lui demandons aussi de veiller à la cohérence de la référence entre l'instance team et l'instance coach. Or l'instance coach n'est pas rendue persistante volontairement.

Ce code soulève donc une TransientObjectException, comme le montrent les traces suivantes :

```
org.hibernate.TransientObjectException: object references an unsaved transient instance
- save the transient instance before flushing: com.eyrolles.sportTracker.model.Coach
```

La trace est on ne peut plus claire : compte tenu de notre configuration de mapping, la session Hibernate exige que toutes les entités mappées référencées par l'entité racine soient rendues explicitement persistantes.

Nous allons montrer comment rendre persistant un réseau d'instances depuis une entité racine et éviter ainsi de traiter les instances une à une.

Persistance par référence d'objets nouvellement instanciés

La configuration de l'attribut cascade permet de simplifier le code tout en poussant davantage la logique objet. Lorsque vous travaillez avec une entité racine et que vous faites référence à d'autres nouvelles instances *via* les différents types d'associations, vous pouvez propager l'ordre de persistance à toutes les associations.

Nous allons enrichir notre diagramme de classes *(voir figure 6.3)* afin de documenter les comportements que nous souhaitons voir propager en cascade.

Figure 6.3

Documentation des comportements en cascade

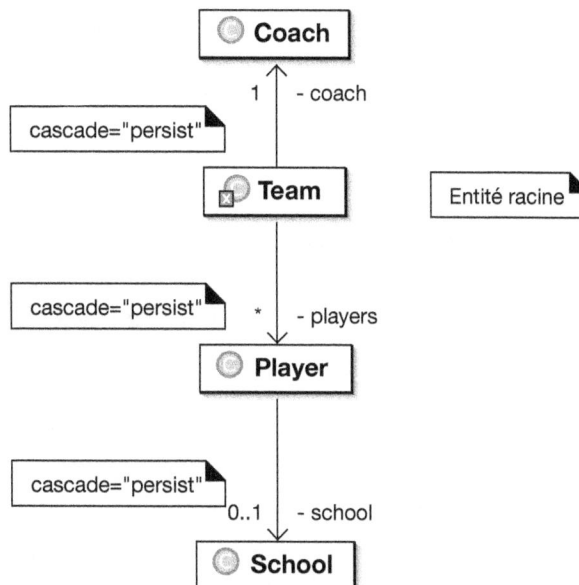

Au niveau des fichiers de mapping, seules les classes Team et Player régissent les associations. Nous allons les modifier afin de leur apporter la définition de cascade.

Mapping de Team :

```
<hibernate-mapping package="com.eyrolles.sportTracker.model">
  <class name="Team" table="TEAM" >
    <id name="id" column="TEAM_ID">
      <generator class="native"/>
    </id>
    <property name="name" column="TEAM_NAME"/>
    <many-to-one name="coach" class="Coach" column="COACH_ID"
      cascade="persist"/>
    <set name="players" inverse="false" fetch="select" cascade="persist">
      <key column="TEAM_ID" />
      <one-to-many class="Player" />
    </set>
...
</class>
</hibernate-mapping>
```

Mapping de Coach : du fait de la navigabilité de notre diagramme de classes, aucune association particulière n'est définie dans ce fichier.

Mapping de Player :

```
<hibernate-mapping package="com.eyrolles.sportTracker.model">
  <class name="Player" table="PLAYER" lazy="true"
    dynamic-update="true" dynamic-insert="true" >
    <id name="id" column="PLAYER_ID">
      <generator class="native"/>
    </id>
...
    <many-to-one column="SCHOOL_ID" name="school"  class="School"
      fetch="select" cascade="persist" />
...
  </class>
</hibernate-mapping>
```

Mapping de School : même chose que pour Coach.

Avec une telle configuration, la demande de persistance *via* session.persist(rootInstance) va se propager à l'ensemble du réseau d'objets.

Nous pouvons donc simplifier l'écriture comme suit :

```
...
Team team = new Team("cascade test team");
Player player = new Player ("cascade player test");
School school = new School ("cascade school test");
Coach coach= new Coach ("cascade test coach");
player.setSchool(school);
team.addPlayer(player);
```

```
team.setCoach(coach);
Session session = HibernateUtil.getSession();
Transaction tx=null;
tx = session.beginTransaction();
session.persist(team);
//session.persist(coach);
//session.persist(school);
//session.persist(player);
tx.commit();
session.close();
…
```

L'invocation de session.persist() avec en arguments les entités associées (instances de Player, School et Coach) n'est plus utile.

Le paramétrage de cascade se faisant association par association, il est probable que, selon les cas d'utilisation, des demandes manuelles de persistance d'entités seront mêlées au traitement en cascade.

Vous pouvez aussi utiliser la méthode session.save() au lieu de session.persist(), les deux offrant les mêmes services. session.save() génère d'abord l'id puis effectue l'insertion en base de données au flush suivant, tandis que session.persist() fait les deux dans la foulée.

Modification d'instances persistantes

Contrairement aux objets nouvellement instanciés, les instances persistantes possèdent déjà leur image dans la source de données.

Il est cependant important de distinguer deux cas :

- L'instance persistante est présente dans la session Hibernate : l'instance est dite *attachée*.
- L'instance persistante n'est pas dans la session : elle est dite *détachée*.

Selon le cas considéré, les opérations à effectuer sont différentes.

Cas des instances persistantes attachées

Nous avons vu que, pour un réseau d'objets nouvellement instanciés, la persistance dépendait de la configuration de l'attribut cascade sur les associations.

Les utilisateurs qui se sentent plus à l'aise avec le monde relationnel qu'avec la logique objet ont tendance à recourir aux appels SQL avant d'associer ces appels à des opérations sur la session Hibernate. Par exemple, certains associent automatiquement la notion de persistance de nouvelles instances *via* session.save(obj) ou session.save(obj) à un INSERT SQL. En toute logique, l'appel de session.update(obj) équivaut en ce cas à un UPDATE SQL. Par voie de conséquence, lorsque ces utilisateurs souhaitent un UPDATE SQL en base de données, ils invoquent un session.update(obj).

Il s'agit là malheureusement d'une erreur, qui complexifie l'utilisation d'Hibernate pour les instances attachées. Tant qu'une instance est attachée à une session Hibernate, elle est surveillée. La moindre modification d'une propriété persistante est donc remarquée par la session, laquelle fait le nécessaire pour synchroniser en toute transparence la base de données avec l'état des objets qu'elle contient.

La synchronisation s'effectue par le biais d'une opération nommée *flush*. La surveillance des objets par la session est appelée *dirty checking,* et une instance modifiée est dite *dirty,* autrement dit « sale ». La synchronisation entre la session et la base de données est définitive une fois la transaction sous-jacente validée.

Cas des instances persistantes détachées

Tant que les instances persistantes sont attachées à une session, la propagation des modifications en base de données est totalement transparente. Selon votre application, vous pouvez avoir besoin de détacher ces instances pour les envoyer, par exemple, vers un autre tiers. Dans ce cas, l'instance n'est plus surveillée, et il faut un mécanisme pour réassocier une instance à une session, qui aura la charge de propager les modifications *potentielles* vers la base de données. Le mot potentiel a ici un impact important sur la suite du processus.

Dès que vous travaillez avec un réseau d'instances détachées, les opérations que vous effectuez suivent la même logique que la gestion d'objets nouvellement instanciés : il vous faut paramétrer le comportement souhaité *via* l'attribut cascade dans les fichiers de mapping.

La figure 6.4 donne un exemple de détachement d'objet.

La première étape consiste en l'alimentation dynamique d'une vue par les objets récupérés *via* une session Hibernate. Selon les patterns de développement, les objets sont détachés au plus tard une fois la vue rendue. Il est important de noter que si votre réseau d'objets contient des proxy non initialisés, ceux-ci restent proxy et ne sont en aucun cas remplacés par null. Si vous accédez à un proxy alors qu'il est détaché de la session, une exception est soulevée.

L'utilisateur peut ensuite interagir avec les objets et, surtout, modifier les valeurs de certaines de leurs propriétés, par exemple, en remplissant un formulaire. L'envoi du formulaire schématise le parcours, depuis la couche vue jusqu'à la couche contrôleur, des objets à détacher.

La dernière étape consiste à rendre persistantes les modifications éventuelles. Cela implique le réattachement du réseau d'objets à une session Hibernate.

Les sections qui suivent détaillent les différents moyens d'associer des objets détachés à une nouvelle session.

☞ Réattacher une instance non modifiée

Si vous êtes certain qu'une instance n'a pas été modifiée mais que vous souhaitiez travailler avec elle, potentiellement pour la modifier ou charger des proxy, utilisez session.lock(object).

Figure 6.4

*Processus
de détachement
d'instances*

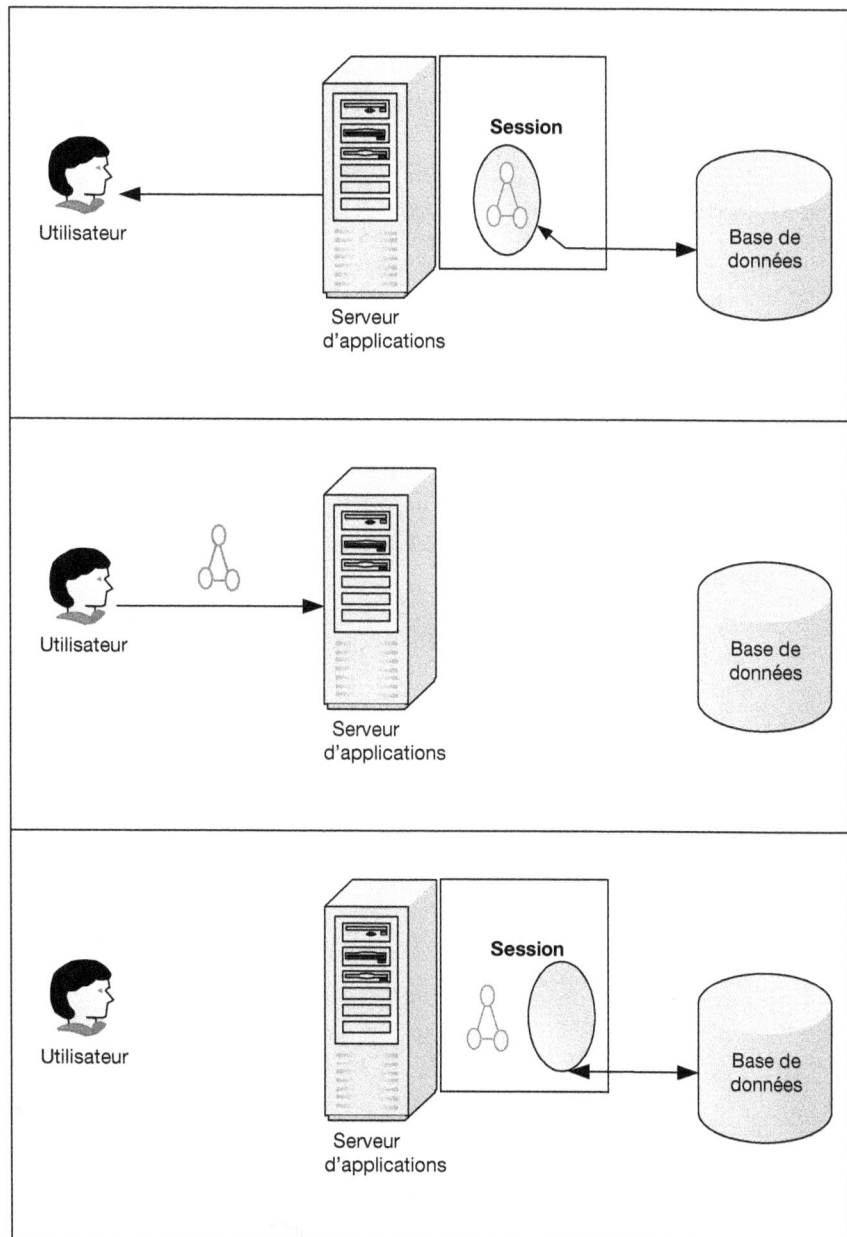

Le code suivant simule un détachement puis un réattachement :

```
// phase de détachement
Session session = HibernateUtil.getSession();
Transaction tx = session.beginTransaction();
```

```
Team detachedTeam = (Team)session.get(Team.class,new Long(1));
tx.commit();
HibernateUtil.closeSession();
// detachedTeam est détâchée


// phase de réattachement
session = HibernateUtil.getSession();
tx = session.beginTransaction();
session.lock(detachedTeam, LockMode.NONE);
assertTrue(session.contains(detachedTeam));
tx.commit();
HibernateUtil.closeSession();
```

Une fois l'entité attachée, vous pouvez travailler avec les fonctionnalités offertes par la session, comme le chargement à la demande des proxy ou la surveillance et la propagation en base de données des modifications apportées à l'instance.

lock(object) attache non seulement l'instance mais permet d'obtenir un verrou sur l'objet. Il prend en second paramètre un LockMode. Les différents types de LockMode sont récapitulés au tableau 6.1.

Tableau 6.1. Les différents *LockMode*

LockMode	*Select* pour vérification de version	Verrou (si supporté par la bdd)
NONE	Non	Aucun
READ	Select…	Aucun, mais permet une vérification de version.
UPGRADE	Select… for update	Si un accès concourant est effectué avant la fin de la transaction, il y a gestion d'une file d'attente.
UPGRADE_NOWAIT	Select… for update nowait	Si un accès concourant est effectué avant la fin de la transaction, une exception est soulevée.

Réattacher une instance modifiée

Si votre instance a pu être modifiée, vous pouvez invoquer session.update(object) ou session.merge(object).

Invocation de session.update(object) :

```
// phase de détachement
Session session = HibernateUtil.getSession();
Transaction tx = session.beginTransaction();
Team detachedTeam = (Team)session.get(Team.class,new Long(1));
tx.commit();
HibernateUtil.closeSession();
// detachedTeam est détâchée

// phase de modification
detachedTeam.setName("nouveau nom");
```

```
// phase de réattachement
session = HibernateUtil.getSession();
tx = session.beginTransaction();
session.update(detachedTeam);

// qui est attaché à la session ?
assertTrue(session.contains(detachedTeam));
tx.commit();
HibernateUtil.closeSession();
```

L'invocation de la méthode `update(object)` produit une mise à jour instantanée en base de données. L'UPDATE SQL étant global, l'instance est liée à la session. L'inconvénient est que l'UPDATE SQL est réalisé même si l'instance n'a pas été modifiée lorsqu'elle a été détachée.

Invocation de `session.merge(object)` :

```
// phase de détachement
Session session = HibernateUtil.getSession();
Transaction tx = session.beginTransaction();
Team detachedTeam = (Team)session.get(Team.class,new Long(1));
tx.commit();
HibernateUtil.closeSession();
// detachedTeam est détâchée

// phase de modification
detachedTeam.setName("nouveau nom");

// phase de réattachement
session = HibernateUtil.getSession();
tx = session.beginTransaction();
Team persistedTeam = (Team) session.merge(detachedTeam);

// qui est attaché à la session ?
assertFalse(session.contains(detachedTeam));
assertTrue(session.contains(persistedTeam));
tx.commit();
HibernateUtil.closeSession();
```

Contrairement à ce qui se produit avec `session.update(object)`, l'instance détachée passée en paramètre n'est pas liée à la session suite à l'invocation de la méthode. `session.merge(object)` propage les modifications en base de données et retourne une instance persistante. Par contre, l'instance passée en paramètre reste détachée.

Les traces de sortie montrent que la méthode `session.merge(object)` effectue un SELECT sur l'entité passée en paramètre afin de s'assurer qu'un UPDATE SQL est réellement nécessaire. Cela présente l'avantage d'éviter un UPDATE SQL non nécessaire et évite notamment le déclenchement de probables triggers en base de données. L'inconvénient de ce SELECT est qu'il génère un aller-retour supplémentaire avec la base de données, ce qui peut pénaliser les performances selon les cas d'utilisation.

D'Hibernate 2 à Hibernate 3

Dans Hibernate 3, `session.merge(object)` est équivalent au `session.saveOrUpdate-Copy(object)` dans Hibernate 2.

☞ Éviter un update inutile avec *session.update(object)*

Pour éviter un update non nécessaire *via* la méthode `session.update(object)`, il faut modifier le fichier de mapping et ajouter le paramètre `select-before-update="true"` :

```
<hibernate-mapping package="com.eyrolles.sportTracker.model">
  <class select-before-update="true" name="Team" table="TEAM" >
    <id name="id" column="TEAM_ID">
      <generator class="native"/>
    </id>
    <property name="name" column="TEAM_NAME"/>
...
  </class>
</hibernate-mapping>
```

L'invocation de la méthode provoque un SELECT, qui permet de vérifier si des modifications ont été effectuées, évitant ainsi un UPDATE SQL inutile.

La portée de l'attribut `select-before-update` étant la classe, prenez garde aux associations.

Suppression d'instances persistantes

La suppression d'une instance persistante se réalise grâce à la méthode `session.delete(object)`.

La suppression d'une seule instance ne soulevant pas de difficulté, nous n'en donnons pas d'exemple. Attardons-nous en revanche sur la suppression d'un réseau d'objets, comme celui illustré à la figure 6.3.

Suppression d'une instance ciblée

Sans paramètre de cascade relatif à la suppression d'une instance, le code suivant :

```
Transaction tx = session.beginTransaction();
Team team = (Team)session.get(Team.class,new Long(1));
session.delete(team);
tx.commit();
```

engendre les ordres SQL suivants :

```
update PLAYER set TEAM_ID=null where TEAM_ID=?
update GAME set TEAM_ID=null where TEAM_ID=?
delete from TEAM where TEAM_ID=?
```

Il s'agit du cas de figure le plus simple, qui respecte une contrainte d'indépendance entre les objets formant un réseau. L'enregistrement correspondant à l'entité est supprimé, et ses références dans d'autres tables (clés étrangères) sont mises à `null`.

Suppression en cascade

Nous pourrions imaginer un cas d'utilisation dans lequel la disparition d'une instance de `Team` engendrerait obligatoirement la suppression de l'instance de `Coach` associée ainsi que des instances de `Player` contenues dans la collection `team.players`.

Dans un tel cas, les fichiers de mapping devraient contenir le paramétrage `cascade="delete"` suivant :

```
<hibernate-mapping package="com.eyrolles.sportTracker.model">
  <class name="Team" table="TEAM" >
  <id name="id" column="TEAM_ID">
    <generator class="native"/>
  </id>
  <many-to-one name="coach" class="Coach" column="COACH_ID"
    cascade="delete"/>
  <set name="players" inverse="false" fetch="select"
    cascade="delete">
    <key column="TEAM_ID" />
    <one-to-many class="Player" />
  </set>
  …
</class>
</hibernate-mapping>
```

Avec un tel paramétrage, le code précédent engendrerait la suppression des instances de `Player` présentes dans la collection `team.players` ainsi que l'instance de `Coach` associée.

Suppression des orphelins

Une instance est dite *orpheline* lorsqu'elle n'est plus référencée par son entité parente. Cette définition se vérifie lorsque le lien d'association entre deux entités est fort. Par exemple, dans un système de commerce, si vous enlevez une ligne de commande à sa commande, elle n'a plus de raison d'exister.

Prenez garde toutefois qu'il existe une différence importante entre les deux actions suivantes :

• Si vous supprimez la commande, vous supprimez les lignes de commande (`cascade="delete"` classique).

• Si une ligne de commande n'est plus associée à une commande, la ligne ne doit plus exister. Dans ce cas, la commande continue sa vie, mais la ligne est orpheline.

Reprenons notre modèle de classes. Nous allons spécifier que si une instance de `Player` est extraite de la collection `team.players`, cette instance doit être supprimée.

Pour implémenter ce comportement, nous utilisons le paramétrage cascade="delete-orphan" :

```xml
<hibernate-mapping package="com.eyrolles.sportTracker.model">
  <class name="Team" table="TEAM" >
    <id name="id" column="TEAM_ID">
      <generator class="native"/>
    </id>
    <set name="players" inverse="false" fetch="select"
      cascade="all-delete-orphan">
      <key column="TEAM_ID" />
      <one-to-many class="Player" />
    </set>
...
</class>
</hibernate-mapping>
```

Cette configuration nous permet de propager en base de données les actions menées directement sur les collections.

Le code suivant engendre la suppression de l'enregistrement dans la table PLAYER :

```java
Transaction tx = session.beginTransaction();
Team team = (Team)session.get(Team.class,new Long(1));
Player player = (Player)team.getPlayers().iterator().next();
team.removePlayer(player);
tx.commit();
```

Règles pour la suppression des orphelins

Si vous avez une association one-to-many bidirectionnelle (inverse="true" dans la déclaration de la collection), vous pouvez utiliser cascade="delete-orphan". Si votre association n'est pas bidirectionnelle (inverse="false" dans la déclaration de la collection), utilisez cascade="all-delete-orphan" ou cascade="save-update, delete-orphan".

Il existe un cas particulier pour lequel la notion d'orphelin est inadaptée. Il s'agit du cas où un élément de collection pourrait être supprimé et injecté dans la collection d'un autre parent. Ce cas est illustré à la figure 6.5.

En utilisant notre modèle de classes, nous pouvons reproduire ce principe avec le code suivant :

```java
Transaction tx = session.beginTransaction();
Team team1 = (Team)session.get(Team.class,new Long(1));
Team team2 = (Team)session.get(Team.class,new Long(2));
Player player = (Player)team1.getPlayers().iterator().next();
team1.removePlayer(player);
team2.addPlayer(player);
tx.commit();
```

Figure 6.5

Mouvement
d'un élément
d'une collection

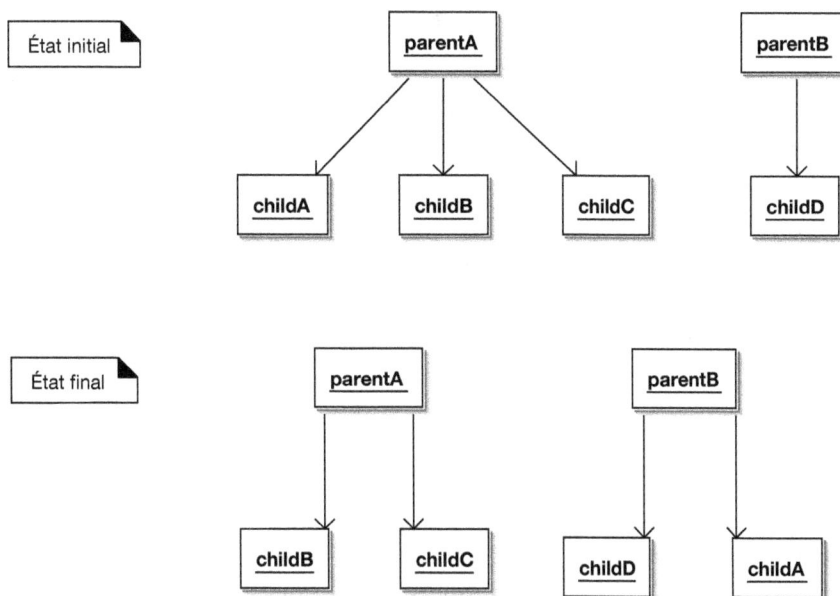

L'utilisation du mode `cascade="delete-orphan"` n'est pas adaptée à ce genre de situation, car il soulève l'exception suivante :

```
org.hibernate.ObjectDeletedException:  deleted  object  would  be  re-saved  by  cascade
(remove     deleted     object     from     associations):     1,     of     class:
com.eyrolles.sportTracker.model.Player
at org.hibernate.impl.SessionImpl.forceFlush(SessionImpl.java:735)
at
org.hibernate.event.DefaultSaveOrUpdateEventListener.entityIsTransient(DefaultSaveOrUpd
ateEventListener.java:156)
at
org.hibernate.event.DefaultSaveOrUpdateEventListener.performSaveOrUpdate(DefaultSaveOrU
pdateEventListener.java:91)
at
org.hibernate.event.DefaultSaveOrUpdateEventListener.onSaveOrUpdate(DefaultSaveOrUpdate
EventListener.java:64)
at org.hibernate.impl.SessionImpl.saveOrUpdate(SessionImpl.java:616)
```

Il convient d'opérer manuellement l'action de suppression lorsque votre application propose ce genre de cas d'utilisation.

En résumé

Le tableau 6.2 récapitule les traitements susceptibles d'être appliqués à une instance ainsi que les paramétrages possibles de `cascade`. Rappelons que le terme Java *transient* est simplement l'inverse de *persistant*.

Tableau 6.2. Traitements applicables à une instance

Traitement	Méthode sur la session	Paramètre de cascade	Remarque
Rendre un objet transient persistant	session.persist(obj) session.save(obj)	persist save-update	save génère l'id immédiatement puis diffère l'insert alors que persist exécute les deux dans la foulée.
Si l'objet est transient, retourner une copie persistante. S'il n'est que détaché, propager les modifications (si nécessaire) en bdd et retourner l'instance persistante.	session.merge(obj)	merge	Pour restreindre les colonnes mises à jour en base de données, utiliser select-before-update="true"
Attacher une instance détachée non modifiée	session.lock(obj,lockmode)	lock	Se référer aux différents LockMode possibles
Poser un verrou sur l'instance persistante	session.lock(obj,lockmode)	lock	
Attacher une instance persistante détachée modifiée et propager les modifications	session.update(obj)	save-update	Voir merge ci-dessus
Si l'objet est transient, le rendre persistant ; s'il est détaché, l'attacher à la session et propager les modifications.	session.saveOrUpdate(obj)	save-update	Voir merge ci-dessus
Rafraîchir l'instance persistante	session.refresh(obj)	refresh	Ne devrait être utilisé que pour prendre en compte l'effet d'un trigger en base de données.
Détacher une instance	session.evict(obj)	evict	
Reproduire une instance	session.replicate(obj)	replicate	Se référer aux différents ReplicationMode possibles
Mettre à jour les modifications d'une instance attachée	Transparent		Il s'agit du cas de figure le plus courant. Il est totalement transitif et transparent.

Le paramétrage de l'attribut cascade est la fonctionnalité offerte par Hibernate pour implémenter la persistance transitive. Vous pouvez grâce à cela définir les actions qui se propageront sur les associations depuis l'entité racine.

Il est possible de spécifier plusieurs actions dans l'attribut cascade au niveau des fichiers de mapping, comme le montrent les exemples suivants.

Dans cet exemple, aucune des actions menées sur l'entité racine (instance de Team) n'est effectuée en cascade sur les entités associées. Si vous ne gérez pas correctement l'aspect persistant de vos instances, vous risquez de soulever une TransientObjectException *(object references an unsaved transient instance-save the transient instance before flushing)* :

```
<hibernate-mapping package="com.eyrolles.sportTracker.model">
  <class name="Team" table="TEAM" >
```

```
    <id name="id" column="TEAM_ID">
      <generator class="native"/>
    </id>
    <property name="name" column="TEAM_NAME"/>
    <many-to-one name="coach" class="Coach" column="COACH_ID"
      cascade="none"/>
    <set name="players" inverse="false" fetch="select" cascade="none">
      <key column="TEAM_ID" />
      <one-to-many class="Player" />
    </set>
    <set name="games" inverse="false" fetch="select" cascade="none">
      <key column="TEAM_ID" />
        <one-to-many class="Game" />
      </set>
  </class>
</hibernate-mapping>
```

L'exemple suivant paramètre un lien plus fort entre l'instance de Team et les instances associées, grâce auquel les principales actions de persistance sont propagées :

```
<hibernate-mapping package="com.eyrolles.sportTracker.model">
  <class name="Team" table="TEAM" >
    <id name="id" column="TEAM_ID">
      <generator class="native"/>
    </id>
    <property name="name" column="TEAM_NAME"/>
    <many-to-one name="coach" class="Coach" column="COACH_ID"
      cascade="persist,merge,delete-orphan,lock">
    <set name="players" inverse="false" fetch="select"
      cascade="persist,merge,delete-orphan,lock">
      <key column="TEAM_ID" />
      <one-to-many class="Player" />
    </set>
    <set name="games" inverse="false" fetch="select"
      cascade="persist,merge,delete-orphan,lock">
      <key column="TEAM_ID" />
        <one-to-many class="Game" />
      </set>
  </class>
</hibernate-mapping>
```

Ce dernier exemple indique le traitement en cascade de toutes les opérations, depuis l'entité racine vers les entités associées :

```
<hibernate-mapping package="com.eyrolles.sportTracker.model">
  <class name="Team" table="TEAM" >
    <id name="id" column="TEAM_ID">
      <generator class="native"/>
    </id>
    <property name="name" column="TEAM_NAME"/>
    <many-to-one name="coach" class="Coach" column="COACH_ID"
      cascade="all-delete-orphan">
```

```
        <set name="players" inverse="false" fetch="select"
          cascade="all-delete-orphan">
          <key column="TEAM_ID" />
          <one-to-many class="Player" />
        </set>
        <set name="games" inverse="false" fetch="select"
          cascade="all-delete-orphan">
          <key column="TEAM_ID" />
            <one-to-many class="Game" />
          </set>
    </class>
</hibernate-mapping>
```

Lorsque la plupart des associations déclarées dans votre fichier de mapping adoptent le même paramétrage de cascade, vous pouvez spécifier la valeur globale au niveau du nœud XML hibernate-mapping. L'exemple précédent est donc équivalent à celui-ci :

```
<hibernate-mapping default-cascade="all-delete-orphan"
  package="com.eyrolles.sportTracker.model">
  <class  name="Team" table="TEAM" >
    <id name="id" column="TEAM_ID">
      <generator class="native"/>
    </id>
    <property name="name" column="TEAM_NAME"/>
    <many-to-one name="coach" class="Coach" column="COACH_ID" />
    <set name="players" inverse="false" fetch="select" >
      <key column="TEAM_ID" />
      <one-to-many class="Player" />
    </set>
    <set name="games" inverse="false" fetch="select" >
      <key column="TEAM_ID" />
      <one-to-many class="Game" />
    </set>
  </class>
</hibernate-mapping>
```

Vous pouvez aussi surcharger la valeur par défaut sur chacune des associations.

La figure 6.6 illustre en conclusion un paramétrage entité par entité, chacune définissant les comportements à propager vers les associations du niveau suivant. Vous pouvez de la sorte paramétrer de manière très fine le comportement de propagation que vous souhaitez.

Tests unitaires

La définition de l'attribut cascade a un impact direct sur le code de votre application. Pensez à rejouer les tests unitaires lorsque vous modifiez ces paramètres.

Figure 6.6
Persistance transitive

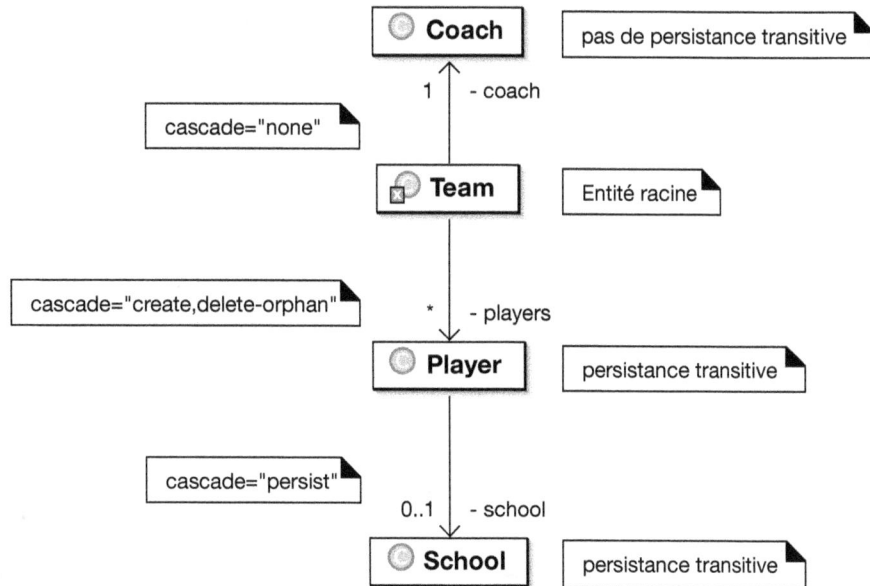

Les transactions

Une transaction est un ensemble indivisible d'opérations dans lequel tout aboutit ou rien n'aboutit *(voir figure 6.7).*

Une transaction doit respecter les propriétés ACID, qui sont :

- Atomicité : l'ensemble des opérations réussit ou l'ensemble échoue.

- Cohérence : la transaction laisse toujours les données dans un état cohérent.

- Isolation : la transaction est indépendante des transactions concourantes, dont elle ne connaît rien.

- Durabilité : chacun des résultats des opérations constituant une transaction est durable dans le temps.

Ces règles sont primordiales pour la compréhension des problèmes de concourance et leur résolution.

Problèmes liés aux accès concourants

Une transaction peut se faire en un délai plus ou moins rapide. Dans un environnement à accès concourants, c'est-à-dire un environnement où les mêmes éléments peuvent être lus ou modifiés en même temps, cette notion de durée devient trop relative, et il est possible que des incidents surviennent, tels que lecture sale *(dirty read),* lecture non répétable et lecture fantôme.

Figure 6.7

Principe d'une transaction

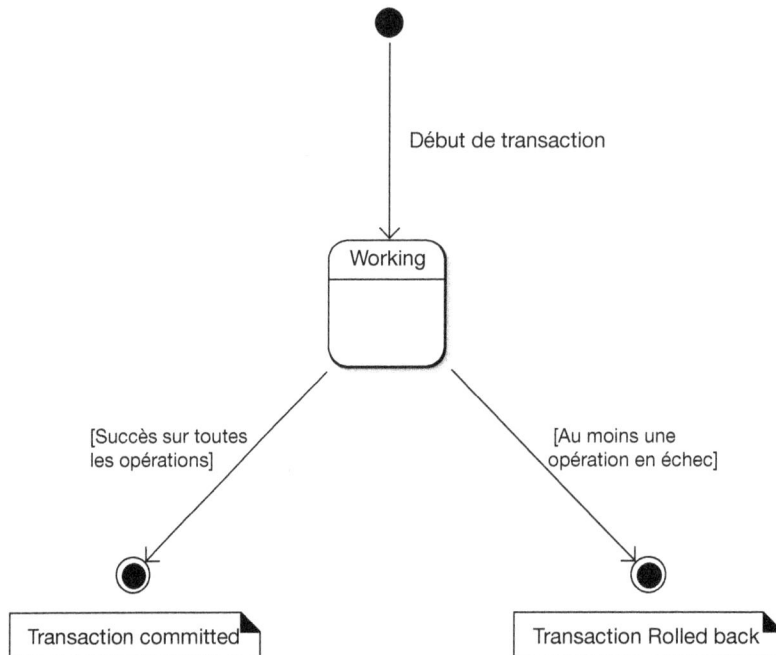

Lecture sale *(dirty read)*

Le premier type de collision, la lecture sale, est illustré à la figure 6.8.

L'acteur 2 travaille avec des entités fausses (*dirty,* ou sales), car il voit les modifications non validées par l'acteur 1.

Lecture non répétable

Vient ensuite la lecture non répétable, illustrée à la figure 6.9.

Au sein d'une même transaction, la lecture successive d'une même entité donne deux résultats différents.

Lecture fantôme

Le dernier type d'incidents est la lecture fantôme, illustrée à la figure 6.10.

Dans ce cas, une même recherche fait apparaître ou disparaître des entités.

Gestion des collisions

En fonction du type de l'application, il existe plusieurs façons de gérer les collisions. Au niveau de la connexion JDBC, le niveau d'isolation transactionnelle permet de spécifier le comportement de la transaction selon la base de données utilisée.

Figure 6.8

Lecture sale

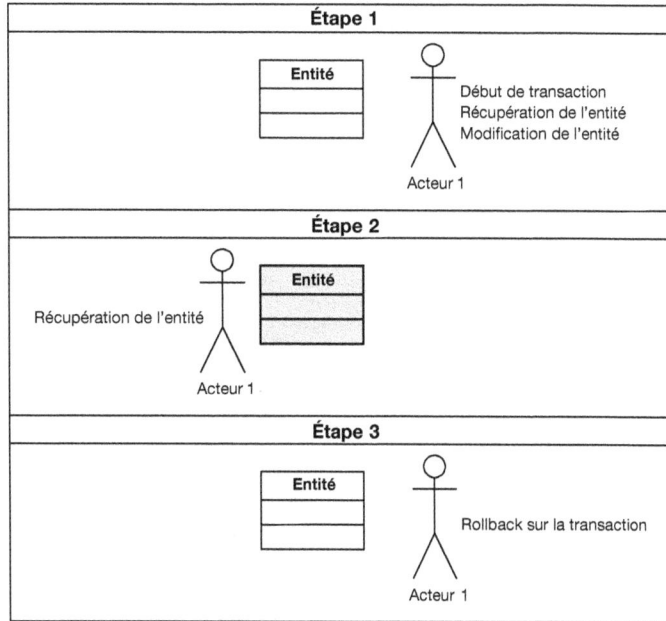

Figure 6.9

Lecture non répétable

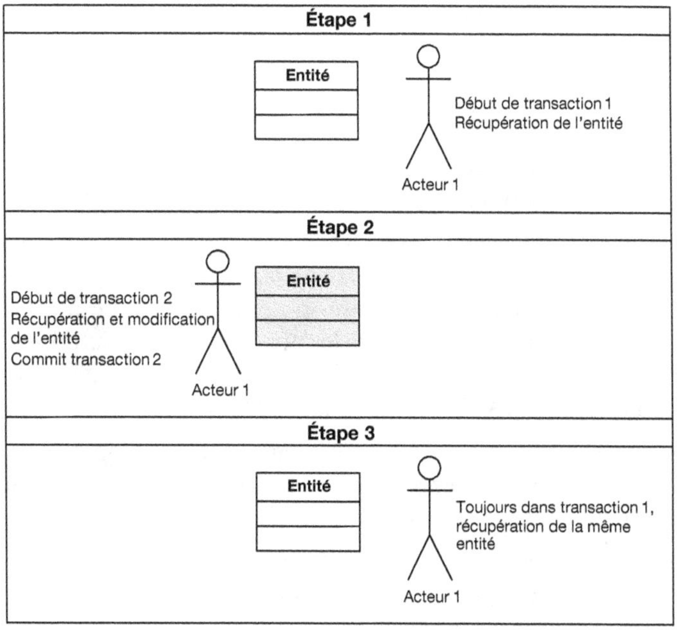

Figure 6.10

Lecture fantôme

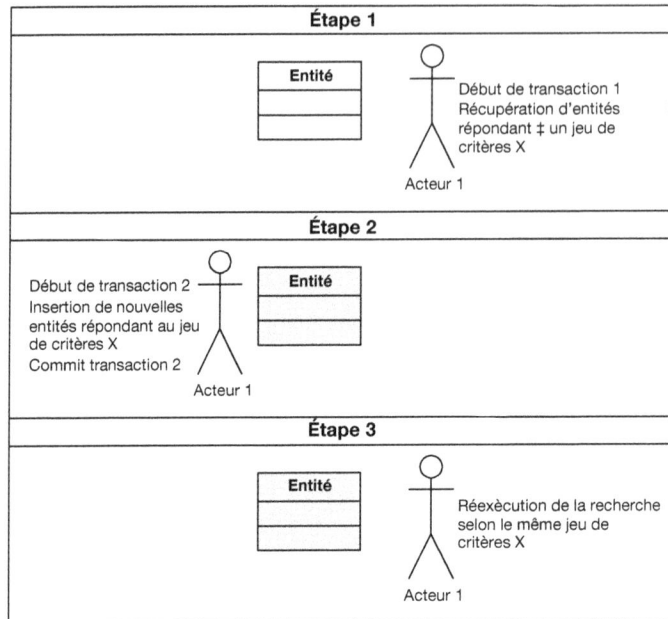

En dehors de cette isolation, il faut recourir à la notion de verrou et en mesurer les impacts.

Niveau d'isolation transactionnelle

Il existe quatre niveaux d'isolation transactionnelle, mais toutes les bases de données ne les supportent pas :

- `TRANSACTION_READ_UNCOMMITTED`. Ce niveau permet de voir les modifications apportées par les transactions concourantes sans que celles-ci aient été validées. Tous les types de collisions peuvent apparaître. Il convient donc de n'utiliser ce niveau que pour des applications dans lesquelles les données ne sont pas critiques ou dans celles où l'accès concourant est impossible. Ce niveau est le plus performant puisqu'il n'implémente aucun mécanisme pour contrer les collisions.

- `TRANSACTION_READ_COMMITTED`. Les modifications apportées par des transactions concourantes non validées ne sont pas visibles. Plus robuste que le précédent, ce niveau garantit des données saines.

- `TRANSACTION_REPEATABLE_READ`. Par rapport au précédent, ce niveau garantit qu'une donnée lue deux fois de suite reste inchangée, et ce, même si une transaction concourante validée l'a modifiée. Il n'est intéressant que pour les transactions qui récupèrent plusieurs fois de suite les mêmes données.

- `TRANSACTION_SERIALIZABLE`. Dans ce niveau, qui est le seul à éviter les lectures fantômes, chaque donnée consultée par une transaction est indisponible pour de potentielles transactions concourantes. Ce niveau engendre une sérialisation des transactions, l'aspect concourant des transactions étant purement et simplement supprimé. L'ensemble des données pouvant mener à une lecture fantôme est verrouillé en lecture comme en écriture. Ce mode extrêmement contraignant est dangereux pour les performances de votre application.

Le tableau 6.3 récapitule les possibilités de collisions susceptibles de survenir selon le niveau d'isolation considéré.

Tableau 6.3. Risque de collision par niveau d'isolation

Niveau d'isolation	Lecture sale	Lecture non répétable	Lecture fantôme
TRANSACTION_READ_UNCOMMITTED	Oui	Oui	Oui
TRANSACTION_READ_COMMITTED	Non	Oui	Oui
TRANSACTION_REPEATABLE_READ	Non	Non	Oui
TRANSACTION_SERIALIZABLE	Non	Non	Non

La notion de verrou

La notion de verrou est implémentée pour fournir des solutions aux différents types de collisions. Il existe deux possibilités, le verrouillage pessimiste et le verrouillage optimiste.

☞ Verrouillage pessimiste

Le verrouillage pessimiste consiste à poser un verrou sur l'enregistrement obtenu en base de données pendant toute la durée de son utilisation. L'objectif est de limiter, voire d'empêcher d'autres accès concourants à l'enregistrement.

Un verrou en écriture indique aux accès concourants que le possesseur du verrou peut modifier l'enregistrement et a pour conséquence l'impossibilité d'accéder en lecture, écriture ou effacement à l'enregistrement.

Un verrou en lecture signale que le possesseur du verrou ne souhaite que consulter l'enregistrement. Un tel verrou autorise les accès concourants mais uniquement en lecture.

Les verrous pessimistes sont simples à implémenter et offrent un très haut niveau de fiabilité. Ils sont cependant rarement utilisés, du fait de leur impact sur les performances dans un environnement à accès concourants. Dans de tels environnements, la probabilité de tomber sur un enregistrement verrouillé n'est pas négligeable.

☞ Verrouillage optimiste

Ce type de verrouillage adopte la logique de détection de collision. Son principe est qu'il peut être acceptable qu'une collision survienne, à condition de pouvoir la détecter et la résoudre.

La récupération des données se fait *via* la pose d'un verrou en lecture, lequel est relâché immédiatement. Les données peuvent alors être modifiées en mémoire et être mises à jour en base de données, un verrou en écriture étant alors posé.

La condition pour que la modification soit effective est que les données n'aient pas changé entre le moment de la récupération et celui où l'on souhaite valider ces modifications. Si cette comparaison révèle qu'un process concourant a eu lieu, il faut résoudre la collision.

Particularité des applications Web

Toutes les notions que nous venons de décrire sont liées aux transactions. Celles-ci sont couplées à la connexion à une base de données. Dans les applications Web, une fois la vue rendue (JSP ou autre), le client est déconnecté du back-office. Il n'est pas raisonnable de conserver une connexion JDBC ouverte pendant le délai de déconnexion du client.

En effet, il n'existe pas de moyen facile et sûr d'anticiper les actions de l'utilisateur, celui-ci pouvant, par exemple, fermer son navigateur Internet. Dans ce cas, la connexion à la base de données et la transaction entamée, et donc potentiellement les verrous posés, resteraient en l'état jusqu'à l'expiration de la session HTTP. À cette expiration, il faudrait définir le comportement des connexions ouvertes et spécifier si les transactions entamées doivent être validées ou annulées.

Dans ces conditions, il est logique de coupler la durée de vie de la connexion JDBC au cycle d'une requête HTTP. La gestion de transactions applicatives qui demandent plus d'un cycle de requête HTTP exige des patterns de développement particuliers, que nous détaillons au chapitre 7.

Gestion optimiste des modifications concourantes

Si les modifications concourantes sur une entité particulière sont impossibles dans votre application ou que vous considériez que les utilisateurs peuvent écraser les modifications concourantes, aucun paramétrage n'est nécessaire.

Par défaut, aucun verrou n'est posé lorsque vous travaillez avec des entités persistantes. Le scénario illustré à la figure 6.11 est celui qui se produit si deux utilisateurs concourants viennent à modifier une même entité.

Dans ce scénario, deux utilisateurs récupèrent la même entité. Le premier prend plus de temps à la modifier. Au moment où celui-ci décide de rendre persistantes les modifications apportées à l'entité, le second utilisateur a déjà propagé ses propres modifications. L'utilisateur 1 n'a pas conscience qu'un autre utilisateur a modifié l'entité sur laquelle il travaille. Il écrase donc les modifications de l'utilisateur 2.

Selon la criticité des entités manipulées par votre application, c'est-à-dire des informations stockées dans la base de données, ce comportement peut être acceptable. En revanche, si vous travaillez sur des données sensibles, cela peut être dangereux.

Gestion optimiste avec versionnement

Dans un environnement où les accès concourants en modification sont fréquents et où la moindre modification doit être notifiée aux utilisateurs concourants, la solution qui offre le meilleur rapport fiabilité/impact sur les performances est sans aucun doute la gestion optimiste avec versionnement.

Figure 6.11

Comportement optimiste par défaut

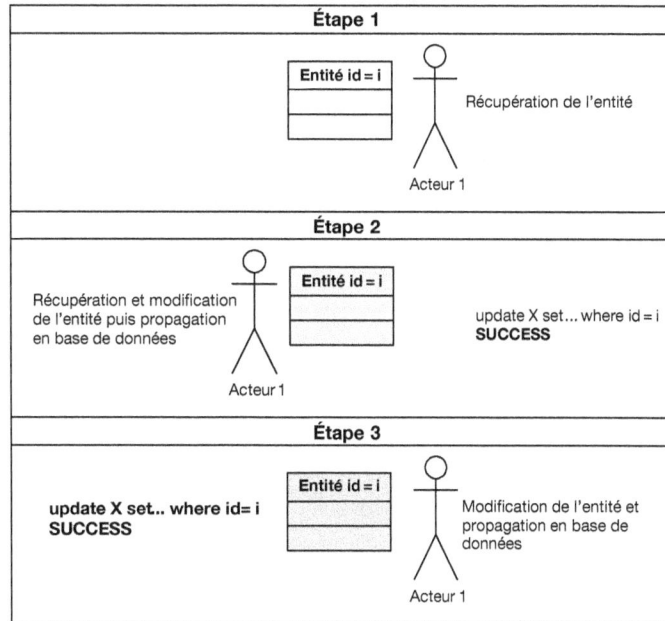

Le principe de fonctionnement de ce type de gestion est illustré à la figure 6.12. La table cible contient une colonne technique qui est mise systématiquement à jour par tous les acteurs ayant accès en écriture à la table. Généralement, il s'agit d'un entier qui s'incrémente à chaque modification de l'enregistrement. Que la source de la modification soit une application Web, un batch ou encore un trigger, tous les acteurs doivent tenir compte de cette colonne technique.

Les ordres de mise à jour au niveau de la base de données contiennent la restriction `where TECHNICAL_COLUMN = J`, où J est la valeur de la colonne lors de la récupération des données.

Chaque modification incrémente le numéro de version et effectue un test sur le numéro de version de l'enregistrement. Cela permet de savoir si l'enregistrement a été modifié par un autre utilisateur. En effet, si le nombre d'enregistrement est nul, c'est qu'une mise à jour a eu lieu, sinon c'est que l'opération s'est bien déroulée.

☞ Mise en place du versionnement

Vous pouvez mettre en place une représentation du numéro de version dans votre classe persistante sous la forme d'une propriété, comme ci-dessous :

```
public class Team implements Serializable{
    private Long id;
    private String name;
    private Coach coach ;
    private Set players = new HashSet();
    private Set games = new HashSet();
```

```
   private Integer version;
   …
   // getter & setter
   }
```

Figure 6.12

Gestion optimiste
avec versionnement

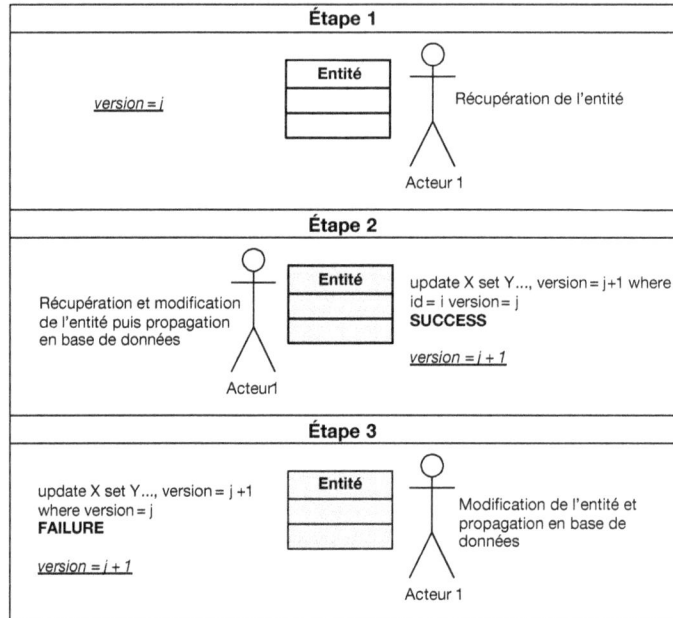

Au niveau du mapping, le versionnement se déclare par le nœud XML `<version/>`, situé juste après la déclaration d'id :

```
<hibernate-mapping package="com.eyrolles.sportTracker.model">
  <class  name="Team" table="TEAM" >
    <id name="id" column="TEAM_ID">
      <generator class="native"/>
    </id>
    <version name="version" column="VERSION" />
…
  </class>
</hibernate-mapping>
```

La trace suivante montre la double utilité de l'ordre SQL : mettre à jour la version mais aussi comparer sa valeur à celle récupérée lors de l'acquisition de l'entité.

```
update TEAM set VERSION=?, TEAM_NAME=?, COACH_ID=? where TEAM_ID=? and VERSION=?
```

En lieu et place d'un numéro de version, vous pouvez opter pour un timestamp. La déclaration est en ce cas la suivante :

```
<hibernate-mapping package="com.eyrolles.sportTracker.model">
  <class  name="Team" table="TEAM" >
    <id name="id" column="TEAM_ID">
      <generator class="native"/>
    </id>
    <timestamp name=" timestamp" column="TIMESTP" />
...
  </class>
</hibernate-mapping>
```

Pour information, voici le script de création de table associé au mapping fondé sur un numéro de version :

```
create table TEAM (
  TEAM_ID bigint generated by default as identity (start with 1),
  VERSION integer not null,
  TEAM_NAME varchar(255),
  COACH_ID bigint,
  primary key (TEAM_ID)
)
```

☞ Exemple de conflit de version

Dans le code suivant, chaque session représente un client, avec deux accès concourants sur la même entité :

```
tx = session.beginTransaction();
tx2 = session2.beginTransaction();
Team team = (Team)session.get(Team.class,new Long(1));
Team team2 = (Team)session2.get(Team.class,new Long(1));
team.setName("nouveau nom");
team2.setName("nouveau nom2");
tx2.commit();
tx.commit();
```

Dans ce scénario, la première session soulève l'exception suivante :

```
org.hibernate.StaleObjectStateException: Row was updated or deleted by another
transaction      (or       unsaved-value      mapping      was      incorrect)      for
com.eyrolles.sportTracker.model.Team instance with identifier: 1
at org.hibernate.persister….check(BasicEntityPersister.java:1293)
at org.hibernate.persister….update(BasicEntityPersister.java:1798)
at org.hibernate.persister….updateOrInsert(BasicEntityPersister.java:1722)
at org.hibernate.persister….update(BasicEntityPersister.java:1959)
at org.hibernate.action….execute(EntityUpdateAction.java:61)
at org.hibernate.impl.SessionImpl.executeAll(SessionImpl.java:1317)
at
org.hibernate.event.AbstractFlushingEventListener.performExecutions(AbstractFlushingEve
ntListener.java:274)
at org.hibernate.event….onFlush(DefaultFlushEventListener.java:26)
at org.hibernate.impl.SessionImpl.flush(SessionImpl.java:1284)
at org.hibernate….JDBCTransaction.commit(JDBCTransaction.java:75)
```

L'exception est la même que dans le scénario où l'entité a été effacée par un accès précédent avant la propagation de vos modifications. Cette situation peut être simulée par le code suivant :

```
tx = session.beginTransaction();
tx2 = session2.beginTransaction();
Team team = (Team)session.get(Team.class,new Long(1));
Team team2 = (Team)session2.get(Team.class,new Long(1));
team.setName("nouveau nom");
session2.delete(team2);
tx2.commit();
tx.commit();
```

Au moment de valider ses modifications, l'entité n'est plus persistante. La trace qui en résulte est équivalente à celle du conflit de version :

```
org.hibernate.StaleObjectStateException: Row was updated or deleted by another
transaction      (or      unsaved-value      mapping      was      incorrect)      for
com.eyrolles.sportTracker.model.Team instance with identifier: 1
at org.hibernate.persister…..check(BasicEntityPersister.java:1293)
at org.hibernate.persister…..update(BasicEntityPersister.java:1798)
at org.hibernate.persister…..updateOrInsert(BasicEntityPersister.java:1722)
at org.hibernate.persister…..update(BasicEntityPersister.java:1959)
at org.hibernate…..EntityUpdateAction.execute(EntityUpdateAction.java:61)
at org.hibernate.impl.SessionImpl.executeAll(SessionImpl.java:1317)
at
org.hibernate.event.AbstractFlushingEventListener.performExecutions(AbstractFlushingEve
ntListener.java:274)
at
org.hibernate.event.DefaultFlushEventListener.onFlush(DefaultFlushEventListener.java:26)
at org.hibernate.impl.SessionImpl.flush(SessionImpl.java:1284)
at org.hibernate…..JDBCTransaction.commit(JDBCTransaction.java:75)
```

Si vous avez un doute sur une probable modification d'une entité détachée ou non, invoquez `session.lock(objet,LockMode.READ)`.

N'oubliez pas l'astuce du paramétrage de `select-before-update` vu précédemment, qui évite l'incrément de la version lors de l'appel de `session.update(object)` sur une instance détachée.

En résumé

La mise en place du versionnement permet de parer à la grande majorité des accès concourants. Gardez à l'esprit, qu'en mode Web, il n'est pas concevable de laisser une connexion JDBC ouverte entre deux actions de l'utilisateur sur deux pages Web différentes.

Conclusion

La transparence et la persistance transitive offertes par Hibernate simplifient grandement les phases de développement d'une application. Il vous suffit de maîtriser l'objectif de chacune des actions menées sur vos instances depuis ou vers la session. Vous pouvez dès lors oublier définitivement le raisonnement par ordre SQL et vous concentrer sur le cycle de vie de vos objets.

Le chapitre suivant se propose de décrire les patterns de développement éprouvés par la communauté Hibernate pour gérer la session.

7

Gestion de la session Hibernate

La maîtrise des fichiers de mapping est une chose, l'utilisation correcte d'une API en est une autre. Dès que vous sortez des exemples simples et que vous essayez d'utiliser Hibernate dans une application quelque peu complexe, la gestion des instances de `SessionFactory`, `Session`, `Transaction` et même `Configuration` devient vite délicate.

Il est courant que les utilisateurs se déportent vers des frameworks tels que Spring parce qu'ils proposent des automatismes de gestion de la session Hibernate. Basculer vers un tel framework uniquement pour cette raison est un mauvais choix, car vous multipliez de la sorte les dépendances avec d'autres frameworks et allongez les délais de mise à jour des frameworks de niveaux inférieurs. Si une nouvelle version d'Hibernate est disponible le jour J, étant donné que vous dépendez aussi de Spring, qui encapsule Hibernate, vous devez attendre le support de cette nouvelle version d'Hibernate par Spring pour profiter des dernières fonctionnalités.

Ce chapitre se penche sur la gestion centralisée et semi-automatique des instances de classes persistantes *via* des classes utilitaires. Nous aurions pu fournir les classes en question sans commentaires, mais il est plus intéressant de comprendre ce qui s'y passe afin de compléter et, au besoin, d'adapter leur comportement.

Nous abordons ensuite un exemple d'utilisation d'Hibernate dans un batch et énonçons la liste des exceptions que vous pouvez rencontrer en utilisant Hibernate.

La session Hibernate

Comme l'explique le guide de référence Hibernate, une session Hibernate a une durée de vie courte, en accord avec un traitement métier, et, surtout, est *threadsafe*.

Il ne faut pas considérer la session Hibernate comme un cache global. Si deux traitements, ou threads, parallèles venaient à utiliser une même session, Hibernate ne pourrait garantir les données qu'elle contient et cela pourrait engendrer des corruptions de données. Il s'agit là non d'une limitation mais d'un choix intentionnel de conception.

Dans les applications Web, un thread est facilement identifiable. Une requête du navigateur s'effectue *via* une requête HTTP, laquelle s'exécute dans un thread. Comme la durée de traitement d'une requête HTTP peut être considérée comme très courte dans notre contexte, il paraît légitime d'associer la durée de vie d'une session Hibernate au traitement d'une requête HTTP. La courte durée de vie et le fait que la session ne soit pas threadsafe sont donc respectés.

> **Gestion de session et évolutions d'Hibernate**
>
> Une récente évolution d'Hibernate propose une gestion simple de la session Hibernate pour les projets en environnement JTA. Il est désormais très facile d'accéder à la session Hibernate courante en invoquant la méthode `getCurrentSession()` sur le singleton `SessionFactory`. Pour plus de détails, reportez-vous à l'article écrit par Steve Ebersole sur le blog d'Hibernate *(http://blog.hibernate.org/cgi-bin/blosxom.cgi/Steve%20Ebersole/current-session.html)*.
>
> Pour les autres environnements, comme Tomcat, la gestion de la session Hibernate reste un point crucial, qu'il est pour le moment nécessaire d'assurer manuellement. Il est conseillé de scruter les prochaines évolutions d'Hibernate au cas où une gestion serait finalement proposée en standard par Hibernate.

Un filtre de servlet associé à une classe utilitaire permettent de gérer la session de manière transparente. Ce couplage est une variante du pattern `Thread Local` ou encore du pattern `Open session in view`.

La fonction de ces deux patterns très proches est de garantir une bonne gestion de la session. Leur principal avantage est de permettre à la session de rester ouverte jusqu'à ce qu'une vue (JSP) soit rendue. Cela s'avère primordial si vous injectez des objets persistants dans vos pages et que certains d'entre eux soient des proxy non initialisés, puisque ce système permet le chargement tardif des proxy au rendu de la JSP.

La classe utilitaire HibernateUtil

La classe utilitaire `HibernateUtil` permet de gérer de nombreux cas d'utilisation. Conçue comme un condensé des best practices recueillies au fil du temps, cette classe remarquablement écrite contient à peu près tout ce dont vous aurez besoin : commentaires, gestion des traces, nommage, gestion des exceptions, etc.

Toutes les méthodes de cette classe étant statiques, il n'est nul besoin de l'instancier pour se servir des méthodes utilitaires.

Voici une première version de cette classe :

```
/**
 * Classe utilitaire basique, gère  la SessionFactory,
 * la Session et Transaction.
```

```
 * Utilise un bloc statique pour initialiser la
 * SessionFactory Stocke la Session et les Transactions
 * dans des variables threadLocal
 * @author christian@hibernate.org
 */
public class HibernateUtil {
 private static Log log = LogFactory.getLog(HibernateUtil.class);
 private static Configuration configuration;
 private static SessionFactory sessionFactory;
 private static final ThreadLocal threadSession = new ThreadLocal();
 private static final ThreadLocal threadTransaction = new ThreadLocal();
 private static final ThreadLocal threadInterceptor = new ThreadLocal();

    // Create the initial SessionFactory from the default configuration
    // files
    static {
      try {
        configuration = new Configuration();
        sessionFactory = configuration.configure().buildSessionFactory();
        // We could also let Hibernate bind it to JNDI:
        // configuration.configure().buildSessionFactory()
      } catch (Throwable ex) {
        // We have to catch Throwable, otherwise we will miss
        // NoClassDefFoundError and other subclasses of Error
        log.error("Building SessionFactory failed.", ex);
        throw new ExceptionInInitializerError(ex);
      }
    }
 ...
```

Nous avons tout d'abord des variables de type ThreadLocal et un bloc statique. Cela signifie que le bloc statique ne sera exécuté qu'une fois. La SessionFactory est unique dans l'application et peut être accédée par plusieurs threads. Les blocs statiques représentent un moyen d'implémenter un singleton.

Une SessionFactory est threadsafe. Surtout, elle se révèle coûteuse à construire, car elle nécessite, entre autres, d'analyser les fichiers de mapping. Si votre application possède une centaine de classes mappées, la centaine de fichiers XML correspondants seront analysés à l'exécution de ce bloc.

Pour diverses raisons, vous pouvez nécessiter de travailler sur la SessionFactory ou la Configuration, notamment si vous souhaitez manipuler des métadonnées.

Pour ce faire, la classe HibernateUtil dispose de deux méthodes, getConfiguration() et getSessionFactory() :

```
public static Configuration getConfiguration() {
   return configuration;
}
public static SessionFactory getSessionFactory() {
   /* Instead of a static variable, use JNDI:
```

```
    SessionFactory sessions = null;
    try {
      Context ctx = new InitialContext();
      String jndiName = "java:hibernate/HibernateFactory";
      sessions = (SessionFactory)ctx.lookup(jndiName);
    } catch (NamingException ex) {
      throw new FatalException (ex);
    }
    return sessions;
    */
    return sessionFactory;
  }
```

Ayez toujours à l'esprit que la SessionFactory peut être liée à JNDI si vous le souhaitez, ce qui explique la variante de la méthode *(voir le code commenté).*

Dans des cas très spécifiques, il peut être intéressant de reconstruire la SessionFactory. C'est pourquoi la classe HibernateUtil propose cette fonctionnalité. La reconstruction de la SessionFactory est cependant presque aussi coûteuse que la construction initiale. En voici un exemple d'utilisation :

```
public static void rebuildSessionFactory()
  throws FatalException {
  synchronized(sessionFactory) {
    try {
      sessionFactory = getConfiguration().buildSessionFactory();
    } catch (Exception ex) {
      throw new FatalException (ex);
    }
  }
}

public static void rebuildSessionFactory(Configuration cfg)
throws FatalException {
  synchronized(sessionFactory) {
    try {
      sessionFactory = cfg.buildSessionFactory();
      configuration = cfg;
    } catch (Exception ex) {
      throw new FatalException (ex);
    }
  }
}
```

A contrario, si construire une session n'est pas coûteux, celle-ci n'est pas threadsafe. On retrouve ces mêmes caractéristiques pour la Transaction et l'Interceptor.

Nous allons à présent introduire la classe ThreadLocal, après quoi nous détaillerons les méthodes relatives à Session puis à Transaction.

La classe *ThreadLocal*

Pour garantir que deux threads n'accèdent pas à la même instance de session, Hibernate utilise la classe `ThreadLocal`.

`HibernateUtil` comporte trois variables de type `ThreadLocal` : `threadSession`, `threadTransaction` et `threadInterceptor` :

```
private static final ThreadLocal threadSession = new ThreadLocal();
private static final ThreadLocal threadTransaction = new ThreadLocal();
private static final ThreadLocal threadInterceptor = new ThreadLocal();
```

Une variable `ThreadLocal` garde une copie distincte de sa valeur pour chaque thread qui l'utilise. Chacun de ces threads ne voit que la valeur qui lui est associée et ne connaît rien des valeurs des autres threads. Il n'y a donc aucun risque de partager une même instance dans deux threads différents.

Le niveau session

Regardons de plus près la méthode `HibernateUtil.getSession()` :

```
/**
 * Retrieves the current Session local to the thread.
 * <p/>
 * If no Session is open, opens a new Session for the running thread.
 *
 * @return Session
 */
public static Session getSession()
  throws FatalException {
  Session s = (Session) threadSession.get();
  try {
    if (s == null) {
      log.debug("Opening new Session for this thread.");
      if (getInterceptor() != null) {
        log.debug("Using interceptor: " + getInterceptor().getClass());
        s = getSessionFactory().openSession(getInterceptor());
      } else {
        s = getSessionFactory().openSession();
      }
      threadSession.set(s);
    }
  } catch (HibernateException ex) {
    throw new FatalException(ex);
  }
  return s;
}
```

La première invocation de `HibernateUtil.getSession()` récupère une nouvelle session depuis la `SessionFactory`. La session est ensuite stockée dans la variable `threadSession`.

Les invocations suivantes exécutées par le même thread ne font que récupérer la session stockée dans la variable, qui est donc toujours la même.

Cette méthode est couplée à la gestion de l'interceptor. Si vous souhaitez utiliser un interceptor particulier pour une session, appelez d'abord `registerInterceptor(Interceptor interceptor)`.

Pour libérer le thread de sa variable `Session`, il suffit d'utiliser `HibernateUtil.closeSession()`, qui exécute le code suivant :

```
public static void closeSession()
  throws FatalException {
  try {
    Session s = (Session) threadSession.get();
    threadSession.set(null);
    if (s != null && s.isOpen()) {
      log.debug("Closing Session of this thread.");
      s.close();
    }
  } catch (HibernateException ex) {
  throw new FatalException (ex);
  }
}
```

Se pose désormais le problème de savoir à quel moment fermer la session. Le cas critique est celui de l'exception `HibernateException`, qui étend `RuntimeException`. Nous pouvons la considérer comme fatale, puisque la chaîne de traitement de l'exception doit aboutir à la fermeture de celle-ci.

Mis à part ce cas critique, la plupart des cas d'utilisation peuvent sans problème aller jusqu'au terme du traitement effectué par le thread. Dans les applications Web, cela correspond à la fin de `HttpRequest`, qui peut être facilement interceptée grâce à un filtre de servlet *(voir plus loin)*.

Le niveau transaction

Pour gérer vos transactions, `HibernateUtil` fournit trois méthodes, qui agissent sur la variable `threadTransaction` : `beginTransaction()`, `commitTransaction()` et `rollbackTransaction()` :

```
/**
* Start a new database transaction.
*/
public static void beginTransaction()
  throws FatalException {
  Transaction tx = (Transaction) threadTransaction.get();
  try {
    if (tx == null) {
      log.debug("Starting new database transaction in this thread.");
      tx = getSession().beginTransaction();
      threadTransaction.set(tx);
    }
```

```
    } catch (HibernateException ex) {
      throw new FatalException(ex);
    }
  }


  /**
   * Commit the database transaction.
   */
  public static void commitTransaction()
    throws FatalException {
    Transaction tx = (Transaction) threadTransaction.get();
    try {
      if ( tx != null && !tx.wasCommitted()
        && !tx.wasRolledBack() ) {
        log.debug("Committing database transaction of this thread.");
        tx.commit();
      }
      threadTransaction.set(null);
    } catch (HibernateException ex) {
      rollbackTransaction();
      throw new FatalException(ex);
    }
  }


  /**
   * Rollback the database transaction.
   */
  public static void rollbackTransaction()
    throws FatalException {
    Transaction tx = (Transaction) threadTransaction.get();
    try {
      threadTransaction.set(null);
      if ( tx != null && !tx.wasCommitted() && !tx.wasRolledBack() ) {
        log.debug("Tyring to rollback database transaction of this thread.");
        tx.rollback();
      }
    } catch (HibernateException ex) {
      throw new FatalException(ex);
    } finally {
      closeSession();
    }
  }
```

Notez que la clause `finally` de la méthode `rollbackTransaction()` force la fermeture et donc le vidage de la variable `threadSession`.

Exemple d'utilisation d'*HibernateUtil*

En cas d'exception, prenez la précaution d'effectuer un rollback sur la transaction.

Contrairement aux versions précédentes, dans Hibernate 3, `HibernateException` hérite de `RuntimeException`, ce qui rend plus souple la gestion des exceptions dans vos applications. Même si cela ne fait pas l'unanimité, il est communément admis que les exceptions techniques considérées comme non récupérables doivent hériter de `RuntimeException`. L'utilisation de l'API devient de la sorte plus claire et concise.

L'exemple suivant propose une gestion des exceptions fondée sur l'utilisation exclusive de la classe utilitaire :

```
public void testStandAlone() throws Exception{
  try {
    HibernateUtil.beginTransaction();
    Player p = new Player("testPlayer");
    Session s = HibernateUtil.getSession();
    s.create(p);
    HibernateUtil.commitTransaction();
  } catch (FatalException ex) {
    HibernateUtil.rollbackTransaction()
    throw new Exception(ex);
  } finally {
    HibernateUtil.closeSession();
  }
}
```

Grâce à la classe `HibernateUtil`, Hibernate est plus simple à utiliser. Vous pouvez même oublier la clause `finally`, car elle est prise en charge par le filtre de servlet que nous détaillons à la section suivante.

Rappelons que les exceptions Hibernate ne sont pas récupérables et qu'elles doivent être considérées comme fatales et aboutir à l'annulation de la transaction et à la fermeture de la session.

Le filtre de servlet HibernateFilter

Le filtre de servlet joue un rôle d'intercepteur. Il effectue un traitement à chaque entrée d'une requête HTTP et peut finaliser le cycle par un autre traitement.

Voici un exemple de filtre de servlet :

```
/**
 * A servlet filter that opens and closes a Hibernate Session for each
 * request.
 * <p>
 * This filter guarantees a sane state, committing any pending database
 * transaction once all other filters (and servlets) have executed. It
 * also guarantees that the Hibernate <tt>Session</tt> of the current
 * thread will be closed before the response is send to the client.
 * Use this filter for the <b>session-per-request</b> pattern and if you
 * are using <i>Detached Objects</i>.
 *
 * @see HibernateUtil
```

```
 * @author Christian Bauer <christian@hibernate.org>
 */
public class HibernateFilter implements Filter {
  private static Log log = LogFactory.getLog(HibernateFilter.class);
  public void init(FilterConfig filterConfig) throws ServletException {
   log.info("Servlet filter init, now opening/closing a Session for each request.");
  }
  public void doFilter(ServletRequest request,
    ServletResponse response,
    FilterChain chain)
    throws IOException, ServletException {
    // There is actually no explicit "opening" of a Session, the
    // first call to HibernateUtil.beginTransaction() in control
    // logic (e.g. use case controller/event handler) will get
    // a fresh Session.
    try {
      chain.doFilter(request, response);
      // Commit any pending database transaction.
      HibernateUtil.commitTransaction();
    } finally {
      // No matter what happens, close the Session.
      HibernateUtil.closeSession();
    }
  }
  public void destroy() {}
  }
```

L'arrivée d'une requête HTTP ne provoque rien de spécial. Nous avons vu que c'était la classe HibernateUtil qui se chargeait de gérer la session Hibernate en la stockant dans une variable ThreadLocal. Pour sa part, le filtre s'assure de la fermeture de la session en appelant HibernateUtil.closeSession() et s'assure de la fin de la transaction courante par HibernateUtil.commitTransaction().

Mise en place d'un filtre dans le fichier *web.xml*

Pour mettre en place un filtre de servlet dans le fichier **web.xml,** utilisez le paramétrage suivant (ici sous Tomcat) :

```
<filter>
   <filter-name>HibernateFilter</filter-name>
   <filter-class>utils.HibernateFilterLong</filter-class>
</filter>
<filter-mapping>
   <filter-name>HibernateFilter</filter-name>
   <url-pattern>/*</url-pattern>
</filter-mapping>
```

Rappelez-vous que création de session ne signifie pas mobilisation d'une connexion JDBC sous-jacente. La connexion ne sera récupérée puis manipulée que lors du premier besoin, et il est tout à fait envisageable de travailler avec une session déconnectée contenant plusieurs instances. Le nombre de requêtes HTTP n'est donc pas limité par la taille du pool de connexions à la base de données.

Ce filtre fonctionne très bien si vous effectuez des traitements de la durée d'une requête HTTP.

En résumé

La classe HibernateUtil est un très bon exemple de factorisation de code pouvant vous simplifier la tâche.

N'oubliez pas cependant que la gestion des exceptions doit prendre en compte la finalisation de la transaction potentiellement entamée.

Les transactions applicatives

Une transaction applicative est un ensemble d'opérations courtes réalisées par l'interaction entre l'utilisateur et l'application, ce qui est différent de la transaction de base de données. Dans les applications Web, vous pouvez avoir besoin de plusieurs écrans pour couvrir un cas d'utilisation. Il s'agit là d'un cas typique de transaction applicative.

Illustrons le concept de transaction applicative avec notre application exemple de gestion d'équipes sportives, en reprenant les principales entités que nous avons détaillées au cours des chapitres précédents *(voir figure 7.1)* et en rendant l'association entre Coach et Team bidirectionnelle.

La modification d'une équipe (instance de Team) pourrait s'effectuer comme illustré à la figure 7.2.

L'action qui marque le début de la transaction applicative consiste en la sélection de l'équipe à modifier. Il n'y a rien de particulier à dire sur cette action si ce n'est que la récupération de l'identifiant va nous permettre de faire un session.get() :

```
public Team getTeam(Long id) throws FatalException {
  Team team = null;
  Session session = HibernateUtil.getSession();
  try {
    team = (Team)session.get(Team.class,id);
  } catch (HibernateException ex) {
    throw new FatalException(ex);
    }
    return team;
}
```

Un simple lien hypertexte permet d'envoyer l'information sur l'identifiant au serveur, comme le montre la figure 7.3.

La première étape, dite de modification, porte sur le nom de l'équipe. Le nom courant est renseigné dans le champ dédié *(voir figure 7.4)*, et l'utilisateur peut choisir de le modifier.

À partir de ce moment, il est intéressant de se poser la question de ce que contient la vue. Est-ce l'objet persistant, une copie (sous forme de Data Transfer Object) ou un objet détaché ?

Figure 7.1

Modèle métier de l'application Web

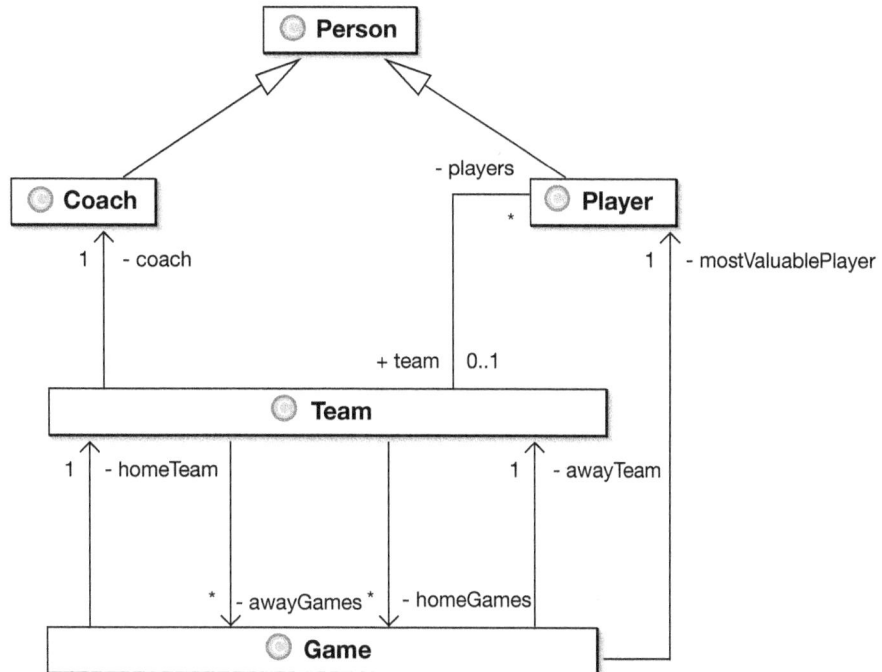

Figure 7.2

Étapes de la transaction applicative

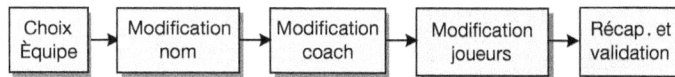

Figure 7.3

Choix de l'équipe à modifier

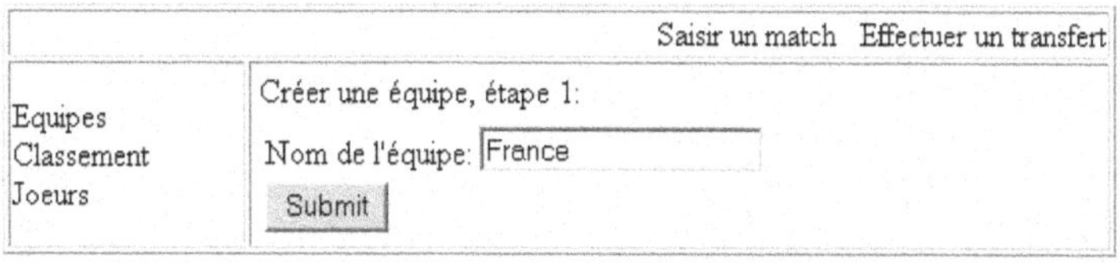

Figure 7.4

Modification du nom de l'équipe

Lors de la soumission du formulaire, l'objet soumis à la transaction possède ainsi un nom potentiellement modifié.

La deuxième étape propose la modification du coach *(voir figure 7.5).* Il est nécessaire d'afficher la liste des coachs sans équipe, comme le montre la méthode suivante, ainsi que le coach courant :

```
public List getFreeCoachs()throws FatalException {
  Session session = HibernateUtil.getSession();
  List result = null;
  try{
    result = session.createQuery("from Coach c
      where c.team is null").list();
  } catch (HibernateException ex) {
  throw new FatalException(ex);
  }
  return result;
}
```

Figure 7.5

Modification du coach

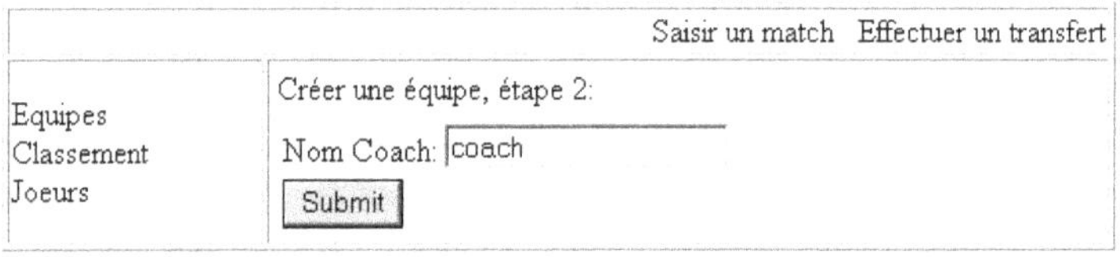

Devons-nous recharger notre équipe et stocker les modifications déjà effectuées à un endroit précis ou réutiliser l'instance chargée lors de la première étape ? Qu'en est-il des associations non chargées ? Quel est l'état de la session Hibernate à cet instant ? Comme nous le voyons, les questions s'accumulent.

Lors de la soumission du formulaire, l'association entre l'équipe et son coach peut être modifiée. Cela engendre trois conséquences :

• L'équipe est associée au nouveau coach choisi.

• Le nouveau coach est associé à l'équipe.

• L'ancien coach n'a plus d'équipe.

Plaçons toute cette logique dans notre setter `team.setCoach()` :

```
public void setCoach(Coach c) {
  // pas d'ancien coach
  if (getCoach() == null && c != null){
    this.coach = c;
    c.setTeam(this);
  }
  else if (getCoach() != null && c == null){
    getCoach().setTeam(null);
    this.coach = c;
  }
  else if (getCoach() != null && c != null){
    if (!(getCoach().equals(c))){
```

```
        getCoach().setTeam(null);
        c.setTeam(this);
        this.coach = c;
      }
    }
  }
```

L'avant-dernière étape traite des joueurs. Une fois encore nous devons précharger les joueurs libres, comme l'indique la méthode suivante :

```
public List getFreePlayers()throws FatalException {
  Session session = HibernateUtil.getSession();
  List result = null;
  try{
    result = session.createQuery("from Player p
      where p.team is null").list();
  } catch (HibernateException ex) {
  throw new FatalException(ex);
  }
  return result;
}
```

Il nous faut en outre présélectionner les joueurs courants *(voir figure 7.6)*. Ne nous attardons pas sur la suppression des doublons, car ce n'est pas notre préoccupation ici. Les mêmes questions que celles soulevées au sujet du coach apparaissent.

Figure 7.6

Modification des joueurs

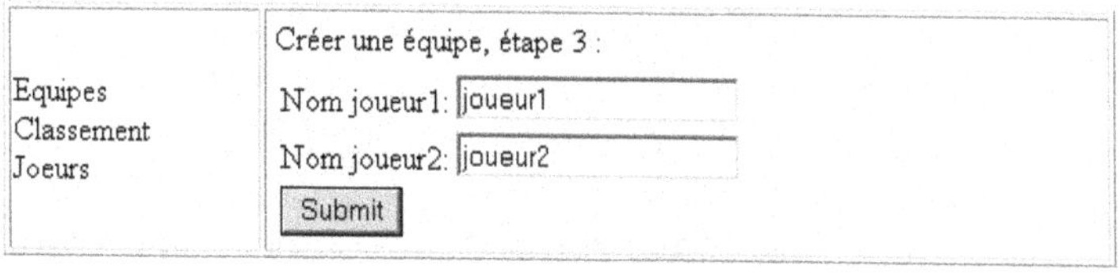

La méthode `team.addPlayer(Player p)` présentée au chapitre 3 garantit la cohérence de nos instances.

La dernière étape affiche un résumé de l'équipe, avec les modifications saisies lors des étapes précédentes *(voir figure 7.7)*. Lors de la validation, la totalité des modifications doit être rendue persistante.

Figure 7.7

Récapitulatif de l'équipe avant validation

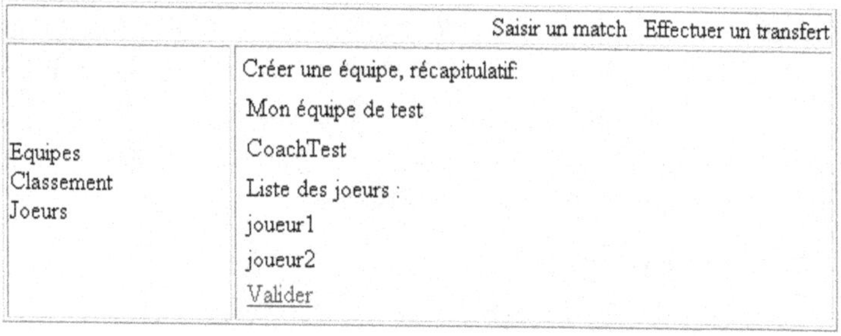

Nous allons décrire deux moyens de gérer une telle situation. Avant cela, il est primordial de comprendre comment la base de données et la session Hibernate se synchronisent entre elles.

La notion de transaction applicative est parfois appelée *transaction longue* ou encore *contexte de persistance*. Le contexte de persistance n'est qu'une façon de gérer une transaction applicative.

Synchronisation entre la session et la base de données

Lorsque Hibernate le nécessite, l'état de la base de données est synchronisé avec l'état des objets de la session en mémoire. Ce mécanisme appelé *flush,* et qui peut être paramétré selon un flushMode, est souvent qualifié par les utilisateurs débutants de magique et intelligent.

Il serait en effet préjudiciable pour les performances que chaque modification sur un objet soit propagée en base de données en temps réel et au fil de l'eau. Il est de loin préférable de regrouper les modifications et de les exécuter aux bons moments.

La classe *org.hibernate.flushMode* et les automatismes pour le flush

Voici les différents modes de synchronisation entre la session Hibernate et la base de données :

- flushMode.NEVER. La base de données n'est pas automatiquement synchronisée avec la session. Pour la synchroniser, il faut appeler explicitement session.flush().
- flushMode.COMMIT. Le flush est effectué au commit de la transaction.
- flushMode.AUTO (défaut). Le flush est effectué au commit mais avant l'exécution de certaines requêtes afin de garantir la validité du résultat.
- flushMode.ALWAYS. La synchronisation se fait avant chaque exécution de requête. Ce mode pouvant affecter les performances, il est déconseillé de changer le flush mode sans raison valable. Seul le flushMode.AUTO garantit de ne pas récupérer dans les résultats de requête des données obsolètes par rapport à l'état de la session.

Il est important de bien comprendre les conséquences du flush, surtout pendant les phases de développement, car le débogage en dépend. En effet, vous ne voyez les ordres SQL qu'à l'appel du flush, et les exceptions potentielles peuvent n'être levées qu'à ce moment. Il est utile de rappeler que les ordres SQL s'exécutent au sein d'une transaction et que les résultats ne sont visibles de l'extérieur qu'au commit de cette transaction.

En d'autres termes, même si des update, delete et insert sont visibles sur les traces, les modifications ne sont pas consultables par votre client de base de données. Il faut pour cela attendre le commit de la transaction.

Prenons un exemple :

```
Session session = HibernateUtil.getSession();
Transaction tx=null;
```

```
try {
  // simulation d'objet détaché
  Player player = new Player();←❶
  player.setId(new Long(2000));·←❶
  tx = session.beginTransaction();
  // ré attachement
  session.lock(player,LockMode.NONE);←❷
  player.setName("zidane");←❸
  //session.flush();←❹
  // interrogation sur des objets d'un autre type
  Query q =
    session.createQuery("from com.eyrolles.sportTracker.model.Coach
    coach");
  List coachResults = q.list();←❺
  tx.commit();←❻
}
catch (Exception e) {
  if (tx!=null) tx.rollback();
  throw e;
}
finally {
  session.close();
}
```

Les lignes ❶ simulent un objet détaché. L'instance de Player est hors de contrôle de la session, et nous lui forçons un id. Cet id est présumé exister en base de données. Nous agissons sur cet id pour provoquer une exception. Dans notre exemple, l'id 2000 n'est pas en base de données.

La ligne ❷ associe l'instance détachée sans contrôle de version ni pose de verrou. Ainsi, Hibernate n'a pas à interroger la base de données pour se réapproprier l'instance. À partir de ce moment, et uniquement de ce moment, toute modification de l'objet est enregistrée par la session.

Nous apportons une modification (repère ❸), effectuons une requête sur la classe Coach (repère ❺) puis validons la transaction (repère ❻).

À quel moment Hibernate se rend-il compte que l'objet que nous lui demandons de se réapproprier n'a pas son équivalent en base de données ?

Voici les logs provoqués par le code précédent :

```
Hibernate: select coach0_.COACH_ID as COACH_ID, coach0_.COACH_NAME as COACH_NAME3_ from
COACH coach0_
Hibernate: update PLAYER set PLAYER_NAME=?, PLAYER_NUMBER=?, BIRTHDAY=?, HEIGHT=?,
WEIGHT=?, TEAM_ID=? where PLAYER_ID=?
15:34:51,405 ERROR AbstractFlushingEventListener: Could not synchronize database state
with session
org.hibernate.HibernateException: SQL insert, update or delete failed (row not found)
```

Nous constatons que les impacts sur les ordres SQL sont sensibles à l'exécution d'une requête et au commit, ce qui n'a rien pour nous surprendre. Pendant les phases de développement, vous pouvez activer la ligne ❹ pour vérifier et déboguer. Cela donne le résultat suivant :

```
Hibernate: update PLAYER set PLAYER_NAME=?, PLAYER_NUMBER=?, BIRTHDAY=?, HEIGHT=?,
WEIGHT=?, TEAM_ID=? where PLAYER_ID=?
15:52:20,155 ERROR AbstractFlushingEventListener: Could not synchronize database state
with session
org.hibernate.HibernateException: SQL insert, update or delete failed (row not found)
```

Nous voyons que l'update est exécuté avant même la requête, laquelle ne sera jamais invoquée du fait de l'exception.

Souvenez-vous que flushMode.AUTO invoque le flush au commit et lors de l'exécution de certaines requêtes.

Changeons la requête ❺ en "from com.eyrolles.sportTracker.model.Player p". Nous retrouvons la même trace que précédemment. La raison à cela est simple : nous interrogeons sur la classe Player, classe dont une instance a été modifiée avant l'exécution de la requête.

Hibernate prend donc la main sur l'exécution de cette requête et, pour garantir la cohérence du résultat, appelle automatiquement un flush. Intelligent plus que magique, cet algorithme est d'une efficacité à toute épreuve.

Nous allons maintenant exécuter un code correct dans lequel l'instance de Player sera réellement détachée (new Long(1)) — l'enregistrement avec l'id 1 existe en base de données — et possédera son image en base de données :

```
Session session = HibernateUtil.getSession();
Transaction tx=null;
try {
  Player player = new Player();←❶
 · player.setId(new Long(1));←❶
  tx = session.beginTransaction();
  session.lock(player,LockMode.NONE);←❷
  player.setName("zidane");←❸
  //session.setFlushMode(FlushMode.COMMIT);←❹
  Query q =
  session.createQuery("from com.eyrolles.sportTracker.model.Player p");
  List coachResults = q.list();←❺
  tx.commit();←❻
  System.out.println("joueur:" + player.getName());←❼
}
catch (Exception e) {
  if (tx!=null) tx.rollback();
    throw e;
}
finally {
  session.close();
}
```

Remarquez les lignes ❹ et ❼ : nous repassons en gestion de flush automatique, et le test se termine toujours par l'affichage du nom du joueur.

La trace est la suivante :

```
Hibernate: update PLAYER set PLAYER_NAME=?, PLAYER_NUMBER=?, BIRTHDAY=?, HEIGHT=?,
WEIGHT=?, TEAM_ID=? where PLAYER_ID=?
Hibernate: select player0_.PLAYER_ID as PLAYER_ID, player0_.PLAYER_NAME as PLAYER_N2_0_,
player0_.PLAYER_NUMBER as PLAYER_N3_0_, player0_.BIRTHDAY as BIRTHDAY0_, player0_.HEIGHT
as HEIGHT0_, player0_.WEIGHT as WEIGHT0_, player0_.TEAM_ID as TEAM_ID0_ from PLAYER
player0_
Joueur : zidane
```

La classe `HibernateUtil` et le filtre de servlet sont des endroits où le comportement de synchronisation peut être forcé automatiquement selon votre manière de gérer les transactions longues.

Sessions multiples et objets détachés

Le premier moyen de gérer une transaction applicative consiste à utiliser une nouvelle session Hibernate à chaque étape. Pour cela, nous utilisons la classe `HibernateUtil` et le filtre de servlet. Les objets chargés à chaque étape sont donc détachés et doivent être réattachés d'étape en étape si nécessaire, c'est-à-dire si la couche de persistance est utilisée.

La figure 7.8 illustre ce principe.

Reprenons les différentes étapes qui constituent la transaction applicative (sur la figure, les étapes sont dans des cadres gris).

Le premier écran (choix équipe) permet à l'utilisateur de cliquer sur l'équipe à modifier. Il contient la liste des équipes avec pour seule donnée visible le nom de l'équipe. Il convient donc de charger les objets et collections associées à la demande *(lazy loading)*, ce qui va avoir un impact important sur la suite des étapes.

Lorsque l'utilisateur arrive à la modification du nom, il n'y a pas de problème. Par contre, à l'affichage du coach, nous devons réassocier notre objet pour que le coach puisse être chargé. Nous devons refaire cette opération pour la liste des joueurs à l'étape suivante. L'initialisation des associations est donc légèrement intrusive.

L'affichage du récapitulatif s'effectue *via* notre objet détaché. À la validation, nous appelons la méthode `session.merge(objectDetache)`.

L'autre solution pour éviter d'avoir à vous soucier de ces étapes de réattachement consiste à charger la portion du graphe objet dont vous avez besoin.

Pour cela, remplacez :

```
public Team getTeam(Long id) throws FatalException {
  Team team = null;
  Session session = HibernateUtil.getSession();
  try {
```

```
      team = (Team)session.get(Team.class,id);
    } catch (HibernateException ex) {
      throw new FatalException(ex);
    }
    return team;
  }
```

Figure 7.8

*Sessions multiples
par transaction
applicative*

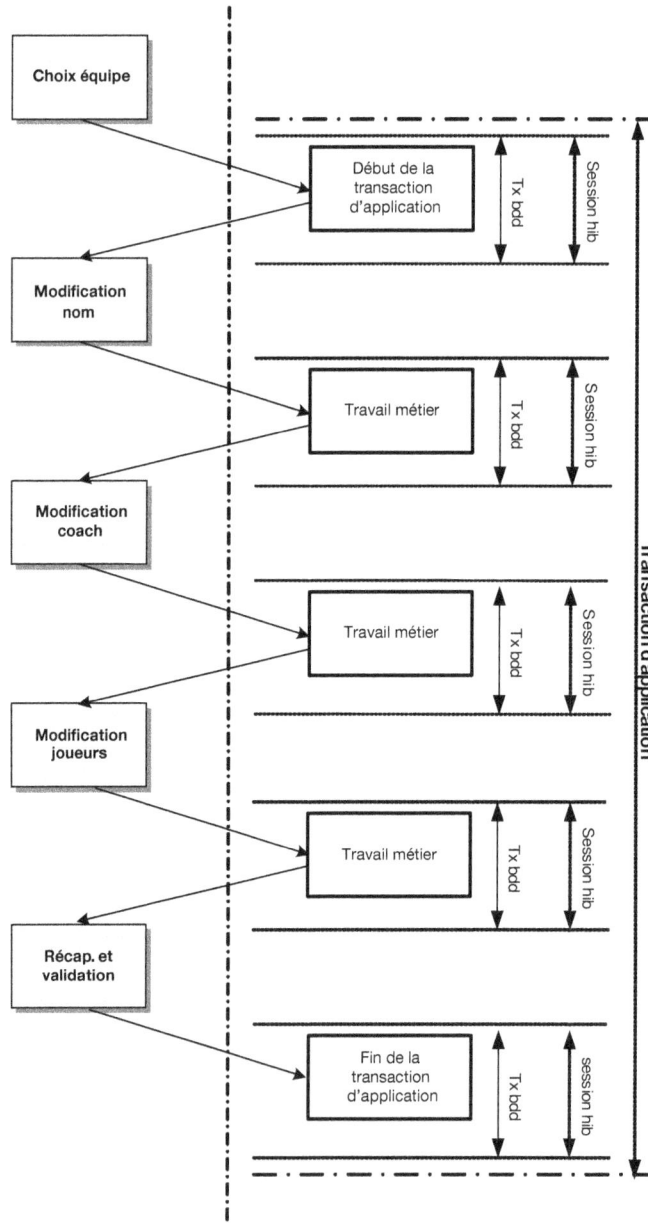

par :

```
public Team getTeamForDetachedUpdate(Long id) throws FatalException {
  Team team = null;
  Session session = HibernateUtil.getSession();
  try {
    Query q = session.createQuery("from Team as team " +
      "left join fetch team.coach " +
      "left join fetch team.players " +
      "where team.id = :teamId ");
      q.setParameter("teamId",id);
      team = (Team)q.list().get(0);
  } catch (HibernateException ex) {
    throw new FatalException(ex);
  }
  return team;
}
```

Dans le cas présent, ce choix est facile. Pour des cas d'utilisation plus complexes et des graphes d'objets plus lourds, il devient délicat de prévoir de manière efficace ce qu'il faut charger. Nous risquons d'aboutir soit à un chargement trop large, et donc pénalisant pour les performances, soit à un chargement trop restreint, et donc à des opérations de réattachement difficiles à maîtriser et à localiser.

La meilleure façon de prévenir ce genre de problème est d'activer les options de cascade pour le réattachement. Couplé au chargement tardif et à un paramétrage intelligent de `batch-size`, le réattachement en cascade permet de gérer une grande majorité de cas.

Mise en place d'un contexte de persistance

Une autre manière de procéder pour traiter une transaction d'application consiste à garder la session en vie pendant les cinq étapes. Cette méthode est aussi appelée *mise en place d'un contexte de persistance*.

Cette seconde méthode ne va pas sans poser problème dans la mesure où, entre chaque étape, le contrôle nous échappe complètement. Nous ne sommes pas en mesure de savoir ce que l'utilisateur va faire, et il peut, par exemple, fermer son navigateur.

Du fait que la session Hibernate ouvre une connexion JDBC si elle en a besoin, la gestion du nombre de connexions est essentielle pour nos applications. Nous ne pouvons en effet nous permettre de la laisser ouverte *x* minutes. Imaginez, par exemple, que l'utilisateur aille boire un café et revienne dix minutes plus tard. Sa connexion aurait pu être utilisée par quelqu'un d'autre, et la gestion des ressources n'est donc pas optimale.

La transaction sous-jacente pose davantage de problèmes, relatifs aux potentiels verrous qu'elle gère.

Pour toutes ces raisons, il est indispensable de fermer la connexion JDBC entre chaque étape. Cela n'est pas toujours simple. Souvenez-vous que nous nous reposons sur des transactions de base de données. Seule une bonne gestion de ces transactions garantit l'intégrité des données. Si la session reste ouverte pendant cinq écrans, par exemple, nous ne pouvons laisser une transaction inachevée pendant cette durée.

En conclusion, pour des raisons de verrou et d'intégrité en base de données ainsi que pour une bonne gestion des connexions JDBC, une session Hibernate ne doit pas rester connectée entre deux requêtes HTTP. En conséquence, la transaction sous-jacente avec la base de données doit s'achever à chaque fin de traitement de requête HTTP.

La figure 7.9 illustre la possibilité de déconnecter/reconnecter une session Hibernate.

Ainsi, la transaction d'application sera composée de n transactions avec la base de données, une par requête HTTP.

La best practice begin/commit reste valable, mais la notion de transaction d'application demande de ne valider les changements qu'à la validation (dernier écran). Il faut donc qu'aucune mise à jour dans la base de données n'ait lieu pendant les étapes précédant la validation.

En résumé, nous avons :

- Une ouverture de session en début de transaction applicative.

- Un beginTransaction (base de données) à chaque entrée de requête HTTP.

- Un commitTransaction (base de données) à chaque sortie de requête HTTP.

- Aucun update, delete ou insert n'est « généré » entre le begin et le commit. C'est là la fonctionnalité pivot du contexte de persistance. Il suffit pour cela de régler le flushMode sur NEVER. De la sorte, le flush n'a lieu que si vous le demandez explicitement. Souvenez-vous que seul le flush peut provoquer les ordres SQL que nous souhaitons éviter.

- Un flush au commit de la transaction applicative suivi d'un commit de la transaction base de données.

Avec cette méthode, vous n'avez plus besoin de vous soucier du détachement/réattachement des objets puisque ces derniers sont constamment surveillés par leur session d'origine. Tout changement apporté à ces objets est propagé au flush, donc à la validation de la transaction applicative.

Transactions longues/courtes

Il nous faut maintenant un moyen pour dissocier une transaction longue d'une transaction courte, l'utilisation abondante de transactions longues ayant une incidence sur la session HTTP.

Ajoutons à notre classe utilitaire HibernateUtil la variable threadLongContextName :

```
// usefull to set if the transaction is an atomic one or a persistence
// context one
private static final ThreadLocal threadLongContextName
    = new ThreadLocal();
```

Figure 7.9

Une longue session par transaction applicative

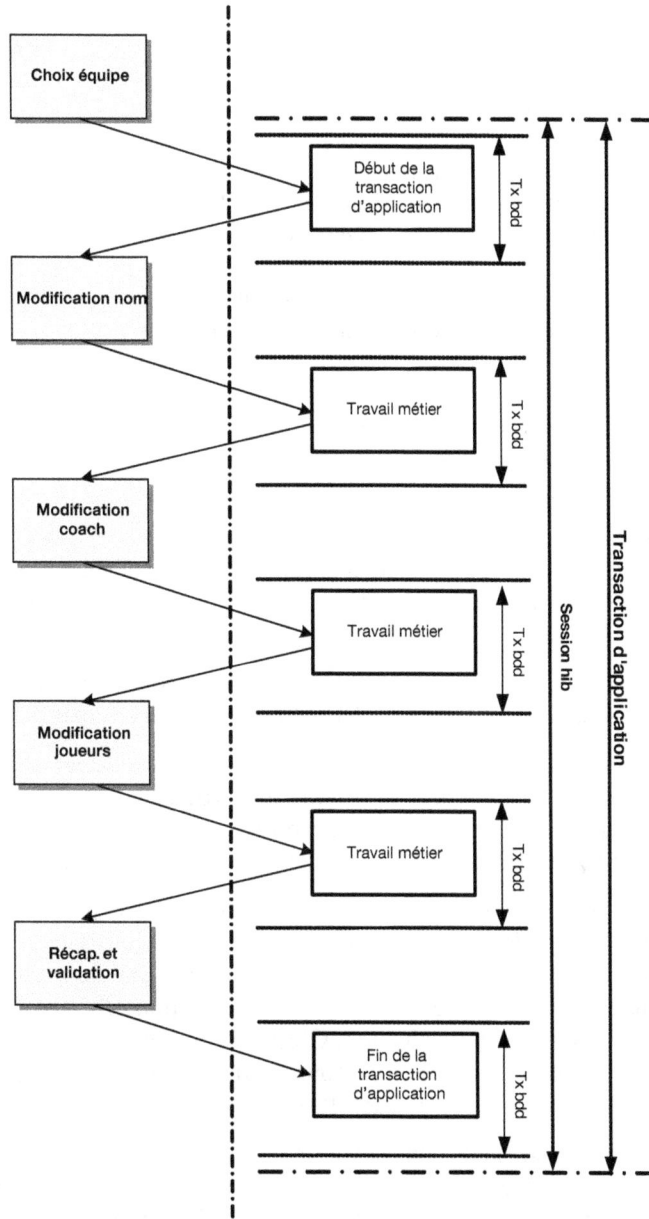

Nous connaissons déjà la méthode beginTransaction(). Ajoutons la méthode beginLong-Context(), qui va nous permettre de mettre en place un contexte de persistance :

```
/**
 * Start a new long application transaction + underlying db connexion,
```

```
   * usefull for long transaction.
 */
 public static void beginLongContext(String longProcessName)
   throws RuntimeException{
   log.debug("Starting application transaction for process:."
     + longProcessName);
   if (longProcessName != null){
     Session session = getSession();
     session.clear();
     session.setFlushMode(FlushMode.NEVER);
     setLongContextName(longProcessName);
   }
   else
   throw new RuntimeException ("starting application transaction without
       + process name");
   }
 }
```

Cette méthode répond à une logique précise. Le début d'une longue transaction applicative est signifié par une action de l'utilisateur sur une vue (page Web). Cette action va être propagée sur le contrôleur.

À ce moment, deux couches peuvent être responsables du démarrage technique de cette transaction, la couche contrôleur et la couche service par délégation.

Aucune session n'est censée être ouverte à l'appel de beginLongContext(). Par sécurité, la méthode vide cependant la session en invoquant session.clear(). En faisant cela, nous nous assurons que la session ne possède pas d'objet modifié. Cela signifie aussi que toutes les actions entreprises *via* la session Hibernate avant cette invocation sont perdues.

Notre objectif étant de ne valider les modifications apportées aux objets persistants qu'à la fin de cette longue transaction, une action de l'utilisateur devra être clairement identifiée, par exemple par un clic sur un bouton « valider » ou « confirmer ». Nous allons donc travailler avec des connexions et transactions de base de données atomiques, qui ne feront que des accès en lecture. C'est le seul moyen de garder le contrôle sur les transactions et connexions ouvertes pour chaque cycle de httpRequest. Pour cela, la méthode appelle session.setFlushMode(FlushMode.NEVER).

Enfin, nous stockons dans la variable threadLongContextName.set() pour la durée du cycle httpRequest l'indication qu'il s'agit d'un contexte de persistance. Cette méthode prend une chaîne de caractères en paramètre. Il s'agit d'un confort pour les traces, qui permet de donner un nom à notre transaction applicative et de suivre son évolution dans les traces.

Il ne faut pas oublier de changer la variable en Boolean par la suite, car il n'est pas possible d'avoir plusieurs contextes en parallèle. La méthode devrait se nommer alors setLongContext(Boolean x). Il faudra bien entendu propager cette information au-delà du cycle httpRequest en la stockant dans la session HTTP *via* le filtre de servlet.

Validation de la transaction applicative

La validation de la transaction applicative n'est pas bien compliquée, comme le montre l'extrait ci-dessous :

```
/**
  * Commit the long application transaction + underlying db connexion,
  * usefull for long transaction.
*/
public static void commitLongContext(String longContextName)
  throws RuntimeException {
  Transaction tx = (Transaction) threadTransaction.get();
  if (tx == null) beginTransaction();
  Session session = getSession();
  String contextName = getLongContextName();
  try {
    if ( contextName != null ) {
      log.debug("Committing Application transaction for process: "
        + contextName);
      session.flush();
      commitTransaction();
    }
    else{
      throw new HibernateException("commit called without
        + beginning a long transaction");
    }
    setLongContextName(null);
  } catch (HibernateException ex) {
    rollbackTransaction();
    throw new RuntimeException(ex);
  }
}
```

Pour valider une telle transaction, il suffit d'effectuer les actions suivantes :

- Entamer une dernière transaction avec la base de données.

- Flusher la session Hibernate (les ordres SQL UPDATE, INSERT et DELETE sont exécutés).

- Valider la transaction avec la base de données (commit).

- Vider la variable threadLongContextName.

- Effectuer un rollbackTransaction() en cas de problème.

Pour annuler ce type de transaction, il suffit de vider la session :

```
/**
  * Rollback the long context, not really usefull since nothing
  * has been propagated to bd because of flushmode
  * @deprecated
*/
public static void rollbackTransaction(String longContextName)
  throws RuntimeException {
```

```
Transaction tx = (Transaction) threadTransaction.get();
Session session = getSession();
String contextName = getLongContextName();
try {
  if ( contextName != null ) {
    session.clear();
    rollbackTransaction();
  }
  setLongContextName(null);
} finally {
 closeSession();
}
}
```

Pour gérer la déconnexion/reconnexion de la session Hibernate, ajoutons quatre méthodes, qui seront appelées par le filtre de servlet :

```
/**
  * Reconnects a Hibernate Session to the current Thread.
  *
  * @param session The Hibernate Session to be reconnected.
*/
public static void reconnect(Session session)
  throws RuntimeException {
  try {
    if (!session.isConnected()){
      log.debug("Reconnecting session (application transaction can
        + access data again)");
      session.reconnect();
    }
    threadSession.set(session);
  } catch (HibernateException ex) {
    throw new RuntimeException(ex);
  }
}

/**
  * Disconnect and return Session from current Thread.
  *
  * @return Session the disconnected Session
*/
public static Session disconnectSession()
  throws RuntimeException {
  Session session = getSession();
  try {
    threadSession.set(null);
    if (session.isConnected() && session.isOpen()){
      session.disconnect();
      log.debug("Disconnecting session (application transaction
        + cannot access data until reconnection)");
    }
```

```
  } catch (HibernateException ex) {
    throw new RuntimeException(ex);
  }
  return session;
}


/**
* needed by interceptor (i.e servlet filter) to know if we are
* using a persistence context or not
* @return Session
*/
public static String getLongContextName()
  throws RuntimeException {
  String s = null;
  if (threadLongContextName.get()!=null)
    s = (String)threadLongContextName.get();
  return s;
}


/**
* let the interceptor (servlet filter) set the threadlocal
* variable
*/
public static void setLongContextName(String name){
  log.debug("setting [" + name + "] as process name for this thread ");
  threadLongContextName.set(name);
}


/**
  * clean all threadlocal variables
*/
public static void cleanThreadLocal() {
  setLongContextName(null);
  threadSession.set(null);
  threadTransaction.set(null);
  threadInterceptor.set(null);
}
```

Remarquez que la méthode `reconnect()` prend en paramètre une session Hibernate. Le filtre de servlet se charge de garantir la déconnexion/reconnexion de la session Hibernate et de propager l'indication de transaction longue au fil des requêtes HTTP. Pour ce faire, il doit garantir la mise à zéro des variables `threadLocal` *via* la méthode `cleanThreadLocal`.

Filtre de servlet et transaction longue

Voici comment le filtre de servlet peut prendre en charge la transaction longue :

```
/**
  * Un filtre de servlet qui déconnecte et reconnecte une
  * session Hibernate à chaque request.
  * <p>
```

```
    * Utilisez ce filtre pour le pattern
    * <b>session-per-application-transaction</b>
    * avec une longue <i>Session </i>.
    * N'oubliez pas de gérer vos transactions dans le code
    * @see HibernateUtil
    * @author Christian Bauer <christian@hibernate.org>,
    * Anthony Patricio <anthony@hibernate.org>
*/
public class HibernateFilterLong implements Filter {
  private static final String HTTPSESSIONKEY = "HibernateSession";
  private static final String HTTPPROCESSKEY = "ProcessName";
  private static Log log = LogFactory.getLog(HibernateFilterLong.class);

  public void init(FilterConfig filterConfig) throws ServletException {
log.info("Servlet filter init, now disconnecting/reconnecting
  + a Session for each request.");
  }

  public void doFilter(ServletRequest request,
    ServletResponse response,FilterChain chain)
    throws IOException, ServletException {

    // Try to get a Hibernate Session from the HttpSession
    HttpSession userSession =
      ((HttpServletRequest) request).getSession();
    Session hibernateSession =
      (Session) userSession.getAttribute(HTTPSESSIONKEY);
    String processName =
      (String) userSession.getAttribute(HTTPPROCESSKEY);

    // if we are in a long persistence context, let's reconnect the
    // hibernate session
    if (hibernateSession != null)
      HibernateUtil.reconnect(hibernateSession);
    if (processName != null)
      HibernateUtil.setLongContextName(processName);

    // If there is no Session, the first call to
    // HibernateUtil.beginTransaction (or HibernateUtil.getSession() )
    // in application code will open
    // a new Session for this thread.
    try {
      chain.doFilter(request, response);
    } finally {
      // Commit any pending database transaction.
      HibernateUtil.commitTransaction();
      // at the end of the cycle we close or disconnect the session
      if (HibernateUtil.getLongContextName() != null){
        log.debug("long context has been detected, setting it
          + to httpsession, process:"
          + (String)HibernateUtil.getLongContextName() );
```

```
         // No matter what happens, disconnect the Session.
         hibernateSession = HibernateUtil.disconnectSession();
         // and store it in the users HttpSession
         userSession.setAttribute(HTTPSESSIONKEY, hibernateSession);
         userSession.setAttribute(HTTPPROCESSKEY,
            HibernateUtil.getLongContextName());
      }
      else{
        if (hibernateSession != null ){
           // on etait dans un bdlsession qu'on a achevé, on efface la
           // variable en session http
           userSession.setAttribute(HTTPSESSIONKEY,null);
           userSession.setAttribute(HTTPPROCESSKEY, null);
           log.debug("long context has been ended, removing it
              + from httpsession");
        }
        HibernateUtil.closeSession();
      }
      HibernateUtil.cleanThreadLocal();
    }
  }
  public void destroy() {}
}
```

☞ Traitement en entrée de filtre

Nous récupérons les variables HTTPSESSIONKEY et HTTPPROCESSKEY stockées en HttpSession. Leur présence signifie qu'un contexte de persistance est en cours pour le traitement d'une longue transaction applicative.

La session Hibernate est reconnectée *via* HibernateUtil.reconnect(). Cette opération lui permet d'obtenir une connexion JDBC lorsqu'elle en a besoin.

Enfin, nous indiquons au thread courant qu'il fait partie d'une longue transaction en renseignant HibernateUtil.setLongContextName(processName).

☞ Traitement en sortie de filtre

L'alternative suivante se présente en sortie de filtre :

• La variable HibernateUtil.getLongContextName() n'est pas nulle. Nous sommes dans une transaction longue avec contexte de persistance. Dans ce cas, le filtre déconnecte la session Hibernate et la stocke en session http. Le nom du contexte est lui aussi stocké en session http.

• La variable HibernateUtil.getLongContextName() est nulle. Cela signifie que nous sommes dans une transaction courte ou que la transaction longue est terminée.

Si la transaction longue est terminée, c'est-à-dire si nous avons encore la variable HTTP-SESSIONKEY en session http, nous définissons les variables HTTPSESSIONKEY et HTTPPROCESS-KEY en session http à null. Lors du prochain cycle de HttpRequest, le filtre ne verra plus le contexte de persistance. Nous fermons ensuite définitivement la session Hibernate.

Si nous sommes dans une transaction courte, nous fermons simplement la session Hibernate. Dans tous les cas, nous validons la transaction avec la base de données *via* `Hibernate-teUtil.commitTransaction()`, de façon à garantir la bonne gestion des transactions avec la base de données.

Si vous le souhaitez, vous pouvez encore enrichir le filtre sur cette portion de code. En effet, si l'une des variables est nulle, l'autre doit forcément l'être. Vous pouvez donc enrichir et soulever une exception si ce n'est pas le cas. Tout dépend du niveau d'automatisme que vous souhaitez adopter :

```
// si nous sommes en présence d'un contexte de persistance,
// nous reconnections et informons le thread en renseignant
// la variable lonContextName
if (hibernateSession != null)
  HibernateUtil.reconnect(hibernateSession);
if (processName != null)
  HibernateUtil.setLongContextName(processName);
```

En résumé

Grâce à quelques classes, la gestion de la session Hibernate est simplifiée. Le premier avantage des patterns `open session in view` et `long-session-per-application-transaction` est qu'ils sont indépendants de la plate-forme de déploiement. Ils fonctionneront aussi bien sur Tomcat et une application à base de servlets que sur un serveur d'applications.

Ces patterns peuvent s'utiliser dans un environnement à répartition de charge avec persistance de session (HTTP), que vous pouvez mettre en place avec plusieurs serveurs Tomcat en clusters et un serveur Apache configuré en `sticky session`. Vous pouvez aussi les utiliser pour des applications demandant une haute disponibilité (`failover`), en gardant cependant à l'esprit que la taille de la session HTTP est alors plus élevée. Si la taille de la session HTTP est primordiale pour vous, utilisez le pattern par réattachement.

Le choix entre réattachement et session longue dépend en partie de vos choix architecturaux :

• L'approche par session HTTP légère, voire Stateless (sans état), milite en faveur du réattachement. L'approche par EJB Façade également.

• L'approche par session HTTP longue présente l'avantage de la simplicité et offre une transparence accrue de la persistance. Elle impacte en revanche la taille de la session HTTP.

Utilisation d'Hibernate avec Struts

Cette section montre comment utiliser conjointement Hibernate et Struts. Struts est toujours d'actualité en attendant l'avènement de frameworks Web plus riches, comme JSF (JavaServer Faces).

Il existe plusieurs moyens de coupler les deux frameworks. La méthode décrite dans ce chapitre a fait ses preuves dans des projets de grande taille. Une technique répandue de couplage Struts-Hibernate consiste à faire hériter vos classes persistantes d'`ActionForm`. Pour des raisons d'évolutivité, il est toutefois déconseillé de lier vos classes métier à votre framework de présentation.

Il existe de multiples manières de copier les propriétés depuis et vers des DTO ou `Action-Form` pour alimenter les vues. Le mieux est encore « d'injecter » vos instances persistantes elles-mêmes dans vos vues. Il s'agit là bien sûr d'une image, mais nous verrons que cette méthode est d'une simplicité et d'une efficacité surprenantes.

JSP et informations en consultation

Voyons comment utiliser un graphe d'objets persistants dans une JSP, qu'elle contienne ou non des formulaires.

Prenons le cas de la JSP simple illustrée à la figure 7.10. Celle-ci ne propose les données qu'en consultation. L'action doit juste récupérer l'instance de `Team` souhaitée et invoquer `request.setAttribute("team", myPersistantTeam)`.

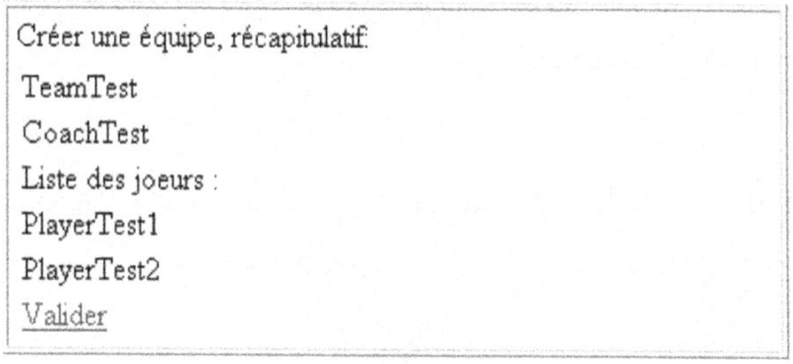

Figure 7.10

JSP d'affichage simple

Créer une équipe, récapitulatif:
TeamTest
CoachTest
Liste des joeurs :
PlayerTest1
PlayerTest2
Valider

Voici le source de la JSP :

```
<table border="0">
  <tr>
    <td><bean:write name="team" property="team.name"/></td>
  </tr>
  <tr>
    <td><bean:write name="team" property="team.coach.name"/></td>
  </tr>
  <tr>
    <td>Liste des joeurs :</td>
  </tr>
  <logic:iterate name="team" indexId="i" property="team.players"
    id="players">
    <tr>
      <td>
        <bean:write name="players" property="name"/>
      </td>
```

```
    </tr>
  </logic:iterate>
  <tr>
    <td><a href="makeTeamPersistent.do">Valider</a></td>
  </tr>
</table>
```

Une fois dans la JSP, vous pouvez sans problème utiliser la navigation du réseau d'objets ainsi qu'itérer sur les collections de l'objet team.

JSP et formulaires

Dans le cas des formulaires, le passage par struts-config est obligatoire. Pour éviter de dépendre d'une ActionForm, nous conseillons d'utiliser les DynaForm et plus particulièrement les DynaValidatorForm, qui offrent de nombreux avantages, dont la génération de contrôle JavaScript *via* struts-validator :

```
<form-beans>
  <form-bean name="teamForm"
    type="org.apache.struts.validator.DynaValidatorForm">
    <form-property name="team"
      type="com.eyrolles.sportTracker.model.Team"/>
      <form-property name="nbPlayer" type="java.lang.Integer"/>
    </form-bean>
</form-beans>
```

Au niveau de la JSP, rien de particulier ; la navigation est toujours recommandée :

```
<html:form action="createTeamName.do">
  <tr>
    <td>
      Nom de l'équipe: <html:text name="teamForm" property="team.name"/>
    </td>
  </tr>
  …
  <tr>
    <td>
      <html:submit/>
    </td>
  </tr>
</html:form>
```

L'utilisation du graphe d'objets dans les vues ajoute de la flexibilité à la conception des vues. Cela évite par ailleurs la maintenance des classes de transfert de données (DTO), même si cette technique ne va pas sans quelque limitations et prérequis.

Nous venons de traiter d'exemples très simples. L'utilisation de certains types et surtout des tableaux dans les formulaires complexifie grandement les choses. Pour autant, rien n'est impossible avec cette stratégie, qui, non contente de simplifier vos projets, offre une indépendance totale entre votre modèle métier et votre framework Web, et ce, sans alourdir vos charges de développement de projet avec des antipatterns, ou « mauvaises pratiques de développement », comme la systématisation des DTO.

Cette stratégie ne vaut, bien sûr, que pour les applications dans lesquelles les vues sont rendues sur un même serveur, lequel traite à la fois la partie métier et la persistance des données. En d'autres termes, elle n'est pas recommandée pour les clients lourds ni lorsque les objets transitent sur le réseau entre le serveur Web et le serveur d'applications.

En résumé

Les EJB 1 et 2 avaient promu l'utilisation des DTO. La raison à cela était simple : les EJB Entité ne pouvaient être exploités par les vues. La systématisation des DTO entraîne une démultiplication des classes dans vos projets, et donc un gain considérable dans les phases de développement et de maintenance.

Il ne faut cependant pas tomber dans l'excès inverse et supprimer radicalement les DTO, car vous en aurez toujours besoin, ne serait-ce que pour certains formulaires.

Gestion de la session dans un batch

Les batch ont vocation à effectuer des traitements de masse, le plus souvent des insertions ou extractions de données. À ce titre, ils ne profitent que très rarement d'une logique métier. De ce fait, le passage par votre modèle de classes, et donc par Hibernate, pour ce genre de traitement n'est pas le plus adapté.

Même s'il n'est pas rare de voir Hibernate utilisé pour les batch, cela peut être catastrophique pour les performances si une gestion adaptée n'est pas adoptée. Nous verrons cependant que l'overhead engendré par Hibernate est nul par rapport à JDBC, pour peu que l'outil soit bien utilisé.

Il est important de rappeler que Java n'est pas forcément le meilleur langage pour coder des batch. Des outils moins lourds permettent d'insérer ou de mettre à jour des données en masse.

Ajoutons que les outils de mapping objet-relationnel relèvent d'une philosophie et d'une intelligence qui engendrent un léger surcoût en terme de performance. Si ce coût est négligeable en comparaison des garanties et fonctionnalités offertes aux applications complexes, il n'en va pas de même avec les traitements de masse.

Pour en savoir plus   Le blog d'Hibernate *(http://blog.hibernate.org)* est une source d'informations sous-exploitée. Vous y trouverez de nombreuses informations sur les techniques de batch.

Best practice de session dans un batch

Avant de décrire cette fameuse technique de gestion de session Hibernate dans un batch, voici typiquement ce qu'il ne faut pas faire :

```
Session session = sessionFactory.openSession();
Transaction tx = session.beginTransaction();
for ( int i=0; i<100000; i++ ) {
    Customer customer = new Customer(…..);
    session.save(customer);
}
tx.commit();
session.close();
```

Avec un tel code, à chaque appel de session.save(customer) le cache de premier niveau qu'est la session Hibernate augmente en taille puisqu'il contient une nouvelle instance. Cela engendre rapidement un manque de mémoire et soulève une OutOfMemoryException.

Voyons comment améliorer ce code. Définissons d'abord le paramètre batch_size **(hibernate.cfg.xml)** entre 10 et 20. Afin d'éviter que la session augmente indéfiniment, nous allons la vider. Cela n'a aucun impact, puisque le batch n'a plus besoin des objets insérés et que, sans autre valeur ajoutée, il ne tire plus profit du cache de premier niveau.

Pour vider la session, nous appelons simplement session.clear(). Afin de diminuer les accès à la base de données, la génération d'id par les stratégies hilo est recommandée.

Avant de vider la session, il faut s'assurer qu'elle est synchronisée avec la base de données. Nous forçons donc le flush session.flush(). Le tout se déroule dans une boucle, qui traite les insertions par paquet de 20. Selon l'importance du graphe d'objets, vous pouvez jouer sur ce paramètre, en prenant soin de surveiller le batch_size.

Voici le code optimisé *(source blog de Gavin King)* :

```
Session session = sessionFactory.openSession();
Transaction tx = session.beginTransaction();

for ( int i=0; i<100000; i++ ) {
    Customer customer = new Customer(…..);
    session.save(customer);
    if ( i % 20 == 0 ) {
        //flush a batch of inserts and release memory:
        session.flush();
        session.clear();
    }
}

tx.commit();
session.close();
```

Le code ci-dessous permet des mises à jour efficaces d'instances persistantes tirant parti de la fonction scroll sur une requête. Là encore, l'objectif est d'éviter de charger la totalité des objets retournés par la requête mais de les traiter par paquets de taille raisonnable.

Vous optimisez de la sorte le rapport consommation mémoire/nombre de requêtes exécutées.

```
Session session = sessionFactory.openSession();
Transaction tx = session.beginTransaction();
ScrollableResults customers = session.getNamedQuery("GetCustomers")
    .scroll(ScrollMode.FORWARD_ONLY);
int count=0;
while ( customers.next() ) {
    Customer customer = (Customer) customers.get(0);
    customer.updateStuff(…);
    if ( ++count % 20 == 0 ) {
        //synchronise la base de données avec les mises
        //à jour et libère la mémoire
        session.flush();
        session.clear();
    }
}
tx.commit();
session.close();
```

En résumé

Grâce à ces deux techniques d'écriture de batch, les problèmes de performances devraient être considérablement réduits.

Gardez en tête que chaque technologie possède ses avantages et inconvénients. En tout état de cause, ces méthodes rendent l'utilisation d'Hibernate comparable à du JDBC pur.

Interpréter les exceptions

La grande majorité des exceptions soulevées par Hibernate ne sont pas récupérables et doivent être considérées comme fatales pour la session en cours.

Il est donc important de rappeler la logique globale de gestion d'une session, que vous passiez ou non par le couple `HibernateUtil`/`HibernateFilter`.

Voici un exemple de bas niveau qui ne passe pas par une classe utilitaire :

```
try {
    tx = session.beginTransaction();
    //faire votre travail
    …
    tx.commit();
}
catch (Exception e) {
    if (tx!=null) tx.rollback();
    throw e;
}
```

```
finally {
    session.close();
}
```

Les deux points essentiels sont les suivants :

• Effectuer un rollback sur la transaction pour relâcher les verrous en cours.

• Fermer la session dans une clause `finally` afin que la session ne puisse être réutilisée et que la connexion JDBC en cours soit rendue au pool de connexions.

Il est indispensable d'identifier les raisons qui ont abouti à une exception. Le tableau 7.1 récapitule les exceptions susceptibles d'être soulevées. Pour toute exception qui ne serait pas décrite dans ce tableau, se référer à la javadoc du package `org.hibernate`.

Tableau 7.1. Exceptions Hibernate

Exception	Description
HibernateException	Cette exception intervient dans la couche de persistance ou dans le pilote JDBC. Les `SQLExceptions` sont toujours encapsulées par des instances de `JDBCException`.
InstantiationException	Hibernate ne peut instancier une entité ou un composant au runtime.
JDBCException	Encapsule une `SQLException` et indique qu'une exception a eu lieu dans un appel JDBC.
LazyInitializationException	Indique une tentative d'accès à des données sous proxy en dehors du contexte de session. Cela survient, par exemple, lorsque vous accédez à une collection non initialisée (`lazy`) une fois la session fermée. Il convient en ce cas soit de précharger les proxy ou collections, soit de réassocier l'instance à une nouvelle session.
MappingException	Indique un problème au niveau du fichier de mapping. Cette exception est généralement lancée à la configuration et non au runtime.
NonUniqueObjectException	Indique qu'une opération tente de rompre l'identité dans une session. Cela arrive lorsque l'utilisateur tente d'associer deux instances différentes d'une même classe pour un identifiant particulier dans une même session. Cela peut se produire lorsque deux enregistrements sont retournés à l'invocation de `session.get()`.
NonUniqueResultException	Est lancée si l'application invoque `Query.uniqueResult()` et que la requête renvoie plus d'un résultat. Il s'agit d'une des rares exceptions non bloquantes.
ObjectDeletedException	L'utilisateur essaie de faire une action illégale sur un objet effacé.
ObjectNotFoundException	Lancée lorsque `session.load()` n'arrive pas à récupérer un objet avec l'identifiant donné. C'est la raison pour laquelle il est préférable d'utiliser `session.get()`, qui retourne `null` et ne lance pas d'exception.
PersistentObjectException	L'utilisateur essaie de passer une instance persistante à une méthode de la session qui attend une instance transiente.
PropertyAccessException	Un problème est décelé lors de l'accès d'une propriété d'une instance persistante par réflexion ou *via* CGLIB. Il y a plusieurs causes possibles à cela : – Erreur d'une vérification de sécurité. – Exception soulevée dans le getter ou setter. – Le type Hibernate n'a pu être casté vers le type de la propriété, ou inversement. Dans ce cas, pensez au `UserType`.
PropertyNotFoundException	Indique l'absence d'un getter ou setter.

Tableau 7.1. Exceptions Hibernate

Exception	Description
PropertyValueException	Une valeur illégale d'une propriété n'a pu être persistée. Il y a deux causes principales à cela : – Une propriété déclarée not-null est null. – Une association référence une instance transiente non sauvée.
QueryException	Un problème est survenu en traduisant la requête Hibernate en SQL, à cause d'une erreur de syntaxe.
StaleObjectStateException	La vérification de version ou timestamp a échoué, indiquant que la session contient des données corrompues (lors de l'utilisation d'une longue session avec versionnement). Cette exception survient aussi lorsque vous essayez d'effacer ou de mettre à jour un enregistrement qui n'existe pas. La plupart du temps, elle résulte d'un mauvais paramétrage de unsaved-value. Ce dernier étant optionnel dans Hibernate 3, il ne devrait plus y avoir de problème.
TransactionException	Indique qu'une transaction n'a pu être démarrée ou achevée (commit ou rollback).
TransientObjectException	L'utilisateur essaie de passer une instance transiente à une méthode de la session qui attend une instance persistante.
UnresolvableObjectException	Indique qu'Hibernate n'a pu récupérer un objet par son identifiant, notamment en tentant de charger une association.
WrongClassException	Exception lancée lorsque session.load() sélectionne un enregistrement pour un identifiant mais que l'enregistrement ne contient pas de colonne discriminatrice correcte pour la définition de la classe fille.

En résumé

La qualité d'une application se mesure en partie aux indications qu'elle est capable de fournir lorsqu'un problème survient. Pour cela, la gestion et l'interprétation des exceptions sont fondamentales.

Vous disposez des éléments qui vous seront utiles pour identifier et gérer les problèmes pouvant être soulevés par la couche persistance de vos applications.

Conclusion

Ce chapitre a passé en revue les différentes techniques de gestion de la session Hibernate, qui ne devrait plus avoir de secret pour vous. Vous devriez en outre être capable d'interpréter les exceptions soulevées et d'écrire des batch avec Hibernate de manière optimisée.

Vous découvrirez au chapitre 8 des fonctionnalités très avancées d'Hibernate 3, la plupart étant nouvelles. Vous verrez notamment comment mettre en place un pool de connexions et un cache de second niveau.

8

Fonctionnalités
de mapping avancées

Le chapitre 4 a montré toute la richesse des fonctionnalités offertes par Hibernate pour ne pas brider la modélisation du diagramme de classes métier d'une nouvelle application. Cependant, vous pouvez avoir besoin de mapper un modèle relationnel existant. De même, selon les techniques et prérequis d'un projet, il se peut que vous ayez besoin de fonctionnalités particulières, allant bien au-delà de l'utilisation intuitive de votre outil de mapping objet-relationnel.

Ce chapitre traite des fonctionnalités de mapping avancées proposées par Hibernate pour répondre à des problèmes précis, tels que la gestion des clés composées, les tables normalisées pour l'internationalisation ou la sécurité ou encore certaines stratégies particulières de chargement à la demande.

Vous découvrirez également les options de filtrage de collection ainsi que les façons d'interagir avec le moteur Hibernate et les opérations qu'il exécute. Vous verrez enfin les nouvelles approches de mapping proposées par Hibernate 3 consistant à utiliser des classes dynamiques et des documents XML ou à spécifier manuellement des ordres SQL.

Fonctionnalités de mapping liées aux métadonnées

Le parc applicatif d'une grande entreprise comporte des applications écrites dans divers langages, nombre d'entre elles reposant sur une base de données modélisée selon les méthodes et modes de l'époque. Ces techniques de modélisation ne sont pas toujours en totale adéquation avec la logique objet. Pour autant, en cas de réécriture en Java d'une application existante, il est intéressant pour l'homogénéité technologique de l'entreprise que les frameworks utilisés puissent s'adapter à cet existant.

Cette section introduit plusieurs fonctionnalités capables d'apporter souplesse et flexibilité en terme de mapping aussi bien que d'optimisation. Ces fonctionnalités sont les `composite-id`, les formules, le chargement à la demande au niveau des propriétés ainsi que la possibilité de mapper une classe à plusieurs tables.

Gérer des clés composées

Nous avons déjà décrit les avantages d'une gestion des clés primaires par des clés artificielles. Cependant, lorsque vous devez concevoir un modèle de classes pour une base de données existante et que l'unicité des enregistrements est définie sur plusieurs colonnes, vous devez utiliser une autre définition pour l'`id` de vos mappings. C'est ce qu'on appelle le `composite-id`.

Il est intéressant de noter que l'utilisation de clés artificielles ne fait pas l'unanimité chez les DBA. Il vous faudra donc sûrement gérer les clés composées un jour ou l'autre.

Le diagramme de classes illustré à la figure 8.1 illustre la difficulté de maintenir ou faire évoluer des objets dont l'unicité est assurée par des clés composées *(voir le chapitre 3)*.

Figure 8.1

Diagramme de classes exemple

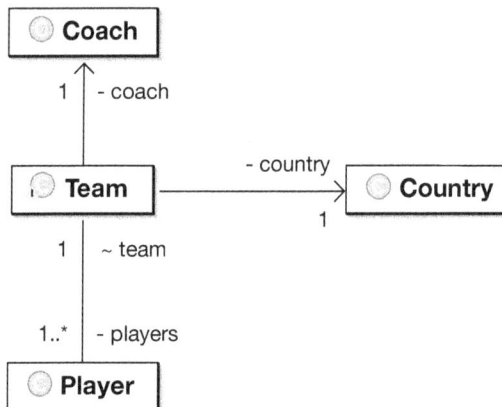

À première vue, il n'y a rien de particulier sur ce diagramme. Le problème réside en fait dans le modèle relationnel.

Regardons de plus près le script DDL qui décrit la structure de la base de données :

```
create table TEAM (
    TEAM_NAME varchar(255) not null,
    YEAR integer not null,
    COUNTRY_ID bigint not null,
    COACH_ID bigint,
    primary key (TEAM_NAME, YEAR, COUNTRY_ID)
)
```

```
create table PLAYER (
    PLAYER_ID bigint generated by default as identity (start with 1),
    PLAYER_NAME varchar(255),
    PLAYER_NUMBER integer,
    BIRTHDAY timestamp,
    HEIGHT float,
    WEIGHT float,
    TEAM_NAME varchar(255),
    YEAR integer,
    COUNTRY_ID bigint,
    primary key (PLAYER_ID)
)
create table COUNTRY (
    COUNTRY_ID bigint generated by default as identity (start with 1),
    COUNTRY_NAME varchar(255),
    primary key (COUNTRY_ID)
)
create table COACH (
    COACH_ID bigint generated by default as identity (start with 1),
    COACH_NAME varchar(255),
    primary key (COACH_ID)
)
alter table TEAM add constraint FK273A5DC711EEE0 foreign key (COACH_ID) references COACH
alter table TEAM add constraint FK273A5DC35AEA64 foreign key (COUNTRY_ID) references COUNTRY
alter table PLAYER add constraint FK8CD18EE1B91755CE foreign key (TEAM_NAME, YEAR,
COUNTRY_ID) references TEAM
```

La clé primaire de la table TEAM est constituée de trois colonnes, dont l'une est soumise à une contrainte de clé étrangère vers la table COUNTRY. La table PLAYER reprend ces trois colonnes pour permettre la jointure et la cohérence des données vers l'enregistrement de la table TEAM associée.

Gestion interne de la clé composée

La première méthode pour mapper une telle clé primaire consiste à faire en sorte que la classe Team reprenne trois propriétés, une par colonne :

```
public class Team implements Serializable{
    private String name;
    private Integer year;
    private Country country;
    private List players = new ArrayList();
    private Coach coach;

    ...
}
```

Le fichier de mapping utilise l'élément <composite-id/> en remplacement de l'élément <id/> que nous avons utilisé jusqu'à présent. Cet élément contient les nœuds suivants :

- <key-property/> : pour mapper les colonnes qui n'ont pas de contrainte de clé étrangère vers une autre table.

- `<key-many-to-one/>` : pour mapper les colonnes qui sont soumises à une contrainte de clé étrangère vers une autre table.

Dans notre cas, nous avons deux colonnes simples et une troisième qui possède une contrainte vers la table COUNTRY. L'ordre dans lequel nous déclarons ces trois colonnes fera office de référence pour toute association to-many depuis cette classe ou to-one vers cette classe, ce qui est illustré dans notre exemple par l'association bidirectionnelle entre Team et Player.

Le mapping ci-dessous permet de comprendre aussi bien l'écriture de l'élément `<composite-id>` que la déclaration de la collection players :

```
<hibernate-mapping>
  <class name="Team" table="TEAM" >
    <composite-id>
      <key-property name="name" column="TEAM_NAME"/>
      <key-property name="year" column="YEAR"/>
      <key-many-to-one name="Country" column="COUNTRY_ID"/>
    </composite-id>
    <many-to-one name="coach" column="COACH_ID" class="Coach"
      cascade="persist,merge" />
    <bag name="players" inverse="true" fetch="join"
      cascade="persist,merge">
      <key>
        <column name="TEAM_NAME" />
        <column name="YEAR" />
        <column name="COUNTRY_ID" />
      </key>
      <one-to-many class="Player" />
    </bag>
  </class>
</hibernate-mapping>
```

L'écriture de l'autre extrémité de l'association bidirectionnelle s'effectue de la façon suivante :

```
<hibernate-mapping>
  <class name="Player" table="PLAYER" >
    <id name="id" column="PLAYER_ID">
      <generator class="native"/>
    </id>
    <property name="name" column="PLAYER_NAME"/>
    ...
    <many-to-one name="team" class="Team">
      <column name="TEAM_NAME" />
      <column name="YEAR" />
      <column name="COUNTRY_ID" />
    </many-to-one>
  </class>
</hibernate-mapping>
```

Nous ne saurions trop insister sur l'importance de l'ordre de déclaration des colonnes. Si vous inversez deux colonnes, le risque de bogue est élevé.

Gestion externe de la clé composée

Il existe un moyen plus élégant pour gérer ces cas, qui consiste à externaliser les propriétés mappées aux colonnes composant la clé primaire. La classe `TeamId` se charge de le faire. Notez au passage l'implémentation des méthodes `equals()` et `hashcode()`, qu'il est vivement conseillé de surcharger lorsque vous utilisez des `composite-id`.

```java
public class TeamId implements Serializable {
  private String name;
  private Integer year;
  private Country country;
  public TeamId(String name, int year, Country country) {
    this.name = name;
    this.year = year;
    this.country = country;
  }
  public TeamId(){}

  // getters & setters
  public boolean equals(Object o) {
    if (this == o) return true;
    if (o == null) return false;
    if (!(o instanceof TeamId)) return false;
    final TeamId teamId = (TeamId) o;
    if (!year.equals(teamId.getYear()))
      return false;
    if (!name.equals(teamId.getName()))
      return false;
    return true;
  }
  public int hashCode() {
    return name.hashCode();
  }
}
```

La classe `Team` subit une simplification par laquelle les trois anciennes propriétés sont remplacées par une référence à notre nouvelle classe `TeamId` :

```java
public class Team implements Serializable{
  private TeamId teamId;
  private List players = new ArrayList();
  private Coach coach;
  ...
}
```

Le fichier de mapping est pour sa part très peu modifié. Les attributs name et class de l'élément <composite-id/> sont simplement renseignés :

```
<composite-id name="teamId" class="TeamId">
  <key-property name="name" column="TEAM_NAME"/>
  <key-property name="year" column="YEAR"/>
  <key-many-to-one name="Country" column="COUNTRY_ID"></key-many-to-one>
</composite-id>
```

Il est conseillé d'utiliser l'externalisation de l'id dans une classe pour des raisons de facilité de gestion, d'évolution et de maintenance.

Récupération d'une classe possédant un

Si vous souhaitez utiliser les méthodes session.get() et session.load(), vous devez vous souvenir qu'elles prennent en second argument un argument Serializable. Puisque vous avez externalisé le composite-id dans une classe qui implémente Serializable, il vous suffit d'instancier cette classe, de lui fixer les bonnes propriétés et d'invoquer les méthodes session.get() et session.load(), comme vous le faites avec les id habituels :

```
tx = session.beginTransaction();
Country countryA = (Country)session
  .createQuery("from Country c where c.name = 'ca' ").list().get(0);
Serializable teamId = new TeamId("Team A",new Integer(2004),countryA);
Team team = (Team)session.get(Team.class, teamId);
tx.commit();
```

Hibernate interprète lui-même la notion de clé composée et génère la requête SQL en définissant les colonnes permettant de vérifier l'unicité de l'enregistrement :

```
select team0_.TEAM_NAME as TEAM_NAME0_, team0_.YEAR as YEAR0_,
  team0_.COUNTRY_ID as COUNTRY_ID0_, team0_.COACH_ID as COACH_ID2_0_
from TEAM team0_
where team0_.TEAM_NAME=? and team0_.YEAR=? and team0_.COUNTRY_ID=?
```

Mapper deux tables à une classe avec join

Hibernate 3 permet désormais de mapper plusieurs tables à une seule classe au moyen de l'élément <join/>.

Reprenons l'exemple de la classe Team liée à la classe Coach, puis supprimons la classe Coach et récupérons ces propriétés au niveau de la classe Team, laquelle devient :

```
public class EhancedTeam implements Serializable{
  private Long id;
  private String name;
  private List players = new ArrayList();
  private int nbLost;
  private String coachName;
```

```
    private Date coachBirthday;
    private double coachHeight;
    private double coachWeight;
    public EhancedTeam (){}

    ...
}
```

Notre modèle relationnel n'a pas changé, comme le montre le script de création de la base de données :

```
create table TEAM (
    TEAM_ID bigint generated by default as identity (start with 1),
    NB_LOST integer,
    primary key (TEAM_ID)
)
create table PLAYER (
    PLAYER_ID bigint generated by default as identity (start with 1),
    PLAYER_NAME varchar(255),
    PLAYER_NUMBER integer,
    BIRTHDAY timestamp,
    HEIGHT float,
    WEIGHT float,
    TEAM_ID bigint,
    primary key (PLAYER_ID)
)
SchemaExport:154 - create table COACH (
    TEAM_ID bigint not null,
    COACH_NAME varchar(255),
    WEIGHT double,
    HEIGHT double,
    BIRTHDAY timestamp,
    primary key (TEAM_ID)
)
alter table PLAYER add constraint FK8CD18EE1AA36363D
    foreign key (TEAM_ID) references TEAM
alter table COACH add constraint FK3D50C7AAA36363D
    foreign key (TEAM_ID) references TEAM
```

C'est au niveau du fichier de mapping que nous allons spécifier que les deux tables sont mappées à la même classe persistante :

```
<hibernate-mapping>
  <class name="EhancedTeam" table="TEAM" >
  <id name="id" column="TEAM_ID">
    <generator class="native"/>
  </id>
  <bag name="players" inverse="true" fetch="select"
    cascade="persist,merge">
    <key column="TEAM_ID"/>
    <one-to-many class="Player" />
  </bag>
  <property name="nbLost" column="NB_LOST"/>
```

```
    <join table="COACH">
      <key column="TEAM_ID"/>
      <property name="coachName" column="COACH_NAME"/>
      <property name="coachWeight" column="WEIGHT"/>
      <property name="coachHeight" column="HEIGHT"/>
      <property name="coachBirthday" column="BIRTHDAY"/>
    </join>
  </class>
</hibernate-mapping>
```

Cette déclaration est simple à écrire. Il suffit de spécifier la colonne sur laquelle effectuer la jointure (élément <key/>) puis les propriétés de la classe mappées aux colonnes de cette seconde table *via* l'élément classique <property/>.

Selon l'existence ou non d'un enregistrement lié dans la table COACH, vous pouvez obtenir un comportement erroné. Par exemple, le code suivant :

```
tx = session.beginTransaction();
EhancedTeam t = (EhancedTeam)session.createQuery("from EhancedTeam t ")
  .list().get(0);
tx.commit();
```

exécute la requête SQL suivante :

```
select ehancedtea0_.TEAM_ID as TEAM1_, ehancedtea0_.NB_LOST as NB2_0_,
  ...
from TEAM ehancedtea0_
  inner join COACH ehancedtea0_1_
    on ehancedtea0_.TEAM_ID=ehancedtea0_1_.TEAM_ID
```

Le inner join pose problème s'il n'existe pas d'enregistrement correspondant dans la table COACH. Pour parer à cet éventuel désagrément, il suffit de déclarer l'élément <join/> comme optionnel et de le modifier en spécifiant l'attribut optional à true :

```
<join optional="true" table="COACH">
  <key column="TEAM_ID"/>
  <property name="coachName" column="COACH_NAME"/>
  <property name="coachWeight" column="WEIGHT"/>
  <property name="coachHeight" column="HEIGHT"/>
  <property name="coachBirthday" column="BIRTHDAY"/>
</join>
```

Une fois ce paramétrage réalisé, la requête générée utilise un left outer join :

```
select ehancedtea0_.TEAM_ID as TEAM1_, ehancedtea0_.NB_LOST as NB2_0_,
  ...
from TEAM ehancedtea0_
  left outer join COACH ehancedtea0_1_
    on ehancedtea0_.TEAM_ID=ehancedtea0_1_.TEAM_ID
```

Grâce à cette fonctionnalité de mapping de deux tables à une seule entité, l'entité Coach n'a désormais plus de sens, les propriétés relatives à la notion de *coach* étant liées au cycle de vie des instances de la classe Team.

Bien qu'allant à l'encontre du principe de modélisation fine de votre modèle métier, ce concept peut être utile dans certains cas, par exemple pour la stratégie d'héritage « table par sous-classe avec discriminateur » que nous avons décrite au chapitre 4.

Utiliser des formules

Les formules sont une fonctionnalité sous-estimée d'Hibernate. Leur utilisation consiste à mapper une expression SQL à une propriété, cette dernière ne devenant accessible qu'en lecture.

Considérons un cahier des charges comprenant le diagramme de classes illustré à la figure 8.2. Ce cahier des charges spécifie par ailleurs le cas d'utilisation « Fiche joueur », dans lequel doit apparaître le nombre de matchs dans lesquels un joueur a été élu meilleur joueur. Du point de vue de la classe Game, il s'agit du rôle mostValuablePlayer, qui caractérise l'association vers la classe Player.

Figure 8.2

*Gestion
des meilleurs
joueurs*

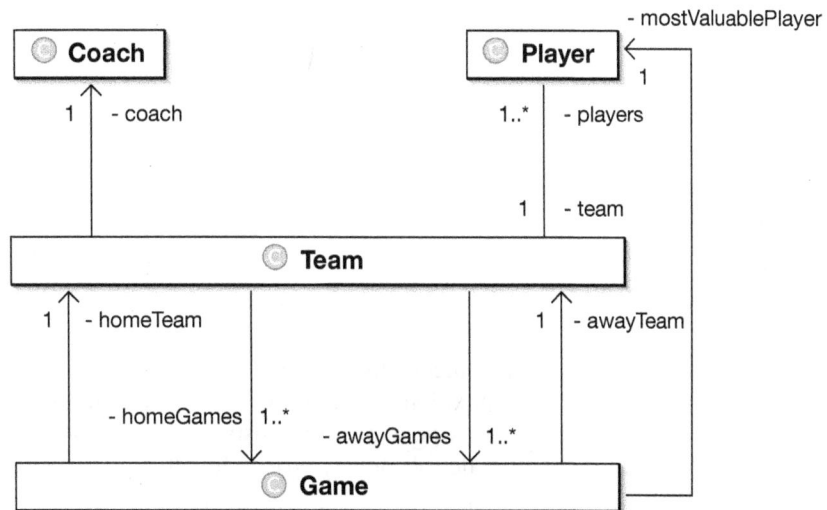

Nous supposerons que nous ne pouvons modifier le diagramme de classes pour rendre bidirectionnelle l'association entre les classes Game et Player, ce qui aurait pu nous aider.

En utilisant les design patterns MVC (modèle, vue, contrôleur), notre application étant de type Web, et DAO (Data Access Object), pour l'isolation des appels à la couche de persistance, la cinématique de l'application correspond au diagramme de séquences illustré à la figure 8.3.

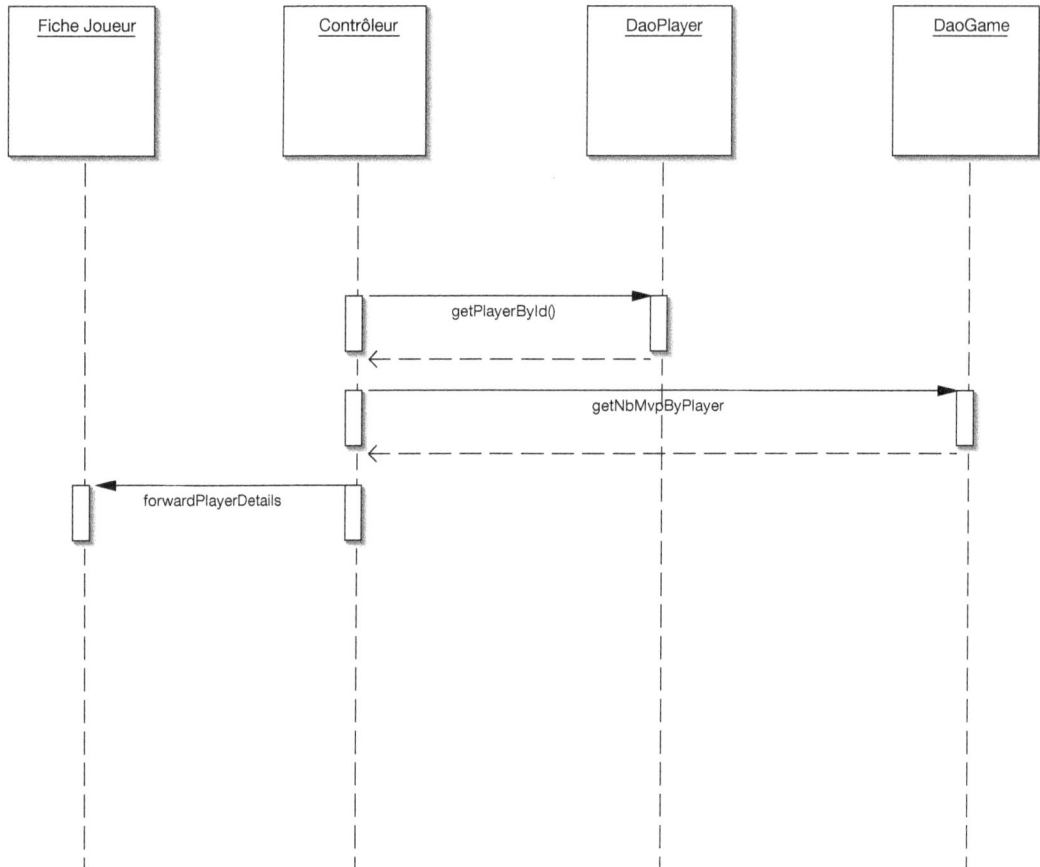

Figure 8.3
Interrogation de deux DAO par le contrôleur

Ce diagramme vise uniquement à montrer que le contrôleur doit faire appel à deux reprises à la couche d'accès aux données, qui pourrait être renommée « couche d'accès aux objets » : une première fois pour obtenir l'instance de `Player` souhaitée, et la seconde pour récupérer le nombre de fois où ce *player* a été élu meilleur joueur du match.

Souvenez-vous de l'enrichissement fonctionnel de votre modèle de classes métier, et pensez à rendre vos classes persistantes les plus « utiles » possibles. Il serait intéressant de disposer d'une propriété `int hasBeenMvpCount` (nombre de fois où le joueur a été élu meilleur joueur du match) dans notre POJO `Player`. Avec les patterns traditionnels, les POJO sont isolés de la couche d'accès aux données et ne se suffisent pas pour exécuter `setHasBeenMvpCount(int i)`. Le contrôleur a donc la charge d'injecter la valeur en faisant lui-même appel à la couche d'accès aux données.

Les formules permettent de contourner cette restriction imposée par les patterns traditionnels.

Nous allons ajouter une déclaration de formule au fichier de mapping `Player.hbm.xml` :

```
<property name="hasBeenMvpCount"
  formula= "select count(*)
  from GAME g
  where g.PLAYER_ID = PLAYER_ID"/>
```

Analysons la conséquence de cette déclaration lors de la récupération d'instances de `Player` :

```
tx = session.beginTransaction();
Player player = (Player)session.get(Player.class, new Long(1));
tx.commit();
session.close();
```

Cette conséquence de l'utilisation d'une formule se retrouve dans la requête SQL générée :

```
select player0_.PLAYER_ID as PLAYER_ID0_,
  player0_.PLAYER_NAME as PLAYER_N2_0_,
  player0_.PLAYER_NUMBER as PLAYER_N3_0_,
  player0_.BIRTHDAY as BIRTHDAY0_,
  player0_.HEIGHT as HEIGHT0_,
  player0_.WEIGHT as WEIGHT0_,
  player0_.TEAM_ID as TEAM_ID0_,
  select count(*) from GAME g
    where g.PLAYER_ID = player0_.PLAYER_ID as f0_0_
from PLAYER player0_ where player0_.PLAYER_ID=?
```

La formule est incluse dans le SQL pour permettre de renseigner de manière transparente la propriété `int hasBeenMvpCount`. Nous obtenons alors la nouvelle cinématique illustrée à figure 8.4.

Hibernate et la couche DAO (Data Access Object)

Traditionnellement, la couche DAO est l'endroit privilégié pour placer le code JDBC et SQL. Nous y retrouvons des méthodes de lecture, d'insertion, modification et suppression. En l'utilisant dans une application fondée sur un outil de mapping objet, les méthodes de base s'appuient sur le cycle de vie de l'objet pour rendre une instance persistante ou transiente, la détacher ou la réattacher. Concrètement, cette couche permet surtout la factorisation et l'isolement des requêtes, ce qui simplifie grandement la maintenance, tout en améliorant la lisibilité et en favorisant la factorisation.

L'expérience prouve que cette couche simplifie grandement la migration de Hibernate 2 vers Hibernate 3. Elle pourrait aussi permettre de migrer vers un autre outil reprenant la même notion de cycle de vie, comme TopLink ou des implémentations de JDO. Par contre, migrer depuis ou vers du JDBC classique ou iBatis est impossible, car leurs philosophies sont complètement différentes.

Concernant la granularité à adopter pour les DAO, tout dépend de la structure et de la taille du projet. Pour un petit projet, un seul DAO peut suffire pour l'intégralité du projet. Pour les projets plus grands, si votre packaging est solide, optez pour un DAO par package.

À première vue, les formules sont donc très pratiques. Malheureusement, un inconvénient de taille affecte les performances. Pour notre cas d'utilisation, la formule n'est que bénéfique puisqu'elle permet l'économie d'une interaction entre le contrôleur et la couche DAO. Mais pour les cas d'utilisation nécessitant l'accès à des instances de `Player`, cette surcharge du SQL généré n'est pas acceptable puisque complètement inutile.

Hibernate 3 accroît l'utilité des formules en donnant à l'utilisateur la possibilité de déclarer le chargement des propriétés simples, à l'image des formules, comme tardif *(voir la section suivante)*. N'hésitez donc pas à utiliser les formules en les couplant au chargement tardif de la propriété associée.

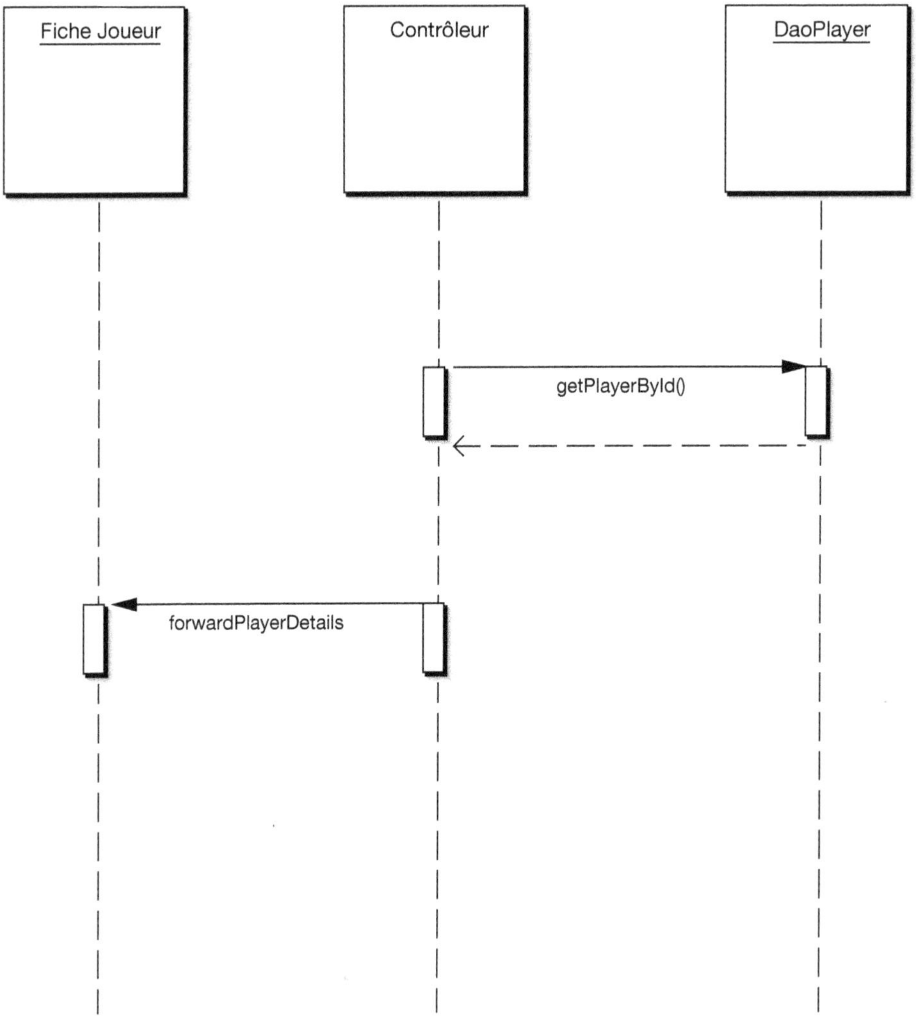

Figure 8.4
Effet de la formule sur la cinématique de l'application

Chargement tardif des propriétés

Nous avons détaillé au chapitre 5 le rôle du *lazy loading,* ou chargement tardif, au niveau des collections et des associations `many-to-one`. Cette fonction est désormais disponible au niveau des propriétés, et donc des formules.

Les seuls cas où vous devriez avoir besoin de cette fonctionnalité sont ceux où une classe persistante contient énormément de propriétés ou quelques propriétés particulièrement volumineuses, un long texte, par exemple, et bien sûr ceux où, comme nous l'évoquions précédemment, vous utilisez des formules susceptibles d'impacter les performances.

Pour utiliser le chargement tardif sur une propriété, utilisez l'attribut `lazy` sur l'élément `<property/>` :

```
<hibernate-mapping>
  <class name="EhancedTeam" table="TEAM" >
   <id name="id" column="TEAM_ID">
     <generator class="native"/>
   </id>

   ...
   <many-to-one column="SPONSOR_ID" lazy="true" name="sponsor"/>
   <property name="nbLost" column="NB_LOST" lazy="true"/>
   <property name="name" column="TEAM_NAME" lazy="true"/>
   <join table="COACH" >
     <key column="TEAM_ID"/>
     <property name="coachName" column="COACH_NAME" lazy="true"/>
     <property name="coachWeight" column="WEIGHT" lazy="true"/>
     <property name="coachHeight" column="HEIGHT" lazy="true"/>
     <property name="coachBirthday" column="BIRTHDAY" lazy="true"/>
   </join>
  </class>
</hibernate-mapping>
```

Cette fonctionnalité requiert une instrumentation spécifique par le biais d'une tâche Ant. Utilisez-la dans votre fichier de construction avec le nœud `<target/>` suivant :

```
<project name="SportTracker" default="instrument" basedir=".">
  <property name="lib.dir" value="WEB-INF/lib"/>
  <property name="src.dir" value="WEB-INF/src"/>
  <property name="build.dir" value="WEB-INF/build"/>
  <property name="classes.dir" value="WEB-INF/classes"/>
  <property name="javadoc"
    value="http://java.sun.com/j2se/1.3/docs/api"/>
  <property name="javac.debug" value="on"/>
  <property name="javac.optimize" value="off"/>
  <path id="hibernate-schema-classpath">
    <fileset dir="${lib.dir}">
      <include name="**/*.jar"/>
      <include name="**/*.zip"/>
    </fileset>
    <pathelement location="${classes.dir}" />
```

```
        </path>
        <path id="lib.class.path">
          <fileset dir="${lib.dir}">
            <include name="**/*.jar"/>
          </fileset>
          <pathelement path="${clover.jar}"/>
        </path>
        <target name="instrument" >
          <taskdef name="instrument"
            classname="org.hibernate.tool.instrument.InstrumentTask">
            <classpath path="${lib.dir}"/>
            <classpath path="${classes.dir}/com/eyrolles/sportTracker/model"/>
            <classpath refid="lib.class.path"/>
          </taskdef>
          <instrument verbose="true">
            <fileset dir="${classes.dir}/com/eyrolles/sportTracker/model">
              <include name="*.class"/>
            </fileset>
          </instrument>
        </target>
    </project>
```

Vérifiez que l'instrumentation se passe comme prévu en scrutant les traces. Vous devriez voir apparaître des traces semblables à celles-ci :

```
instrument:
[instrument] Enhancing class com.eyrolles.sportTracker.model.Coach
[instrument] Enhancing class com.eyrolles.sportTracker.model.Team
[instrument] Enhancing class com.eyrolles.sportTracker.model.Player
BUILD SUCCESSFUL
Total time: 1 second
```

Au démarrage de votre application, Hibernate vous rappelle sur quelles classes est activé le chargement tardif sur les propriétés :

```
INFO EntityMetamodel:184 - lazy property fetching available for:
  com.eyrolles.sportTracker.model. Player
INFO EntityMetamodel:184 - lazy property fetching available for:
  com.eyrolles.sportTracker.model. Team
```

Le code suivant illustre le comportement résultant de ce paramétrage :

```
tx = session.beginTransaction();
EhancedTeam t = (EhancedTeam)session.get(EhancedTeam.class,new Long(1));
System.out.println("coach name: " + t.getCoachName());
System.out.println("coach height: " + t.getCoachHeight());
System.out.println("coach birthday: " + t.getCoachBirthday());
System.out.println("coach weight: " + t.getCoachWeight());
System.out.println("team name: " + t.getName());
tx.commit();
```

Si nous étudions les traces :

```
select ehancedtea0_.TEAM_ID as TEAM1_0_
from TEAM ehancedtea0_
  inner join COACH ehancedtea0_1_
    on ehancedtea0_.TEAM_ID=ehancedtea0_1_.TEAM_ID
where ehancedtea0_.TEAM_ID=?
select ehancedtea_.NB_LOST as NB2_0_, ehancedtea_.TEAM_NAME as TEAM3_0_,
  ehancedtea_1_.COACH_NAME as COACH2_1_,
    ehancedtea_1_.WEIGHT as WEIGHT1_, ehancedtea_1_.HEIGHT as HEIGHT1_,
    ehancedtea_1_.BIRTHDAY as BIRTHDAY1_
from TEAM ehancedtea_
  inner join COACH ehancedtea_1_
  on ehancedtea_.TEAM_ID=ehancedtea_1_.TEAM_ID
where ehancedtea_.TEAM_ID=?
coach name: testlazy
coach height: 1.88
coach birthday: 2005-03-06 17:07:23.342
coach weight: 110.0
team name: team
```

nous constatons que l'accès à la première propriété paramétrée avec lazy="true" charge d'un coup, et non une par une, toutes les propriétés paramétrées avec lazy="true".

Au niveau des propriétés, cette fonctionnalité est anecdotique, même si elle vous rendra service dans les rares cas où vous manipulerez des classes avec un grand nombre de propriétés.

En résumé

Hibernate 3 propose de nouveaux éléments pour mapper des schémas relationnels complexes et exotiques ainsi que les schémas existants les plus « originaux ».

Les formules, couplées au chargement tardif des propriétés qui leur sont associées, permettent d'enrichir votre domaine de classes métier sans impacter les performances des cas d'utilisation qui ne nécessitent pas les propriétés en question.

Fonctionnalités à l'exécution

Hibernate 3 propose des fonctionnalités intéressantes disponibles à l'exécution.

Les collections soulèvent parfois des problèmes de récupération de données inutiles, surtout lorsque vous travaillez avec des tables contenant des données temporaires ou internationalisées. Dans ce dernier cas, les enregistrements nécessaires sont uniquement ceux de la langue de l'utilisateur. Sans fonctionnalité de filtre, il devient gênant de récupérer systématiquement l'ensemble des informations de toutes les langues.

Les filtres de collection

Les filtres de collection sont un artifice dérivé des requêtes. Ils consistent à exécuter une requête non pas sur le datastore complet mais sur une collection.

Pour exécuter un filtre, il suffit d'invoquer la méthode `createFilter()` sur la session. Cette méthode prend deux paramètres. Le premier est la collection à filtrer, et le second une requête HQL. La méthode `createFilter()` retourne une `Query`, que vous avez appris à manipuler au chapitre 5.

En voici un exemple :

```
tx = session.beginTransaction();
Team t = (Team)session.get(Team.class,new Long(1));
Collection bigPlayers = session.createFilter(
  t.getPlayers(),
  "where this.weight < :weight ")
  .setParameter( "weight", 1.88)
  .list();
tx.commit();
```

La collection `players` d'une instance de `Team` contient des instances de `Player`. Nous pouvons donc écrire une clause `where` HQL contenant des restrictions sur n'importe laquelle des propriétés accessibles depuis une instance de `Player`, y compris en naviguant dans le graphe d'objets.

L'exécution du filtre écrit précédemment implique la génération de la requête SQL suivante :

```
select team0_.TEAM_ID as TEAM1_0_, team0_.NB_LOST as NB2_0_0_,
  team0_.TEAM_NAME as TEAM3_0_0_, team0_.COACH_ID as COACH4_0_0_
from TEAM team0_ where team0_.TEAM_ID=?
select this.PLAYER_ID as PLAYER1_, this.PLAYER_NAME as PLAYER2_1_,
  this.PLAYER_NUMBER as PLAYER3_1_, this.BIRTHDAY as BIRTHDAY1_,
  this.HEIGHT as HEIGHT1_, this.WEIGHT as WEIGHT1_,
  this.TEAM_ID as TEAM7_1_
from PLAYER this
where this.TEAM_ID = ? and ((this.WEIGHT<? ))
```

L'exécution du filtre est identique à l'exécution d'une requête et renvoie une liste d'objets.

Les filtres dynamiques

Les versions précédentes d'Hibernate permettaient déjà de filtrer les instances de classes persistantes ainsi que les éléments des collections *via* l'attribut `where`. Cet attribut est toujours disponible au niveau classe et au niveau des collections dans les fichiers de mapping, comme le montre l'exemple suivant :

```
<hibernate-mapping>
  <class where=" COUNTRY_ID = 1 " name="Team" table="TEAM" >

    ...

    <bag name="players" inverse="true" where = " BL_ACTIVE = 1 " >

    ...

    </bag>
  </class>
</hibernate-mapping>
```

L'inconvénient majeur de cette clause est qu'elle est statique, car non paramétrable.

Hibernate 3 offre désormais la possibilité de paramétrer ces filtres, une fonctionnalité indispensable pour l'internationalisation des applications ou pour la sécurité *(voir le papier de Steve Ebersole sur le blog d'Hibernate, à l'adresse http://blog.hibernate.org/cgi-bin/ blosxom.cgi/Steve%20Ebersole/v3-filters.html).*

Les sections qui suivent détaillent quelques exemples d'application de filtre sur une classe et sur une collection.

Filtre simple sur une classe

L'utilisation d'un filtre comporte trois étapes, dont les deux premières consistent à spécifier les éléments du filtre dans les fichiers de mapping, la troisième étant l'utilisation même du filtre dans votre code.

```
<hibernate-mapping>
  <class name="Player" table="PLAYER" >

    ...

    <filter name="heightFilter"><![CDATA[HEIGHT > :height ]]></filter>
  </class>
  <filter-def name="heightFilter">
    <filter-param name="height" type="double"/>
  </filter-def>
</hibernate-mapping>
```

Dans le mapping précédent, le nœud `<filter-def/>`, placé après `<class/>`, correspond à la signature du filtre. Il est composé d'un nom et d'une suite de paramètres. Chaque paramètre (`<filter-param/>`) est défini par son nom et son type (`int`, `double`, `string`, etc.).

Dans notre exemple, nous affectons le filtre au niveau de la classe grâce à l'élément `<filter/>`, dernier nœud XML composant `<class/>`. Ce dernier contient le nom du filtre et son expression SQL. Nous retrouvons ici la notion de paramètre nommé (`height`).

Par défaut, le filtre n'est pas actif. Il faut donc spécifier dans le mapping qu'il se peut que le filtre soit utilisé à l'exécution.

L'activation se fait en invoquant sur la session la méthode `session.enableFilter(leNomDu-Filtre)`. Il ne reste plus qu'à définir la valeur des paramètres du filtre en invoquant `filter.setParameter(leNomDuParamètre, saValeur)`.

Voici un exemple concret :

```
tx = session.beginTransaction();
session.enableFilter("heightFilter").setParameter("height",1.88);
List results = session.createQuery("from Player p ").list();
tx.commit();
```

En sortie, Hibernate a bien généré la requête SQL en complétant la clause where avec la condition présente dans le filtre :

```
select player0_.PLAYER_ID as PLAYER_ID, …
from PLAYER player0_
where player0_.HEIGHT > ?
```

Filtre sur une collection

Les filtres peuvent aussi être utilisés sur une collection. Dans ce cas, l'élément <filter/> doit être le dernier élément présent dans le nœud XML de la collection (<bag/>, <list/>, <set/>, <map/>) :

```
<hibernate-mapping>
  <class name="Team" table="TEAM" >
    …
    <bag name="players" inverse="true" >
      <key>
        <column name="TEAM_NAME" />
        <column name="YEAR" />
        <column name="COUNTRY_ID" />
      </key>
      <one-to-many class="Player" />
      <filter name="heightFilter"><![CDATA[HEIGHT > :height ]]></filter>
    </bag>
    <property name="nbLost" column="NB_LOST"/>
  </class>
  <filter-def name="heightFilter">
    <filter-param name="height" type="double"/>
  </filter-def>
</hibernate-mapping>
```

Le filtre ne doit pas forcément être déclaré dans le même fichier de mapping que la classe ou collection à laquelle il peut s'appliquer. Nous aurions pu définir le filtre dans le fichier de mapping dédié à la classe Player et y faire référence dans celui dédié à la classe Team.

L'activation du filtre est identique à celle de l'exemple précédent :

```
tx = session.beginTransaction();
session.enableFilter("heightFilter").setParameter("height",1.88);
List results2 = session.createQuery("from Team t
  left join fetch t.players ").list();
tx.commit();
```

En sortie, la conséquence sur la requête SQL générée répond à nos besoins :

```
select team0_.TEAM_NAME as TEAM_NAME0_,
  ...
from TEAM team0_
  left outer join PLAYER players1_ on
    team0_.TEAM_NAME=players1_.TEAM_NAME
    and team0_.YEAR=players1_.YEAR
    and team0_.COUNTRY_ID=players1_.COUNTRY_ID
    and players1_.HEIGHT > ?
```

Le paramétrage de l'attribut lazy n'a bien sûr aucun impact sur l'application du filtre.

Plusieurs filtres aux niveaux classe et collection

Vous avez la possibilité de cumuler autant de filtres que vous le souhaitez, que ce soit au niveau classe, au niveau collection ou aux deux niveaux simultanément.

Voici un exemple d'utilisation de deux filtres sur une même collection :

```
<hibernate-mapping>
  <class name="Team" table="TEAM" >

    ...
    <bag name="players" inverse="true" >
      <key>
        <column name="TEAM_NAME" />
        <column name="YEAR" />
        <column name="COUNTRY_ID" />
      </key>
      <one-to-many class="Player" />
      <filter name="heightFilter"><![CDATA[HEIGHT > :height ]]></filter>
      <filter name="weightFilter"><![CDATA[WEIGHT > :weight ]]></filter>
    </bag>
    <property name="nbLost" column="NB_LOST"/>
    <filter name="lostGameFilter"><![CDATA[NB_LOST > :nbLost ]]></filter>
  </class>
  <filter-def name="lostGameFilter">
    <filter-param name="nbLost" type="int"/>
  </filter-def>
  <filter-def name="heightFilter">
    <filter-param name="height" type="double"/>
  </filter-def>
  <filter-def name="weightFilter">
    <filter-param name="weight" type="double"/>
  </filter-def>
</hibernate-mapping>
```

Veillez toujours à activer chacun des filtres dont vous avez besoin *via* session.enableFilter() :

```
tx = session.beginTransaction();
session.enableFilter("heightFilter").setParameter("height",1.88);
session.enableFilter("weightFilter").setParameter("weight",102.00);
```

```
session.enableFilter("lostGameFilter").setParameter("nbLost",2);
List results2 = session.createQuery("from Team t left join fetch t.players ").list();
tx.commit();
```

Le mélange de HQL et de filtres dynamiques ne pose aucun problème pour le moteur Hibernate, comme le montre la sortie suivante :

```
select team0_.TEAM_NAME as TEAM_NAME0_,
  ...
from TEAM team0_
  left outer join PLAYER players1_ on
    team0_.TEAM_NAME=players1_.TEAM_NAME
    and team0_.YEAR=players1_.YEAR
    and team0_.COUNTRY_ID=players1_.COUNTRY_ID
    and players1_.WEIGHT > ?
    and players1_.HEIGHT > ?
where team0_.NB_LOST > ?
```

Autres exemples de filtres

Les exemples précédents de filtres ne portent que sur une seule colonne. Vous pouvez élaborer des filtres plus complexes contenant des restrictions sur plusieurs colonnes.

L'exemple précédent peut être redéfini comme ceci :

```
<hibernate-mapping>
  <class name="Team" table="TEAM" >
    ...
  <bag name="players">
     <key>
       <column name="TEAM_NAME" />
       <column name="YEAR" />
       <column name="COUNTRY_ID" />
     </key>
     <one-to-many class="Player" />
     <filter name="multiFilter">
       <![CDATA[HEIGHT > :height AND WEIGHT > :weight ]]>
     </filter>
  </bag>
  <property name="nbLost" column="NB_LOST"/>
  <filter name="lostGameFilter"><![CDATA[NB_LOST > :nbLost ]]></filter>
</class>
    <filter-def name="multiFilter">
      <filter-param name="weight" type="double"/>
      <filter-param name="height" type="double"/>
    </filter-def>
    <filter-def name="lostGameFilter">
      <filter-param name="nbLost" type="int"/>
    </filter-def>
</hibernate-mapping>
```

Alors que, dans l'exemple précédent, nous avions :

```
session.enableFilter("heightFilter").setParameter("height",1.88);
session.enableFilter("weightFilter").setParameter("weight",102.00);
```

Désormais, avec nos deux filtres (`heightFilter` et `weightFilter`) réunis en un seul (`multi-Filter`), nous valorisons les paramètres comme suit :

```
session.enableFilter("multiFilter")
   .setParameter("height",1.88)
   .setParameter("weight",102.00);
```

La requête SQL générée est la même que précédemment.

L'internationalisation et la sécurité de vos applications ne sont pas les seules préoccupations qui tirent profit de cette puissante fonctionnalité. Couplés au HQL, les filtres devraient vous permettre de réaliser les requêtes les plus complexes tout en externalisant et paramétrant certains de vos composants.

L'architecture par événement

Dans Hibernate 2, les classes persistantes pouvaient implémenter les interfaces `Interceptor`, `Validatable` et `LifeCycle` *(pour une explication détaillée de ces interfaces, referez-vous au guide de référence d'Hibernate 2).* Ces interfaces permettaient d'interagir en temps réel avec certaines opérations réalisées par le moteur Hibernate. Ces fonctionnalités avaient cependant l'inconvénient de rendre vos classes persistantes dépendantes d'Hibernate du fait de l'implémentation des interfaces.

Hibernate 3 propose les mêmes fonctionnalités mais d'une manière beaucoup plus élégante puisqu'elles ne rendent pas vos classes persistantes dépendantes d'Hibernate. Ces fonctionnalités sont regroupées sous le terme « architecture par événement ».

Les événements sont essentiellement les actions menées par la session, à savoir : `auto-flush`, `merge`, `persist`, `delete`, `dirty-check`, `evict`, `flush`, `flush-entity`, `load`, `load-collec-tion`, `lock`, `refresh`, `replicate`, `save-update`, `pre-load`, `pre-update`, `pre-insert`, `pre-delete`, `post-load`, `post-update`, `post-insert` et `post-delete`.

Pour exploiter ces événements, il faut mettre en place un traqueur d'événements, appelé *listener.* Les listeners sont des singletons. Ils ne doivent donc pas contenir de variables d'instance et doivent être considérés comme étant sans état. Mis à part cet aspect, vous êtes libre d'implémenter ce que vous souhaitez dans vos listeners.

En voici un exemple :

```
public class SportTrackerLoadListener extends DefaultLoadEventListener {
   public Object onLoad(LoadEvent event,
      LoadEventListener.LoadType loadType)
      throws HibernateException {
      System.out.println("eventTest");
      return super.onLoad(event, loadType);
   }
}
```

Ce listener ne fait que tracer un message dans la console d'exécution chaque fois qu'une entité est chargée.

Vos listeners doivent étendre un `listener` *(voir la javadoc du package* `org.hiber-nate.event`*)* ou « listener par défaut » *(voir la javadoc du package* `org.hiber-nate.event.def`*),* ce qui est le cas de notre exemple.

Une fois votre listener implémenté, il vous suffit de le déclarer dans le fichier de configuration globale **hibernate.cfg.xml :**

```
<hibernate-configuration>
  <session-factory>
    <property name="dialect">org.hibernate.dialect.HSQLDialect</property>

    ...
    <!-- Mapping files -->
    <mapping
      resource="com/eyrolles/sportTracker/model/Player.hbm.xml"/>

    ...
    <listener type="load"
      class="com.eyrolles.sportTracker.event.SportTrackerLoadListener"/>
  </session-factory>
</hibernate-configuration>
```

Le noeud XML `<listener/>` consiste à définir un type (ici `load`) et une classe.

Les listeners sont parfaits pour implémenter des règles de sécurité ou des systèmes d'audit *(consultez le blog d'Hibernate pour un exemple de listener :* http://blog.hibernate.org/cgi-bin/blosxom.cgi/Steve%20Ebersole/v3-events.html*).*

En résumé

Les fonctions de filtre et l'architecture par événement permettent d'implémenter facilement des solutions à certaines problématiques récurrentes, comme le tri des données multilingues ou la gestion de la sécurité.

Les cas d'application n'étant pas limités, ayez toujours à l'esprit que ces fonctionnalités existent.

Les nouveaux types de mapping d'Hibernate 3

Le cœur des fonctionnalités d'Hibernate est le mapping objet-relationnel avec génération des ordres SQL pour la récupération, la création, la modification ou la suppression d'instances de classes persistantes.

Dans le but de répondre au maximum de besoins, même les plus « exotiques », Hibernate 3 apporte deux nouveaux types de mapping, le mapping de classes dynamiques et le mapping XML/relationnel.

Si vous avez besoin de prendre le contrôle sur les ordres SQL à utiliser lors de la récupération, la création, la modification ou la suppression d'entités, Hibernate 3 vous permet de déclarer les ordres SQL ou appels de procédures stockées que le moteur doit utiliser au lieu de les générer lui-même.

Mapping de classes dynamiques

Hibernate 3 vous offre la possibilité de mapper votre modèle de classes à des classes dynamiques. Concrètement, il s'agit de maps de maps.

Nous allons travailler à partir du modèle de classes illustré à la figure 8.5.

Figure 8.5

Diagramme de classes dynamiques

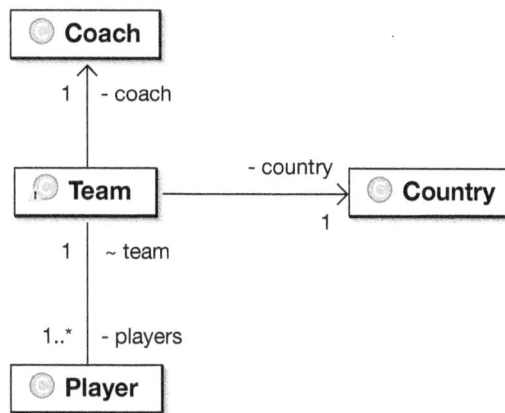

L'utilisation de classes dynamiques vous dispense de coder les classes persistantes, un fichier de mapping par entité suffisant.

Les fichiers de mapping utilisent non plus l'élément <class/> mais l'élément <dynamic-class/>, qui possède l'attribut entity-name et non plus name :

```
<hibernate-mapping >
  <dynamic-class entity-name="DynaCoach" table="COACH">
    <id name="id" column="COACH_ID" type="long">
      <generator class="native"/>
    </id>
    <property name="name" column="COACH_NAME" type="string"/>
  </dynamic-class>
</hibernate-mapping>
```

Nous venons de décrire l'entité DynaCoach. La seule différence notable avec le POJO réside dans l'utilisation de l'élément <dynamic-class/>. Cependant, alors que pour une déclaration « classique » de classe persistante la définition du type est facultative, avec les classes dynamiques elle devient obligatoire.

Mis à part ces deux spécificités, le reste du fichier de mapping est le même, et les associations to-one ne sont pas impactées, comme le montre le mapping de la classe dynamique DynaPlayer :

```
<hibernate-mapping >
  <dynamic-class entity-name="DynaPlayer" table="PLAYER" >
    <id name="id" column="PLAYER_ID" type="long">
      <generator class="native"/>
    </id>
    <property name="name" column="PLAYER_NAME" type="string"/>
    <property name="height" column="HEIGHT" type="double"/>
    <property name="weight" column="WEIGHT" type="double"/>
    <many-to-one column ="TEAM_ID" name="team" class="DynaTeam"/>
  </dynamic-class>
</hibernate-mapping>
```

Au niveau de la déclaration des collections, là encore, aucun impact n'apparaît. Voici l'exemple de la classe dynamique DynaTeam :

```
<hibernate-mapping >
  <dynamic-class entity-name="DynaTeam" table="TEAM" >
    <id name="id" column="TEAM_ID" type="long">
      <generator class="native"/>
    </id>
    <many-to-one name="coach" column="COACH_ID" class="DynaCoach"
      cascade="persist,merge" />
    <bag name="players" inverse="true" fetch="select"
      cascade="persist,merge">
      <key column="TEAM_ID"/>
      <one-to-many class="DynaPlayer" />
    </bag>
    <property name="nbLost" column="NB_LOST" type="int"/>
    <property name="name" column="TEAM_NAME" type="string"/>
  </dynamic-class>
</hibernate-mapping>
```

Persistance d'instances de classes dynamiques

Lors de l'écriture de notre application, nous devons désormais manipuler une map par entité.

L'exemple de code suivant permet de créer un réseau d'objets selon le modèle de classes illustré à la figure 8.5 :

```
tx = session.beginTransaction();

// création de l'entité coach
Map coach = new HashMap();
coach.put("name", "dynaCoach");

// création de l'entité player
Map player = new HashMap();
```

```
player.put("name", "dynaPlayer");
player.put("height", 1.88);
player.put("weight", 110.00);

// création de la collection d'entités player
List players = new ArrayList();
players.add(player);

// création de l'entité team
Map team = new HashMap();
team.put("nbLost",2);
team.put("name","DynaTeam");
team.put("coach",coach);
team.put("players",players);
player.put("team", team);

// rendre le réseau d'objets persistant
session.persist("DynaTeam", team);
tx.commit();
```

Excepté l'utilisation de map, la logique est identique à celle de la manipulation de classes persistantes ordinaires. Nous retrouvons l'instanciation, la valorisation des propriétés simples, la gestion des associations vers des entités et la gestion des collections. Le tout est rendu persistant par l'invocation de session.persist("DynaTeam", team), qui prend comme premier argument le nom de l'entité racine.

Les ordres d'insertion SQL sont identiques à ceux produits pour des classes persistantes traditionnelles :

```
Hibernate: insert into COACH (COACH_NAME, COACH_ID) values (?, null)
Hibernate: call identity()
Hibernate: insert into TEAM (COACH_ID, NB_LOST, TEAM_NAME, TEAM_ID)
  values (?, ?, ?, null)
Hibernate: call identity()
Hibernate: insert into PLAYER (PLAYER_NAME, HEIGHT, WEIGHT,
  TEAM_ID, PLAYER_ID) values (?, ?, ?, ?, null)
Hibernate: call identity()
```

Récupération d'instances de classes dynamiques

Nous allons procéder en deux étapes, la première consistant à récupérer une entité racine team et la seconde à accéder à une propriété particulière.

Récupération de l'entité racine team :

```
tx = session.beginTransaction();
List results = session.createQuery("from DynaTeam t ").list();
Map team = (Map)results.get(0);
tx.commit();
```

La figure 8.6 illustre le résultat de ce que contient l'objet team une fois analysé au débogueur.

Figure 8.6

Contenu de l'entité
team

Figure 8.6

Contenu de l'entité
team

```
team= HashMap (id=53)
    entrySet= null
    keySet= null
    loadFactor= 0.75
    modCount= 6
    size= 6
    table= HashMap$Entry[16] (id=63)
        [0]= null
        [1]= HashMap$Entry (id=65)
            hash= 830709297
            key= "coach"
            next= HashMap$Entry (id=74)
            value= MapProxy (id=75)
        [2]= HashMap$Entry (id=68)
            hash= 754399394
            key= "name"
            next= HashMap$Entry (id=79)
            value= "DynaTeam"
```

Nous ne voyons pas apparaître la collection players, ce qui est normal du fait du paramétrage lazy="true".

Complétons donc notre test pour accéder à un élément de cette collection :

```
tx = session.beginTransaction();
List results = session.createQuery("from DynaTeam t ").list();
Map team = (Map)results.get(0);
List players = (List)team.get("players");
Map player = (Map)players.get(0);
String name = (String)player.get("name");
tx.commit();
```

Le test est concluant puisque la collection players est bien chargée. Nous pourrions ainsi démontrer que toutes les fonctionnalités d'Hibernate sont utilisables avec les classes dynamiques.

Ordres SQL et procédures stockées

Si votre schéma relationnel exige des manipulations SQL spécifiques, vous être libre de ne pas laisser Hibernate générer les ordres SQL automatiquement.

Pour utiliser des ordres SQL spécifiques, renseignez-les au niveau des fichiers de mapping à l'aide des balises <sql-insert/>, <sql-update/>, <sql-delete/> et <sql-delete-all/>, comme dans l'exemple suivant :

```
<class name="Coach" table="COACH">
  <id name="id" column="COACH_ID">
    <generator class="native"/>
  </id>
  <property name="name" column="COACH_NAME"/>
```

```
    <sql-insert>
      insert into COACH
      (COACH_NAME, COACH_ID, CREATED_DATE, MODIFIED_DATE, IS_ACTIVE)
      values (?, upper(?), CURRENT_DATE, CURRENT_DATE,1)
    </sql-insert>
    <sql-update>
      update COACH set COACH_NAME = ?, MODIFIED_DATE = CURRENT_DATE
    </sql-update>
    <sql-delete>
      update COACH set IS_ACTIVE = 0, MODIFIED_DATE = CURRENT_DATE
      where COACH_ID = ?
    </sql-delete>
    <sql-delete-all>
      update COACH set IS_ACTIVE = 0, MODIFIED_DATE = CURRENT_DATE
    </sql-delete-all>
  </class>
```

Ces balises sont disponibles pour les éléments `<class/>`, `<subclass/>`, `<joined-subclass/>`, `<union-subclass/>`, `<join/>` ainsi que pour les déclarations de collections.

Elles acceptent aussi l'appel de procédures stockées. Pour spécifier l'appel de procédures stockées, paramétrez l'attribut `callable` à `true`.

L'exemple suivant spécifie l'utilisation de procédures stockées pour la gestion de la collection `players` de la classe `Team` :

```
<class name="Team" table="TEAM" lazy="true">
  <id name="id" column="TEAM_ID">
  <generator class="native"/>
  </id>
  <property name="name" column="TEAM_NAME"/>
  ...
  <set name="players" cascade="save-update" inverse="true">
    <key column="TEAM_ID" />
    <one-to-many class="Player" />
    <sql-insert callable="true">
      { ? = call createPlayers(?, ?, ?)}
    </sql-insert>
    <sql-update callable="true">
      { ? = call updatePlayers(?, ?, ?)}
    </sql-update>
    <sql-delete callable="true">
      { ? = call deletePlayers(?, ?)}
    </sql-delete>
    <sql-delete-all callable="true">
      { ? = call deleteAllPlayers(?)}
    </sql-delete-all>
  </set>
  ...
</class>
```

Vous pouvez aussi utiliser une requête spécifique ou une procédure stockée pour la récupération des objets. Pour ce faire, utilisez l'élément `<sql-load/>`, qui prend comme attribut `query-ref`, dans lequel vous spécifiez l'alias d'une `SQLQuery` externalisée *(voir le chapitre 5)* :

```
<class name="Coach" table="COACH">
  <id name="id" column="COACH_ID">
    <generator class="native"/>
  </id>
  <property name="name" column="COACH_NAME"/>
  <loader query-ref="loadCoach"/>
</class>
<sql-query name="loadCoach">
  <return alias="coach" class="Coach"/>
  select COACH_ID as {coach.id}, COACH_NAME as {coach.name}
  from COACH where COACH_ID=?
</sql-query>
```

Mapping XML/relationnel

Le mapping XML/relationnel est une toute nouvelle fonctionnalité d'Hibernate 3. Son principe est simple : il s'agit de remplir un document XML depuis une base de données en passant par la session Hibernate, et inversement.

Vous disposez des mêmes possibilités qu'avec un réseau d'objets, si ce n'est que vous formez une arborescence XML. L'inverse est aussi vrai, un arbre XML pouvant servir de source de données et être rendu persistant en base de données.

Malheureusement, à l'heure où nous écrivons cet ouvrage, le mapping XML/relationnel est encore en phase de développement intensif, et nous ne pouvons illustrer qu'un exemple simple de création d'arbre XML depuis la source de données.

Nous allons reprendre l'exemple illustré à la figure 8.7.

Figure 8.7

Modèle de classes exemple

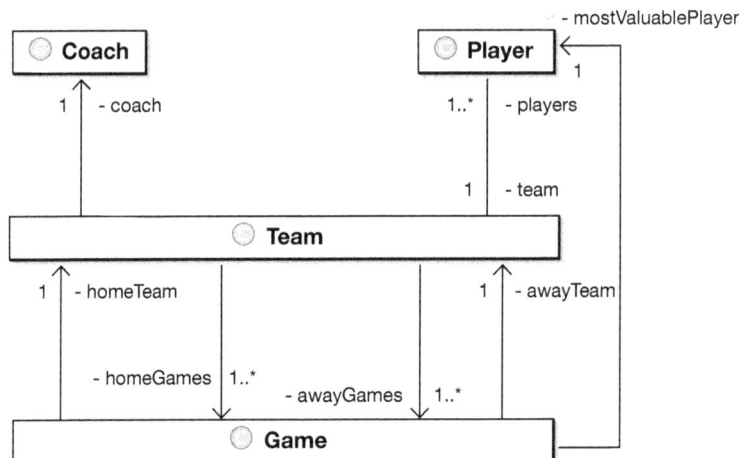

Fichiers de mapping XML/objet/relationnel

Nous disposons déjà des fichiers de mapping qui permettent de mapper le modèle de classes. Nous allons les compléter pour permettre en plus le mapping vers une structure XML :

Commençons par le cas simple de **Coach.hbm.xml** :

```
<class name="Coach" table="COACH" node="coach">
  <id name="id" column="COACH_ID" node="@id">
    <generator class="native"/>
  </id>
  <property name="name" column="COACH_NAME" node="@name"/>
</class>
```

Les déclarations pour le mapping XML sont très rapides à mettre en œuvre. Il suffit de renseigner l'attribut node de la façon suivante :

• Si sa valeur est « . », vous déclarez le mapping vers la racine.

• Si sa valeur commence par « @ », vous déclarez le mapping vers un attribut XML.

• Si sa valeur ne commence ni par « . » ni par « @ », vous déclarez le mapping vers un élément XML.

Passons au mapping plus complexe de **Player.hbm.xml** :

```
<class name="Player" table="PLAYER" node="player">
  <id name="id" column="PLAYER_ID" node="@id">
    <generator class="native"/>
  </id>
  <property name="name" column="PLAYER_NAME" node="@name"/>
  <property name="number" column="PLAYER_NUMBER" node="@number"/>
  <property name="birthday" column="BIRTHDAY" node="@birthday"/>
  <property name="height" column="HEIGHT" node="@height"/>
  <property name="weight" column="WEIGHT" node="@weight"/>
  <many-to-one column="TEAM_ID" name="team" class="Team" node="team/@id"
    embed-xml="false"/>
</class>
```

Pour l'association vers l'entité team, node="team/@id". Cela signifie que l'entité team associée sera représentée par un élément team et que le lien représentant l'association sera renseigné dans l'attribut id de cet élément.

Il est possible de spécifier si l'entité associée apparaît de manière détaillée ou non dans la structure XML en définissant la valeur de l'attribut embed-xml. Dans notre exemple, nous avons souhaité le positionner à false. En effet, l'association étant bidirectionnelle, afin de ne pas provoquer une boucle infinie, seul l'arbre XML de l'entité team « verra » les entités player de manière détaillée.

Le dernier fichier de mapping est celui de **Team.hbm.xml** :

```xml
<class name="Team" table="TEAM" lazy="true" node="team">
  <id name="id" column="TEAM_ID" node="@id">
  <generator class="native"/>
  </id>
  <property name="name" column="TEAM_NAME" node="@name"/>
  <property name="nbWon" column="NB_WON" node="@nbWon"/>
  <property name="nbLost" column="NB_LOST" node="@nbLost"/>
  <property name="nbPlayed" column="NB_PLAYED" node="@nbPlayed"/>
  <many-to-one name="coach" class="Coach" column="COACH_ID"
    unique="true" cascade = "save-update" embed-xml="true"/>
  <set name="players" cascade="save-update" inverse="true">
    <key column="TEAM_ID" />
    <one-to-many class="Player" />
  </set>
</class>
```

Pour simplifier l'exemple, nous n'avons pas souhaité effectuer le mapping de l'entité Game. L'association many-to-one est spécifiée avec embed-xml="true". Nous verrons plus loin comment cela se traduit concrètement. Comme vous pouvez le voir, la collection players ne surcharge pas les valeurs par défaut des attributs de mapping XML. Nous verrons également plus loin ce que cela engendre.

Vous pouvez aussi mapper uniquement vers du XML, sans mapper de classe. Dans ce cas, vous devez prendre en compte les contraintes suivantes :

• Dans l'élément <class/> du fichier de mapping, remplacez l'attribut name par entity-name :

```xml
<class entity-name="Player" table="PLAYER" node="player">
```

• Au niveau des propriétés, spécifiez le type de la propriété :

```xml
<property name="nbLost" column="NB_LOST" node="@nbLost" type="integer " />
```

Récupération d'un document XML depuis la session

La simplicité avec laquelle vous pouvez extraire les données sous forme XML est déconcertante.

Considérez le code suivant :

```java
Session session = openSession();
Transaction tx = null ;
Session dom4jSession = session.getSession(EntityMode.DOM4J);
tx = dom4jSession.beginTransaction();
List elements = dom4jSession.createQuery("from Team").list();
for (int i=0; i<elements.size(); i++) {
  print( (Element) elements.get(i) );
}
tx.commit();
  session.close();
```

La seule action que vous avez à faire est de basculer vers une session, dont le mode entité est DOM4J (celui par défaut étant POJO), en invoquant la méthode session.getSession(EntityMode.DOM4J). La session que vous obtenez en retour se manipule strictement de la même manière qu'une session gérant des POJO. La différence est que cette session manipule des org.dom4j.Element et non des Objects.

Voici ce que donne la trace de sortie avec la méthode print() :

```
<team id="1" name="psg" nbWon="0" nbLost="0" nbPlayed="0">
  <coach id="1" name="Vahid"/>
  <players>
    <player id="1" name="fiorez" number="0" height="0.0" weight="0.0"
hasBeenMvpCount="1">
      <team id="1"/>
    </player>
  </players>
</team>
<team id="2" name="Olympique de Marseilles" nbWon="0" nbLost="0" nbPlayed="0">
  <coach id="2" name="je lui cherche un nom"/>
  <players>
    <player id="2" name="Barthez" number="0" height="0.0" weight="0.0"
hasBeenMvpCount="3">
      <team id="2"/>
    </player>
  </players>
</team>
<team id="3" name="Racing Club de Lens" nbWon="0" nbLost="0" nbPlayed="0">
  <coach id="3" name="Fernandez"/>
  <players>
    <player id="3" name="utaka" number="0" height="0.0" weight="0.0"
hasBeenMvpCount="2">
      <team id="3"/>
    </player>
  </players>
</team>
```

La déclaration embed-xml="true" pour l'association many-to-one depuis team vers coach provoque l'insertion d'un élément XML détaillé dans l'arbre.

La déclaration embed-xml="false" pour l'association many-to-one depuis player vers team provoque l'insertion d'un élément XML ne contenant que l'indication de jointure entre les éléments (id).

Nous remarquons que, par défaut, embed-xml est égal à true puisque nous avons le détail XML sur les éléments de la collection players.

Écriture vers la session

Rendre persistante une structure XML est très facile :

```
// création d'un document XML de test
Element coach = DocumentFactory.getInstance().createElement("coach");
coach.addAttribute( "name","XMLCOACH" );

// début de travail
Session s = openSession();
Session dom4jSession = s.getSession(EntityMode.DOM4J);
Transaction t = dom4jSession.beginTransaction();
dom4jSession.persist("cours8.xmlMapping.model.Coach",coach);
t.commit();
dom4jSession.close();
s.close();
```

L'opération merge() est tout aussi compatible avec le mapping XML/relationnel.

En résumé

Même si le cœur d'Hibernate consiste à mapper un schéma relationnel à un modèle de classes et à générer les requêtes SQL pour vous, Hibernate propose des modes d'utilisation variés. Le plus intéressant de ces modes est sans doute le tout nouveau mapping XML/relationnel.

Le mapping XML/relationnel est une fonctionnalité qui rendra de grands services aux applications clientes d'un service Web alimentant une partie des données ou à l'inverse exportant des données vers un système extérieur sous forme de flux XML. Ce nouveau mapping pourra aussi être utilisé si vous développez des clients riches dont le seul mode de communication avec le back-office est XML.

Conclusion

Riche en exemples de code et de mapping, ce chapitre s'est efforcé de présenter l'étendue des fonctionnalités de mapping avancées d'Hibernate ainsi que les extensions qui vous permettront de repousser les limites du concept de mapping objet-relationnel. Vous ne devriez de la sorte plus avoir de problème pour mapper un schéma relationnel réputé « exotique ».

Vous pourrez facilement doter vos applications d'une interaction avec le noyau Hibernate *via* les listeners. Le contrôle des éléments chargés dans une collection est désormais total grâce aux différentes fonctions de filtre.

Enfin, la nouvelle perspective de mapping XML/relationnel apporte une interaction renforcée entre les différentes applications d'entreprise, pour peu que celles-ci utilisent XML comme flux d'échange de données.

Vous verrez au chapitre 9 comment Hibernate améliore la productivité de vos applications grâce à tout un outillage associé.

9

L'outillage d'Hibernate

Selon votre cycle d'ingénierie, il est possible d'améliorer la productivité de vos applications en utilisant l'outillage proposé par Hibernate. Les outils que vous utiliserez le plus dépendront de votre méthode de conception et de l'existant pour une application donnée.

La finalité première des différents outils proposés par Hibernate est de faciliter la génération de code :

• génération des classes java pour les POJO ;

• génération des fichiers de mapping ;

• génération des scripts de création de schéma de base de données (DDL).

Hibernate 3 couvre une grande partie de ces besoins, notamment grâce aux outils Hibernate Explorer et SchemaExport.

Il est en outre possible d'interfacer Hibernate avec des mécanismes extérieurs de gestion de pool de connexions ou de cache de second niveau ainsi que de monitorer les statistiques.

Ajoutées à l'outillage spécifique d'Hibernate, ces extensions facilitent l'interaction entre les couches logicielles et matérielles constituant vos applications.

L'outillage relatif aux métadonnées

Comme vous avez pu le voir au chapitre 3, les métadonnées constituent un dictionnaire assez volumineux de paramètres à maîtriser. Nativement décorrélées de vos classes Java car externalisées dans des fichiers XML de mapping, elles peuvent paraître difficiles à écrire et à maintenir.

Les annotations proposées par Hibernate 3 et l'outil XDoclet apportent de la souplesse dans la gestion des métadonnées en permettant de les définir au cœur même des sources de vos classes.

Les annotations

Les annotations représentent un sous-ensemble de la spécification des EJB 3.0 (JSR 220). Elles seront probablement extraites de la JSR afin d'être partagées par tout type d'application Java. Cette section s'inspire en grande partie de la documentation officielle écrite par Emmanuel Bernard, membre de l'équipe Hibernate *(http://www.hibernate.org/247.html)*.

Les annotations sont donc un moyen de décrire les métadonnées. Rappelons que ces dernières sont indispensables pour gérer la transformation du monde relationnel vers le monde objet et *vice versa*. Nous avons vu que les métadonnées étaient écrites dans des fichiers XML.

Tout comme XDoclet *(voir la section suivante),* les annotations proposent de stocker les métadonnées dans les sources des classes persistantes. Cela permet de limiter la maintenance tout en fournissant au développeur les informations de mapping directement sur la source de la classe persistante qu'il manipule. Contrairement à XDoclet, cependant, les annotations ne sont pas un moyen de générer les fichiers XML, l'analyse des informations qu'elles décrivent étant complètement transparente.

Annotations Hibernate et JSR 220

Hibernate propose plus de fonctionnalités en relation avec les annotations que celles spécifiées par la JSR 220. À moyen terme, cette dernière implémentera l'ensemble des fonctionnalités avancées proposées par Hibernate.

Le prérequis pour utiliser les annotations de manière transparente est de disposer d'un JDK 1.5. Si vous ne pouvez mettre à jour votre version du JDK, JBoss propose un compilateur permettant de travailler avec les annotations sous un JDK 1.4.

Installation du JDK 1.5 sous Eclipse

Le lecteur maîtrisant le paramétrage d'Eclipse peut passer directement à la section suivante.

Après avoir téléchargé et installé le JDK 1.5, ouvrez Eclipse, allez dans Windows, Preference, Java et Installed Jres, et configurez un nouveau JRE, comme indiqué à la figure 9.1.

Au besoin, dans Windows, Preference, Java et Compiler, sélectionnez la compatibilité par défaut avec la version 5.0, comme indiqué à la figure 9.2.

Figure 9.1

Installation du JDK 1.5 sous Eclipse

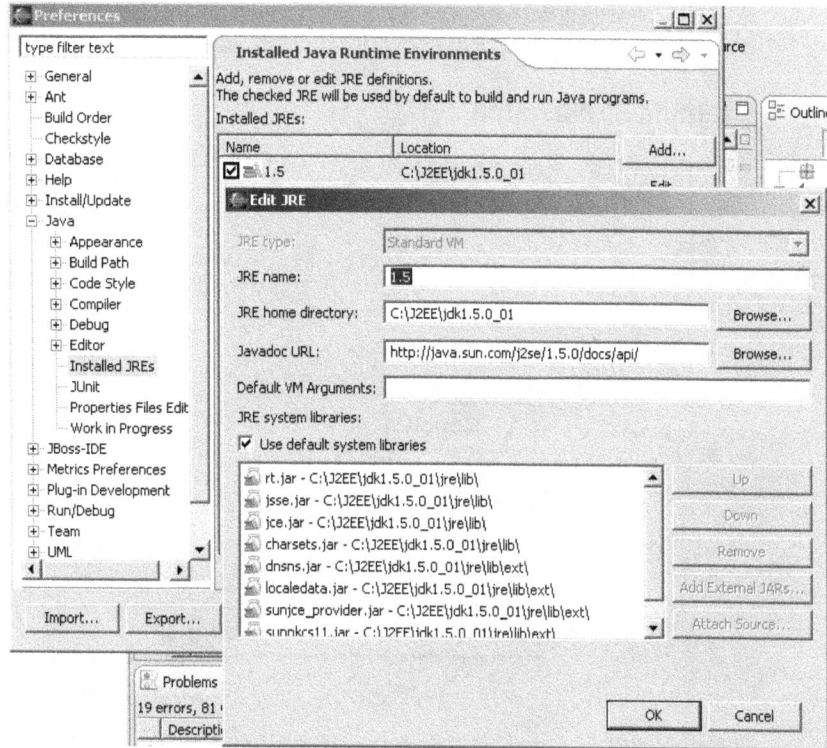

Figure 9.2

Compatibilité par défaut avec la version 5.0

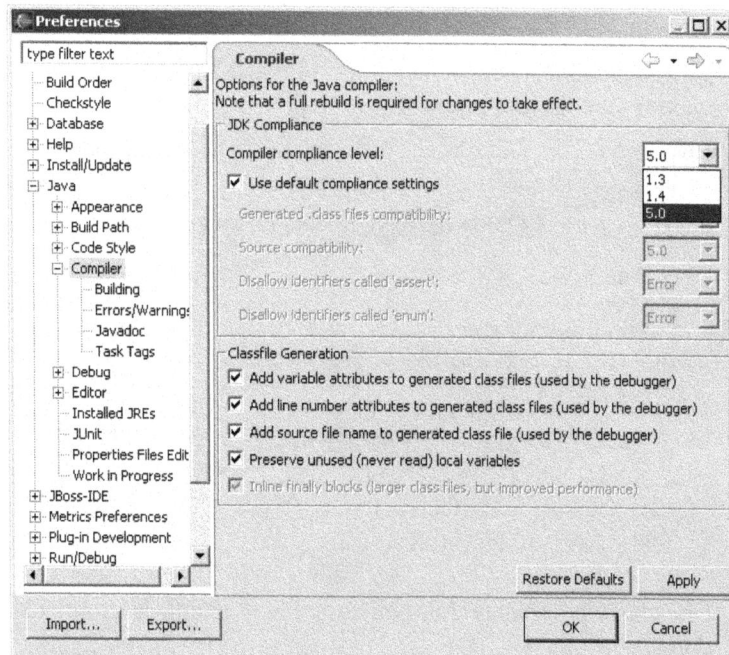

À l'heure où nous écrivons ces lignes, certaines instabilités relatives aux annotations sont constatées dans Eclipse. Cela devrait vite être corrigé.

Exemple d'utilisation

Une fois de plus, nous allons partir d'un diagramme de classes exemple *(voir figure 9.3)*.

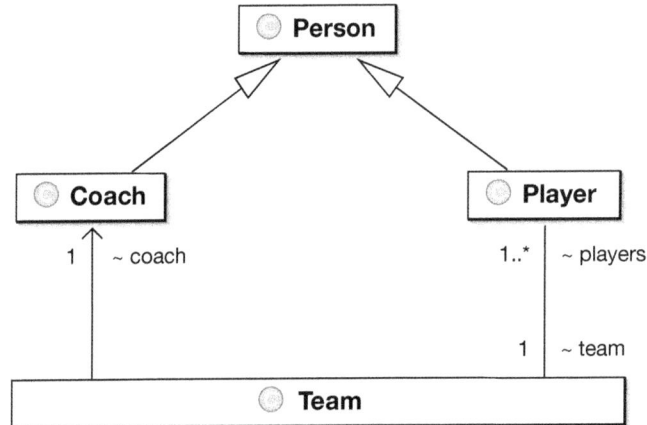

Notre objectif n'est pas de passer en revue l'intégralité des annotations mais de détailler des exemples d'utilisation courants, tels que id, associations, chargement, cascade et héritage.

Les annotations nécessitent l'import préalable du package **javax.persistence.*** pour les classes où elles sont placées.

Les annotations sont placées juste au-dessus de l'écriture des getters ou de la déclaration de la classe. Par défaut, chaque propriété de classe persistante est persistante.

Une classe est déclarée persistante grâce à @Entity :

```
// Team.java
@Entity
@Table(name="TEAM")
public class Team implements Serializable{
…}
```

Les propriétés non persistantes sont déclarées par @Transient :

```
@Transient
public Integer getCalculatedField () {
   return calculatedField;
}
```

Une classe persistante doit obligatoirement définir la propriété identifiante *via* l'annotation @Id :

```
// Team.java
@Id(generate = GeneratorType.AUTO)
public Long getId() {
  return id;
}
```

Entre parenthèses, vous pouvez spécifier la stratégie de génération :

- AUTO : selon la base de données relationnelle utilisée, sélectionne la colonne identity ou l'utilisation d'une séquence.

- TABLE : table contenant l'id.

- IDENTITY : colonne de type identity.

- SEQUENCE : génération *via* une séquence.

- NONE : la clé est à renseigner par l'application.

Certains générateurs prennent un paramètre. C'est notamment le cas d'une génération par séquence, dans laquelle il faut spécifier le nom de la séquence :

```
// Team.java
@Entity
@Table(name="TEAM")
@javax.ejb.SequenceGenerator(
    name="SEQ_TEAM",
    sequenceName="my_sequence"
)
public class Team implements Serializable{
...
  @Id(generate = GeneratorType.AUTO, generator="SEQ_TEAM")
  public Long getId() {
    return id;
  }
}
```

Une association one-to-one pure (partageant la même clé primaire) se définit comme suit :

```
// Team.java
@OneToOne
public Coach getCoach() {
  return coach;
}
```

Une association one-to-one fondée sur des clés étrangères doit définir la colonne de jointure :

```
// Team.java
@OneToOne
@JoinColumn(name="COACH_ID")
public Coach getCoach() {
  return coach;
}
```

Une association `many-to-one` reprend la même logique :

```java
// Player.java
@ManyToOne
@JoinColumn(name="TEAM_ID")
public Team getTeam() {
  return team;
}
```

Les incidences des spécifications des annotations JSR 220 sur les collections sont les suivantes :

- Seules les collections et les set sont acceptés. Pour le moment, les list et map ne sont pas supportées.

- Si votre collection n'est pas un `generic` (type Java 5), vous devez spécifier le type des éléments de la collection avec `targetEntity`.

- Les associations `one-to-many` sont toujours bidirectionnelles. L'autre extrémité (`many-to-one`) doit donc être déclarée. L'extrémité `one-to-many` est forcément `inverse` (dans les fichiers de mapping cela correspond au nœud `inverse="true"`).

Voici un exemple de déclaration de collection :

```java
// Team.java
@OneToMany(targetEntity="Player")
@JoinColumn(name="TEAM_ID")
public Set getPlayers() {
  return players;
}
```

```java
// Team.java
@OneToMany
@JoinColumn(name="TEAM_ID")
public Set<Player> getPlayers() {
  return players;
}
```

La définition d'une relation `many-to-many` demande la déclaration de la table d'association. Dans le cadre d'une relation bidirectionnelle, vous devez en outre définir l'extrémité inverse.

Dans notre diagramme de classes, nous n'avons pas d'exemple d'association `many-to-many`. Évoquons donc simplement une relation entre un `Article` et une `Catégorie` :

```java
// Article.java
@Entity()
public class Article implements Serializable {
  @ManyToMany(targetEntity="Categorie")
  @AssociationTable(
    table=@Table(name="ARTICLE_CATEGORIE"),
    joinColumns={@JoinColumn(name="ARTICLE_ID")},
    inverseJoinColumns={@JoinColumn(name="CATEGORIE_ID")}
```

```
  )
  public Collection getCategories() {
    return categories;
  }
  …
}
```

```
// Categorie.java
@Entity()
public class Categorie implements Serializable {
  @ManyToMany(isInverse=true)
  @AssociationTable(
    table=@Table(name="ARTICLE_CATEGORIE"),
    joinColumns={@JoinColumn(name="CATEGORIE_ID")},
    inverseJoinColumns={@JoinColumn(name="ARTICLE_ID")}
  )
  public Collection getArticles() {
    return articles;
  }
}
```

Trois stratégies d'héritage sont disponibles *via* les annotations :

- Une table par classe fille, qui limite notamment le polymorphisme : `strategy=InheritanceType. TABLE_PER_CLASS`.

- Une table pour la hiérarchie de classes, avec utilisation d'une colonne discriminante : `strategy=InheritanceType.SINGLE_TABLE`.

- Une table par classe, plus connue sous le nom de *joined subclass strategy* : `strategy=InheritanceType. JOINED`.

Prenons la stratégie par colonne discriminante comme exemple. La classe mère doit définir quelle est la colonne discriminante et si elle est concrète, ainsi que la valeur de la colonne pour son type :

```
// Person.java
@Entity
@Table(name="PERSON")
@Inheritance(
  strategy=InheritanceType.SINGLE_TABLE,
  discriminatorType=DiscriminatorType.STRING,
  discriminatorValue="PERSON"
)
@DiscriminatorColumn(name="PERSON_TYPE")
public class Person {
…
}
```

Les classes héritées ne définissent que la valeur de la colonne discriminante :

```
// Coach.java
@Entity
```

```
@Table(name="COACH")
@Inheritance(discriminatorValue="COACH")
public class Coach extends Person implements Serializable{
..
}

// Player.java
@Entity
@Table(name="PLAYER")
@Inheritance(discriminatorValue="PLAYER")
public class Player extends Person implements Serializable{
...
}
```

Comme dans les fichiers de mapping, la persistance transitive peut aussi être spécifiée par la notion de cascade au niveau des associations :

- CascadeType.PERSIST est équivalent à cascade="persist".

- CascadeType.MERGE est équivalent à cascade="merge".

- CascadeType.REMOVE est équivalent à cascade="delete".

- CascadeType.ALL cumule les trois paramétrages précédents.

Voici un exemple d'annotations permettant de spécifier la persistance transitive selon les actions de création et de suppression :

```
// Team.java
@OneToMany(
  targetEntity="Player",
  cascade={CascadeType.PERSIST, CascadeType.MERGE}
)
@JoinColumn(name="TEAM_ID")
public Set getPlayers() {
  return players;
}
```

Notez la possibilité de spécifier plusieurs options pour cascade en utilisant la syntaxe entre accolades.

Le chargement des propriétés et associations est paramétrable par le biais de l'attribut fetch, qui prend comme valeur FetchType.LAZY ou FetchType.EAGER.

Complétons notre association précédente en spécifiant un chargement à la demande :

```
// Team.java
@OneToMany(
  targetEntity="Player",
  cascade={CascadeType.PERSIST, CascadeType.MERGE},
  fetch = FetchType.LAZY
)
@JoinColumn(name="TEAM_ID")
public Set getPlayers() {
```

```
    return players;
  }
```

Les premières critiques faites à l'encontre des annotations sont leur potentielle nuisance à la lisibilité et la pollution du source de vos classes. Une fois essayées, les annotations seront cependant probablement adoptées. Leur utilisation est en effet très intuitive, et l'outillage de l'IDE améliore la rapidité de leur écriture. Concrètement, les annotations faciliteront et accéléreront le paramétrage de la persistance de vos applications.

Les annotations n'en sont évidemment qu'à leur début. Actuellement, l'accent est mis sur l'implémentation des spécifications EJB 3.0 (JSR 220). Progressivement, l'équipe d'Hibernate et son leader pour les annotations Emmanuel Bernard enrichiront le jeu d'annotations pour l'affiner.

Nous vous recommandons de consulter régulièrement le site consacré aux annotations ainsi que le forum dédié d'Hibernate 3.0 *(http://forum.hibernate.org/viewforum.php?f=9 et http://www.hibernate.org/247.html).*

XDoclet

XDoclet est un projet Open Source à part entière, qui propose des artifices de génération de code. En ce qui concerne Hibernate, XDoclet s'appuie sur le même concept que les annotations, puisque son rôle est d'enrichir les sources de vos classes persistantes avec des métadonnées.

L'inconvénient de taille de XDoclet vient de ce qu'il n'est pas interprété à l'exécution et qu'il permet juste de générer les fichiers de mapping. Il semble donc *a priori* moins puissant que les annotations.

Pour autant, si vous avez déjà pris l'habitude de l'utiliser ou si vous ne pouvez travailler avec le JDK 1.5, XDoclet reste une solution éprouvée et fiable. Malheureusement, XDoclet n'est pour l'instant synchronisé qu'avec les versions 2 d'Hibernate.

Utilisation des tags XDoclet

Vous devez dans un premier temps télécharger XDoclet et ses dépendances et les importer dans votre projet *(voir le site de référence http://xdoclet.sourceforge.net/xdoclet/install.html).*

Comme pour les annotations, nous allons reprendre les fonctionnalités principales de XDoclet en décrivant les sources des classes persistantes illustrées à la figure 9.3.

Les tags XDoclet doivent être placés dans les javadoc. Comme pour les annotations, l'autocomplétion peut être installée dans votre IDE.

Pour déclarer une classe persistante, le tag `@hibernate-class` doit être spécifié dans la javadoc au niveau classe. Ce tag prend divers attributs, comme `table` pour le nom de la table.

```
// Team.java
/**
```

```
 * @hibernate.class
 *   table="TEAM"
 */
public class Team implements Serializable{
  ...
}
```

Le tag @hibernate-id permet de paramétrer la propriété identifiante et se place dans la javadoc au niveau de la méthode getId() :

```
// Team.java
/**
 * @hibernate.id
 *   generator-class="native"
 *   column="TEAM_ID"
 */
public Long getId() {
  return id;
}
```

Contrairement aux annotations, il faut spécifier manuellement chacune des propriétés comme étant persistante :

```
// Team.java
/**
 * @hibernate.property
 *   column="TEAM_NAME"
 */
public String getName() {
  return name;
}
```

La déclaration d'association se fait dans la javadoc au niveau getter.

Exemple de one-to-one :

```
// Coach.java
/**
 * @hibernate.one-to-one
 *   property-ref="TEAM"
 */
public Team getTeam() {
  return team;
}
```

Exemple de many-to-one :

```
// Player.java
/**
 * @hibernate.many-to-one
 *   column="TEAM_ID"
 */
public Team getTeam() {
  return team;
}
```

Exemple de one-to-many inverse :

```
// Team.java
/**
 * @hibernate.set
 *  inverse="true"
 * @hibernate.collection-key
 *  column="TEAM_ID"
 * @hibernate.collection-one-to-many
 */
public Set getPlayers() {
  return players;
}
```

Contrairement aux annotations, le type de la collection n'est pas déduit. Il faut donc spécifier @hibernate.set, @hibernate.bag, @hibernate.map, @hibernate.list, etc.

La déclaration de l'héritage s'effectue au niveau de la classe. D'après notre diagramme de classes, Person est la classe mère, et Player et Coach héritent de Person. Nous choisissons donc la stratégie par discriminateur pour implémenter cet héritage en base de données :

```
// Person.java
/**
 * @hibernate.class
 *  table="PERSON"
 *  discriminator-value="PERSON"
 * @hibernate.discriminator
 *  column="PERSON_TYPE"
 */
public class Person {
  ...
}
```

Ici, deux tags XDoclet sont utilisés. Tout d'abord @hibernate.class, avec l'attribut discriminator-value, puis @discriminator, avec l'attribut column pour déclarer la colonne de la table, qui permettra de déduire le type de l'instance retournée par un enregistrement donné.

Les classes héritées doivent utiliser le tag @hibernate.subclass, accompagné de l'attribut discriminator-value :

```
// Coach.java
/**
 * @hibernate.subclass
 *  discriminator-value = "COACH"
 */
public class Coach extends Person implements Serializable{
  ...
}
```

La classe Player reprend le même type de spécification :

```
// Player.java
/**
 * @hibernate.subclass
 *   discriminator-value = "PLAYER"
 */
public class Player extends Person implements Serializable{

   …

}
```

L'enrichissement des sources de vos classes persistantes n'est que la première étape dans l'utilisation de XDoclet.

Génération des fichiers de mapping

Une fois les sources complétées, il vous faut déclencher la génération des fichiers de mapping. Pour cela, vous utilisez Ant avec le paramétrage suivant, notamment la cible "generate" :

```
<project name="SportTracker" default="schemaexport" basedir=".">
  <property name="lib.dir" value="WEB-INF/lib"/>
  <property name="src.dir" value="WEB-INF/src"/>
  <property name="generated" value="WEB-INF/src"/>
  <property name="build.dir" value="WEB-INF/build"/>
  <property name="classes.dir" value="WEB-INF/classes"/>
  <property name="generated.forced" value="true"/>
  <property name="javadoc"
    value="http://java.sun.com/j2se/1.3/docs/api"/>
  <property name="javac.debug" value="on"/>
  <property name="javac.optimize" value="off"/>

  …

  <path id="lib.class.path">
    <fileset dir="${lib.dir}">
      <include name="**/*.jar"/>
    </fileset>
    <pathelement path="${clover.jar}"/>
  </path>

  <target name="generate"
    description="Runs all auto-generation tools.">
    <taskdef name="hibernatedoclet"
      classname="xdoclet.modules.hibernate.HibernateDocletTask">
      <classpath>
        <fileset dir="${lib.dir}/xdoclet-1.2.2">
          <include name="*.jar"/>
        </fileset>
      </classpath>
    </taskdef>
    <hibernatedoclet
      destdir="${src.dir}"
      excludedtags="@version,@author,@todo"
      force="${generated.forced}"
```

```
        mergedir="${src.dir}"
        verbose="false">

        <fileset dir="${src.dir}">
          <include name="**/*.java"/>
        </fileset>
        <hibernate version="2.0"/>
      </hibernatedoclet>
    </target>
  </project>
```

Si vous avez correctement écrit vos sources et paramétré votre tâche Ant, l'exécution devrait tracer les informations suivantes :

```
generate:
[hibernatedoclet] (XDocletMain.start                    47   )
  Running <hibernate/>
[hibernatedoclet] Generating mapping file for
  com.eyrolles.sportTracker.model.Team.
[hibernatedoclet] com.eyrolles.sportTracker.model.Team
[hibernatedoclet] Generating mapping file for
  com.eyrolles.sportTracker.model.Person.
[hibernatedoclet] com.eyrolles.sportTracker.model.Person
[hibernatedoclet] com.eyrolles.sportTracker.model.Player
[hibernatedoclet] com.eyrolles.sportTracker.model.Coach
BUILD SUCCESSFUL
Total time: 7 seconds
```

Dans le cas où vous souhaiteriez ajouter des informations qui ne pourraient être générées par XDoclet, vous avez à votre disposition une fonction de fusion. Utilisez pour cela le répertoire défini dans la tâche Ant par mergedir, et suivez les informations apparaissant en commentaire dans les fichiers de mapping générés.

Voici, par exemple, le résultat partiel de la génération de **Team.hbm.xml** :

```
<?xml version="1.0" encoding="UTF-8"?>
<!DOCTYPE hibernate-mapping PUBLIC
  "-//Hibernate/Hibernate Mapping DTD 2.0//EN"
  "http://hibernate.sourceforge.net/hibernate-mapping-2.0.dtd">
<hibernate-mapping
>
  <class
    name="com.eyrolles.sportTracker.model.Team"
    table="TEAM"
    dynamic-update="false"
    dynamic-insert="false"
    select-before-update="false"
    optimistic-lock="version"
    >
    <id
      name="id"
      column="TEAM_ID"
```

```
        type="java.lang.Long"
    >
    <generator class="native">
      <!--
        To add non XDoclet generator parameters, create a
        file named hibernate-generator-params-Team.xml
        containing the additional parameters and place it
        in your merge dir.
        -->
    </generator>
  </id>
  <one-to-one
    name="coach"
    class="com.eyrolles.sportTracker.model.Coach"
    cascade="none"
    outer-join="auto"
    constrained="false"
  />
  <property
    name="name"
    type="java.lang.String"
    update="true"
    insert="true"
    access="property"
    column="TEAM_NAME"
  />
...
  <set
    name="players"
    lazy="false"
    inverse="true"
    cascade="none"
    sort="unsorted"
  >
    <key
      column="TEAM_ID"
    >
    </key>
    <one-to-many
      class=""
    />
  </set>
  <!--
    To add non XDoclet property mappings, create a file named
    hibernate-properties-Team.xml
    containing the additional properties and place it in
    your merge dir.
    -->
  </class>
</hibernate-mapping>
```

Nous avons volontairement laissé le formatage de XDoclet. Remarquez les commentaires, qui vous permettent de fusionner les mappings générés avec d'autres fichiers. Il est important de noter que les fichiers générés respectent la DTD Hibernate 2.0.

Nous vous conseillons de visiter le site XDoclet pour d'éventuelles mises à jour.

Correspondance entre systèmes de définition des métadonnées

Le tableau 9.1 récapitule les correspondances entre les différents systèmes de définition des métadonnées. Les annotations adoptent une écriture composée d'une partie logique (votre modèle d'entité) et d'une partie physique (votre structure relationnelle cible), ce qui rend parfois la correspondance délicate à lire.

Tableau 9.1. Correspondance des systèmes de définition des métadonnées

Hibernate	Annotations	XDoclet
`<hibernate-mapping>`		`@hibernate.mapping`
schema		schema
catalog		
default-cascade		default-cascade
default-access		
default-lazy		
auto-import		auto-import
package		
`<class>`	`@Entity`	`@hibernate.class`
name		Implicite
table	`@Table(name="")`	table
discriminator-value	discriminatorValue	discriminator-value
mutable		mutable
schema		schema
catalog		
proxy	`@Proxy(lazy=false, proxyClassName="my.Interface")`	proxy
dynamic-update		dynamic-update
dynamic-insert		dynamic-insert
select-before-update		select-before-update
polymorphism		polymorphism
where	`@Where(clause="")`	where
persister		

Tableau 9.1. Correspondance des systèmes de définition des métadonnées *(suite)*

Hibernate	Annotations	XDoclet
batch-size	@BatchSize(size=n)	
optimistic-lock		optimistic-lock
lazy		lazy
entity-name		
catalog		
check		
rowid		
subselect		
abstract		
<subclass>	@Inheritance(strategy="")	@subclass
<joined-subclass>	@Inheritance(strategy="")	@joined-subclass
<union-subclass>		Non supporté
name		Implicite
entity-name		
proxy		proxy
table		table
schema		schema
catalog		
subselect		
dynamic-update		dynamic-update
dynamic-insert		dynamic-insert
select-before-update		
extends		
lazy		lazy
abstract		
persister		
check		
batch-size		
node		
<key…/> (pour joined-subclass)		@ joined-sublass-key
<id>	@Id	@id
name		Implicite
type		type
column	@Column(name="")	column

Tableau 9.1. Correspondance des systèmes de définition des métadonnées (suite)

Hibernate	Annotations	XDoclet
unsaved-value		unsaved-value
access		access
<generator class	generate	generator-class
<composite-id>		
class		
name		
node		
unsaved-value		
<discriminator>	@DiscriminatorColumn	@discriminator
column	name	column
type	discriminatorType	type
force		force
insert		insert
formula		
<version>	@Version	@version
name		Implicite
column	@Column(name="")	column
type		type
access		access
unsaved-value		unsaved-value
<timestamp>		@timestamp
name		Implicite
column		column
type		type
access		access
unsaved-value		unsaved-value
<property>	@Column	@property
name		Implicite
column	name	column
type		type
update	updatable	update
insert		insert
formula		formula
access		access

Tableau 9.1. Correspondance des systèmes de définition des métadonnées *(suite)*

Hibernate	Annotations	XDoclet
`lazy`	*Cf* `@Basic(fetch="")`	
`unique`	`@UniqueConstraint`	`unique`
`not-null`	`nullable`	`not-null`
`optimistic-lock`		
`<many-to-one>`	`@ManyToOne`	`@many-to-one`
`name`	Implicite	Implicite
`column`	`@JoinColumn`	`column`
`class`	Implicite	`class`
`cascade`	`cascade`	`cascade`
`fetch`	`fetch`	
`update`		`update`
`insert`		`insert`
`property-ref`		`property-ref`
`access`		
`unique`	`@UniqueConstraint`	`unique`
`not-null`		`not-null`
`optimistic-lock`		
`<one-to-one>`	`@OneToOne`	`@one-to-one`
`name`	Implicite	Implicite
`class`	Implicite	`class`
`cascade`	`cascade`	`cascade`
`constrained`		`constrained`
`fetch`		
`property-ref`	`@JoinedColumn`	`property-ref`
`access`		
`<component>`	`@Dependent`	`@component`
`name`		Implicite
`class`		`class`
`insert`		
`update`		
`access`	`access`	
`lazy`	*Cf* `fetch`	
`optimistic-lock`		
`<property …../>`	`@DependantAttribute`	

Tableau 9.1. Correspondance des systèmes de définition des métadonnées *(suite)*

Hibernate	Annotations	XDoclet
`<many-to-one …. />`		
`<join>`		Non supporté
`table`		
`schema`		
`catalog`		
`fetch`		
`inverse`		
`optional`		
`<key … />`		
`<property … />`		
`<bag>`	Prochainement	`@bag`
`<set>`	Implicite	`@set`
`<list>`	Prochainement	`@list`
`<map>`	Prochainement	`@map`
`<array>`	Prochainement	`@array`
`<idbag>`		Non supporté
`name`	Implicite	Implicite
`table`		`table`
`schema`		`schema`
`lazy`	*Cf* `fetch`	`lazy`
`inverse`	`isInverse`	`inverse`
`cascade`		`cascade`
`sort`		`where`
`order-by`		`order-by`
`where`	`@Where(clause="")`	`where`
`fetch`	`fetch`	
`batch-size`	`@BatchSize(size=n)`	
`access`		
`<key …. />`	`@JoinColumn`	
`<index …. />`		
`<index-many-to-many …/>`		
`<element …. />`		
`<composite-element …. />`		
`<one-to-many … />`	`@OneToMany`	

Tableau 9.1. Correspondance des systèmes de définition des métadonnées *(suite)*

Hibernate	Annotations	XDoclet
`<many-to-many … />`		
`<element>`		`@collection-element`
column		column
node		
formula		
type		type
length		length
precision		
scale		
not-null		not-null
unique	`@UniqueConstraint`	unique
`<one-to-many>`	`@OneToMany`	`@collection-one-to-many`
class	targetEntity	class
node		
entity-name		
`<many-to-many>`	`@ManyToMany`	`@collection-many-to-many`
class	targetEntity	class
node		
embed-xml		
entity-name		
column		column
formula		
outer-join		outer-join
fetch		
foreign-key		
unique	`@UniqueConstraint`	
`<composite-element>`		`@collection-composite-element`
class		class
`<key>`	`@JoinColumn`	`@collection-key`
column	name	column
property-ref		
foreign-key		
on-delete		
not-null		

Tableau 9.1. Correspondance des systèmes de définition des métadonnées *(suite)*

Hibernate	Annotations	XDoclet
update		
unique	@UniqueConstraint	
`<index>`		@collection-index
column		column
type		type
length		length
`<column>`	@Column	@column
name	name	name
length	length	length
precision		
scale		
not-null	nullable	not-null
unique	@UniqueConstraint	unique
unique-key		unique-key
sql-type		sql-type
index		index
check		

Ce tableau couvre 99 % des besoins en matière de métadonnées. Si certains éléments n'y figurent pas, c'est parce qu'ils relèvent d'une utilisation particulière ou extrêmement poussée ou que leur utilisation est semblable à un autre élément figurant déjà dans le tableau. Ces éléments sont : any, dynamic-component, composite-id, properties, primitive-array, list-index, map-key, map-key-many-to-many, index-many-to-many, composite-map-key, composite-index, many-to-any, index-many-to-any et collection-id. La consultation de la DTD devrait vous permettre de les spécifier rapidement.

Pour conclure sur les métadonnées, rappelons qu'Hibernate 3 est encore tout nouveau et que l'outillage autour des métadonnées s'étoffera avec le temps, l'enrichissement des annotations étant un chantier à part entière.

Le meilleur conseil à donner aux adeptes des annotations et de XDoclet est de consulter régulièrement les sites dédiés pour obtenir les dernières versions.

En résumé

Partie intégrante de la spécification de persistance EJB 3.0, les annotations tendent à standardiser le mapping objet-relationnel. Encore en phase d'enrichissement pour proposer non seulement les métadonnées spécifiées par la JSR 220 mais aussi prendre en compte les spécificités d'Hibernate, elles représenteront à moyen terme la meilleure manière de gérer vos métadonnées.

En attendant, utilisez les traditionnels fichiers de mapping, et tirez profit de l'outillage intégré aux environnements de développement, notamment l'éditeur de mapping disponible dans la suite d'outils Hibernate 3, qui vous permettra de gagner un temps précieux.

L'outillage Hibernate Tools

L'outillage disponible autour d'Hibernate sous le nom d'Hibernate Tools permet d'accroître la productivité.

L'éditeur de mapping simplifie l'écriture des fichiers de mapping. De leur côté, les requêtes sont testées rapidement grâce à Hibernate Console tandis que le schéma de base de données est généré rapidement avec SchemaExport.

Les cycles d'ingénierie

Globalement, il existe deux moyens principaux de développer un projet informatique selon que votre entreprise possède un historique de conception orientée objet fondé sur la modélisation du schéma relationnel ou que votre application est destinée à utiliser ou enrichir un schéma relationnel existant. Dans le premier cas votre point de départ est la conception fonctionnelle et dans le second le schéma de base de données.

Si UML est ancré dans votre organisation, après les spécifications fonctionnelles commencent les spécifications techniques. Parmi les différents diagrammes entrant en jeu pendant les phases de modélisation techniques, le diagramme de classes vous permet de modéliser votre modèle métier.

Votre outil de modélisation UML générera assez facilement les sources de vos classes persistantes. En le personnalisant, vous pourrez générer directement les fichiers de mapping ou les sources comportant les annotations. Cette personnalisation passe par un métamodèle définissant les stéréotypes et tagged-values destinés à enrichir le spectre de spécifications couvert par le diagramme de classes.

La figure 9.4 illustre les différentes possibilités de génération de code ou de métadonnées selon votre cycle d'ingénierie.

Les outils permettant d'opérer à partir du schéma de base de données sont les suivants :

- Pour la génération des fichiers de mapping : Hibernate Explorer ou Middlegen.
- Pour générer les sources des classes persistantes : Hibernate Explorer ou HBM2JAVA.

Les outils disponibles à partir du diagramme de classes standard sont les suivants :

- Pour la génération des fichiers de mapping : vous pouvez personnaliser votre atelier UML ou adopter AndroMDA, qui travaille à partir de l'export XMI.

- Pour générer les fichiers de mapping : XDoclet.

- Pour générer le schéma de base de données : SchemaExport.

Figure 9.4

*Possibilités
de génération
de code
et métadonnées*

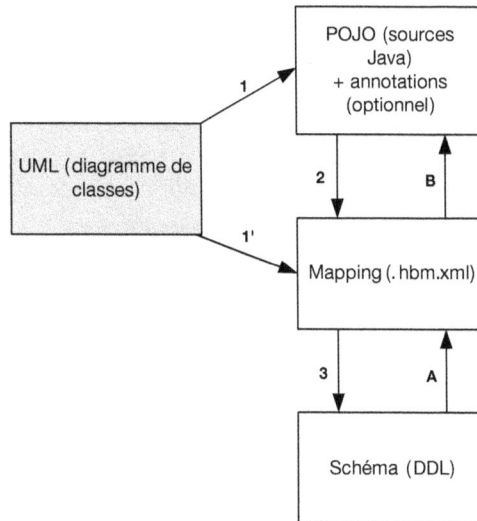

Les outils disponibles à partir du diagramme de classes avec atelier UML personnalisé (enrichi par des stéréotypes et tagged-values) sont les suivants :

- Pour générer des sources Java des classes persistantes : annotations ou fichiers de mapping (les fichiers de mapping ne sont plus nécessaires si vous utilisez les annotations).

- Pour générer le schéma de base de données : SchemaExport.

Nous avons déjà abordé les annotations ainsi que XDoclet. Les sections qui suivent se concentrent sur la nouvelle suite d'outils proposée par Hibernate 3. Pour les autres outils, référez-vous à la page *http://www.hibernate.org/256.html*.

L'outillage d'Hibernate 3

Hibernate 3 est désormais doté d'un jeu complet d'outils. Un sous-ensemble du site Hibernate leur est dédié, à l'adresse *http://www.hibernate.org/255.html*.

Le minimum requis pour utiliser ces outils est de disposer d'Eclipse 3.1 M4, téléchargeable à l'adresse *http://www.eclipse.org*.

L'éditeur de mapping ne fonctionne qu'en présence de JBoss IDE *(http://www.jboss.org/ products/jbosside)*.

L'éditeur de mapping

Une fois les éléments précédents installés, les fichiers de mapping ainsi que le fichier de configuration global devraient être automatiquement ouverts par l'éditeur de mapping d'Hibernate 3. Si ce n'est pas le cas, il suffit de le redéfinir dans Windows, Preferences et Files associations, comme l'illustre la figure 9.5.

Figure 9.5

Paramétrage des éditeurs sous Eclipse

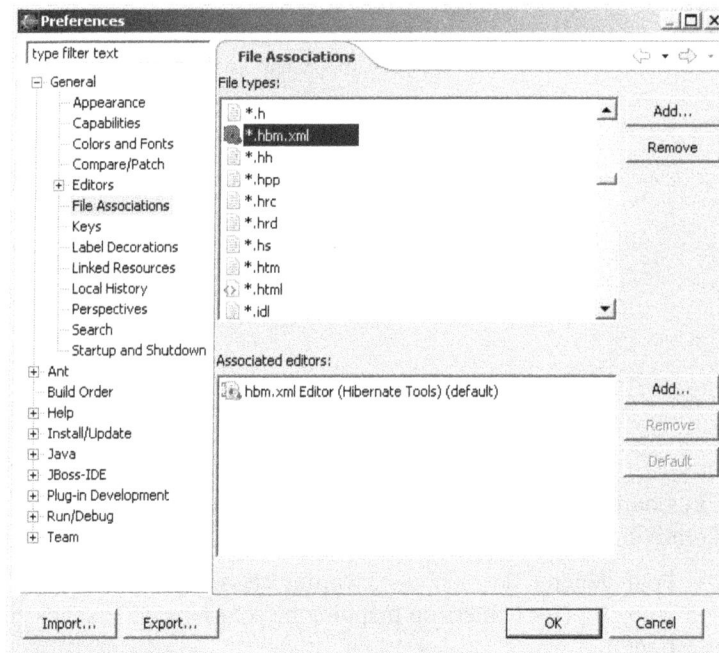

L'éditeur de mapping ne fait pas qu'appliquer un jeu de couleurs en fonction des éléments du fichier XML. Il permet aussi l'autocomplétion des nœuds, des noms de classes et des propriétés, comme l'illustre la figure 9.6.

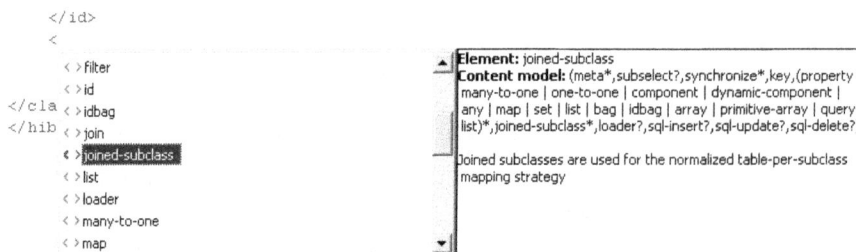

Figure 9.6

Autocomplétion des fichiers de mapping

Cet éditeur est d'une grande aide pour les débutants. Non seulement il accélère l'écriture des fichiers de mapping mais, grâce à son aide intuitive, il permet d'assimiler rapidement la structure des fichiers de mapping.

Dans ses prochaines évolutions, l'éditeur offrira les fonctionnalités suivantes :

• navigation entre les sources des classes et les fichiers de mapping ;

• possibilité de génération des sources relatives aux associations et propriétés ;

• participation à l'option de refactoring d'Eclipse.

Hibernate Console

Ce plug-in Eclipse propose trois assistants *(voir figure 9.7)* pour générer les fichiers de mapping depuis la base de données, configurer votre fichier **hibernate.cfg.xml** puis paramétrer Hibernate Console.

Figure 9.7

*Assistants
de la console
Hibernate*

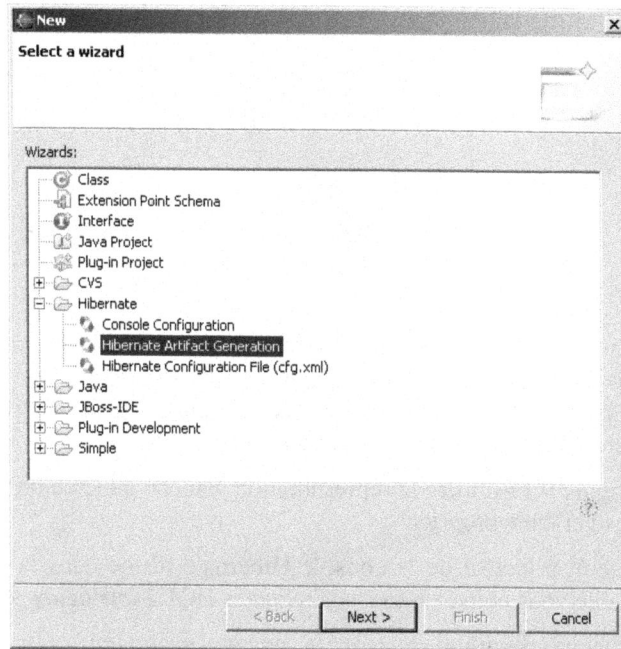

En choisissant l'assistant de fichier de configuration, vous pouvez rapidement spécifier les informations de configuration de haut niveau nécessaires à votre application, comme l'illustre la figure 9.8.

Par exemple, le choix du dialecte se fait simplement dans une liste déroulante.

La console Hibernate vous permet principalement de tester vos requêtes. Pour la configurer, choisissez Console Configuration, puis spécifiez le paramétrage nécessaire dans la fenêtre suivante *(voir figure 9.9)*.

Figure 9.8

*L'assistant
Hibernate
Configuration File*

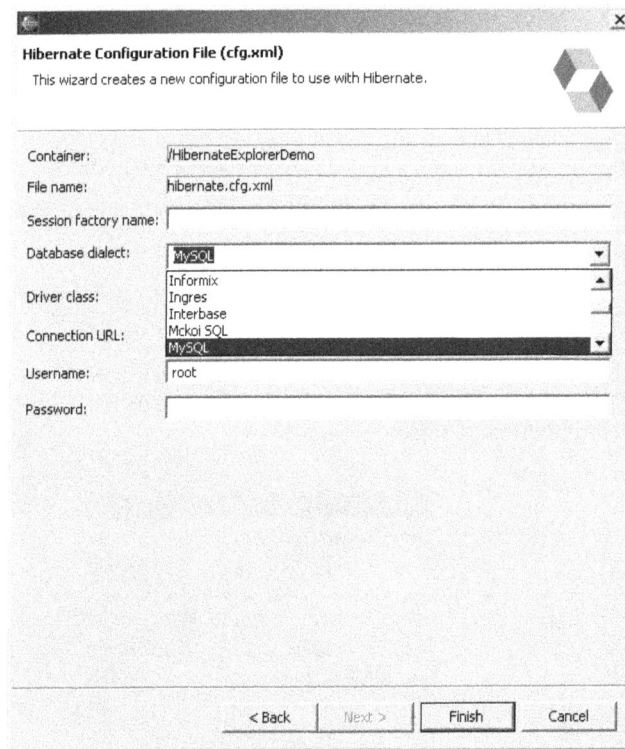

Prenez garde de ne pas spécifier les JAR relatifs à Hibernate dans la partie classpath. Vous ne devez renseigner que les pilotes JDBC et les classes persistantes. Une fois votre configuration établie, vous pouvez basculer dans la perspective Hibernate Console et créer une SessionFactory, comme l'illustre la figure 9.10.

La figure 9.11 illustre la représentation visuelle générée de vos classes persistantes, avec leur id et leurs propriétés.

L'intérêt principal de la console Hibernate réside dans la vue HQL Editor View, dans laquelle vous pouvez tester vos requêtes HQL *(voir figure 9.12)*.

À chaque exécution de requête, un onglet apparaît pour retourner les résultats de la requête. Il sera possible dès la version bêta de tester les requêtes à base de Criteria ainsi que les SQLQuery. L'éditeur HQL sera en outre enrichi d'un mécanisme de coloration et disposera d'une fonction d'autocomplétion. Chaque graphe d'objets retourné par la console pourra être exploré, et il sera possible d'analyser comment les stratégies de chargement sont appliquées.

Hibernate Console se verra enfin adjoindre des fonctions de visualisation du modèle relationnel (modèle physique de données) ainsi que du modèle de classes (UML).

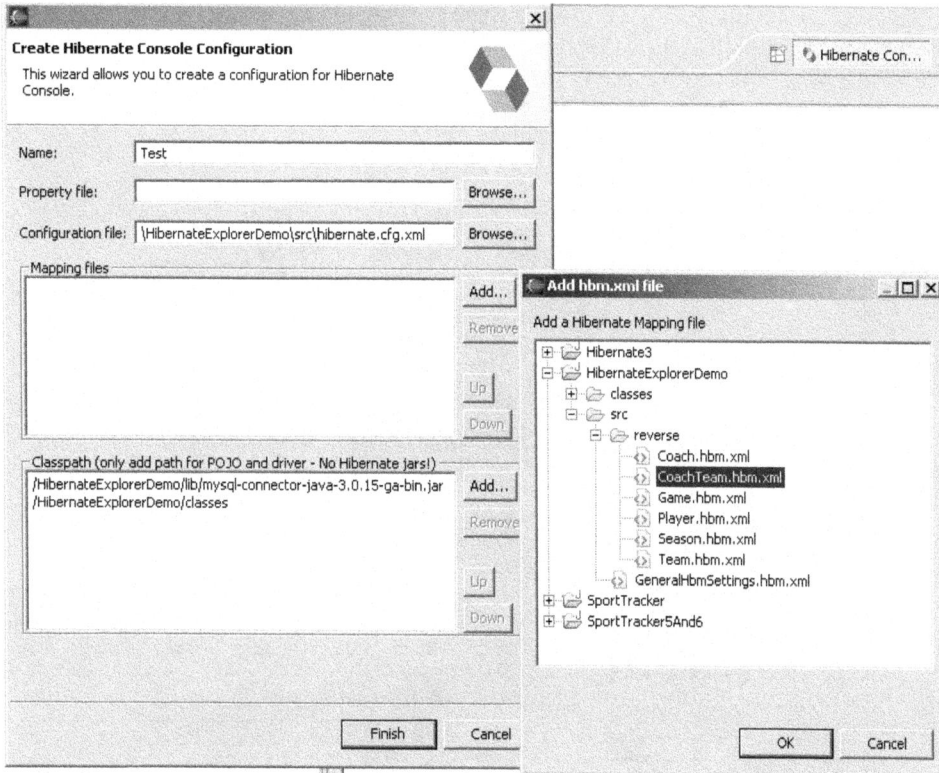

Figure 9.9

L'assistant Console Configuration

Figure 9.10

La perspective Hibernate Console

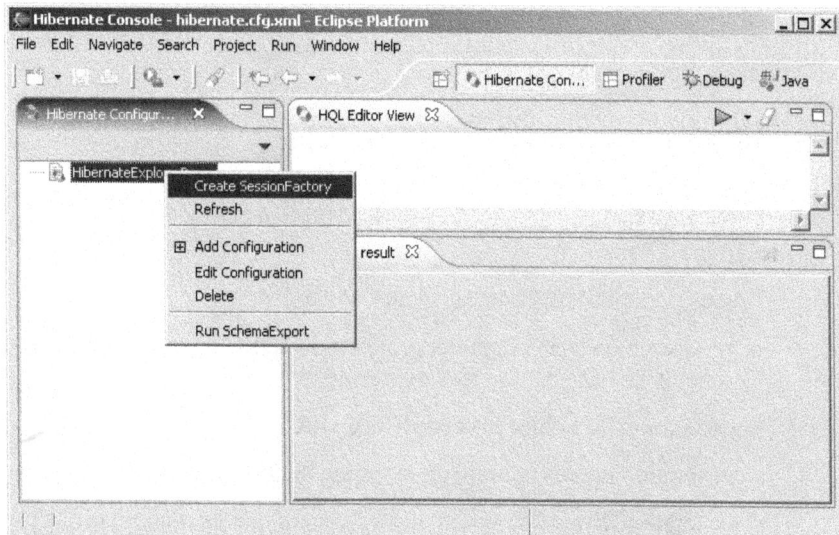

Figure 9.11

*La vue Hibernate
Configurations*

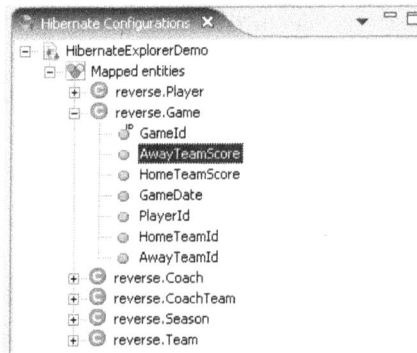

Figure 9.12

Test des requêtes

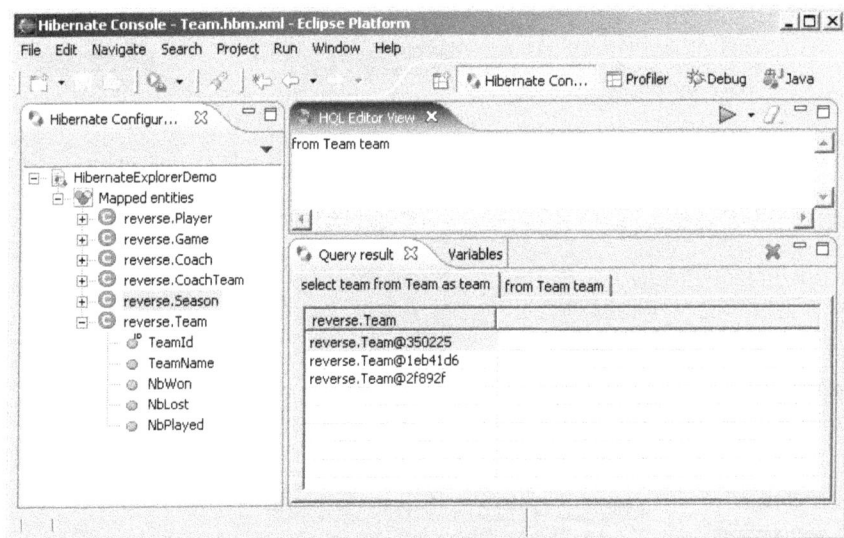

Hibernate Artifact Generation

Cette suite d'outils propose plusieurs assistants de génération. Il vous suffit de choisir Hibernate Artifact Generation depuis l'écran de la figure 9.7. L'assistant illustré à la figure 9.13 apparaît.

Il vous permet d'effectuer les tâches suivantes :

• reverse engineering depuis la connexion JDBC : génération de métadonnées depuis un schéma de base de données existant ;

• génération du fichier **hibernate.cfg.xml ;**

• génération de vos fichiers de mapping et de vos sources Java ;

• génération directe de vos sources Java complétés d'annotations (expérimental).

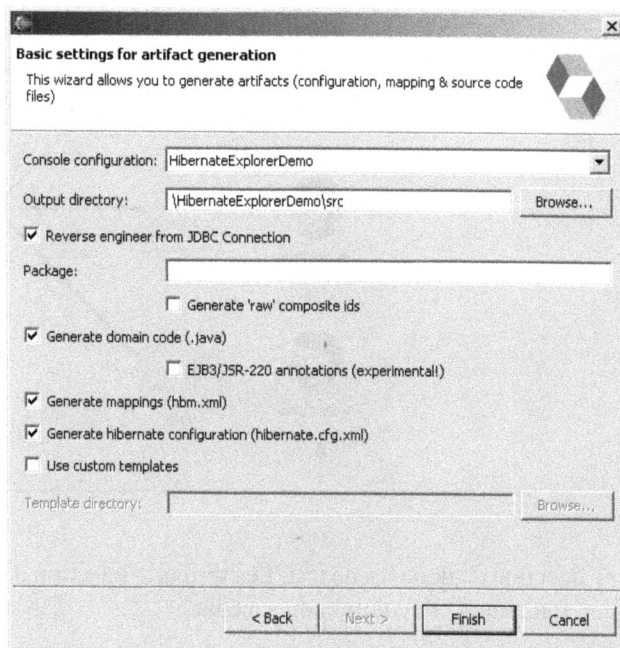

Il est d'ores et déjà prévu une personnalisation de la génération *via* des templates et un outil de migration automatique des fichiers de mapping vers les annotations.

Génération du schéma SQL avec SchemaExport

La suite d'outils proposée par Hibernate contient une fonction de génération de scripts DDL appelée SchemaExport.

Pour générer le schéma de votre base de données, il vous faut d'abord spécifier le dialecte de la base de données cible. Il existe plusieurs façons pratiques d'exécuter l'outil, et il est même possible d'appliquer le schéma généré directement à l'exécution.

Pour faire comprendre l'avantage de cette fonctionnalité, nous allons présenter une organisation de projet applicable depuis la fin de la conception jusque vers le milieu des développements.

La figure 9.14 illustre une organisation traditionnelle d'un projet pendant les phases de développement.

Chaque développeur est connecté à la même base de données. Chacun peut donc potentiellement utiliser les mêmes données de test. Ces données évoluent au fil du temps, de même que la structure relationnelle.

Cette organisation demande l'intervention régulière d'une personne responsable de la base de données pour la mise à jour des scripts de création de base de données ainsi que

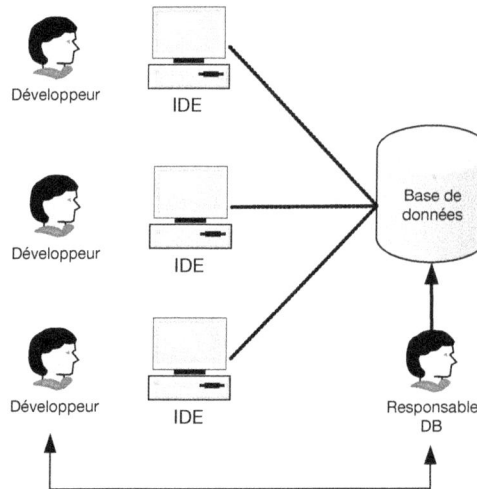

pour l'injection de données de test. Les scripts d'injection de données de test sont à maintenir en fonction de l'évolution du schéma.

Les charges liées à cette maintenance de la base de données de développement sont d'autant plus importantes que la structure relationnelle est instable.

A priori, si votre projet s'articule autour d'Hibernate pour la persistance, il est probable qu'une phase de conception solide orientée objet a été identifiée. Si tel est le cas, l'outillage UML permet aisément de générer un squelette de fichier de mapping plus ou moins fin en fonction des stéréotypes et tagged-values mis en place.

AndroMDA propose une génération des fichiers de mapping depuis un export XMI de votre modélisation UML. Cela permet d'économiser une partie de la charge nécessaire à l'écriture des fichiers de mapping.

Les fichiers de mapping contiennent, par définition, énormément d'informations sur la structure du modèle relationnel. En exagérant, ils contiennent l'intégralité des éléments structurant des tables amenés à stocker les données métier de votre application.

Hibernate propose pour sa part un outil de génération de schéma. Avec une organisation différente *(voir figure 9.15),* vous pourrez améliorer la qualité et la productivité de vos applications pendant au moins la première moitié de la phase de réalisation.

Globalement, chacun des développeurs dispose d'une base de données locale. La meilleure solution est d'utiliser HSQLDB, qui présente les avantages suivants :

• Ne nécessite pas de licence.

• Est très simple à installer et utiliser avec Hibernate.

• Consomme très peu de ressources.

Figure 9.15

*Proposition
d'organisation
de la base
de données locale*

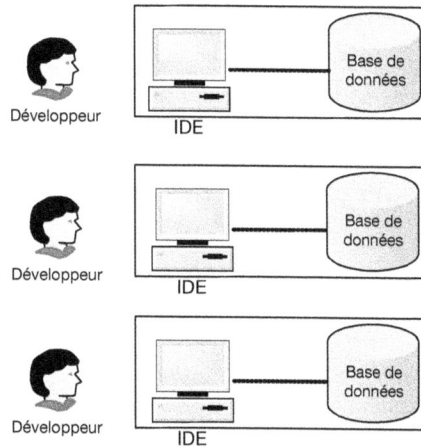

Les avantages offerts par cette organisation sont multiples. Tout d'abord, le schéma de la base de développement est à jour tant que les fichiers de mapping restent le référentiel des informations relatives à la structure de données.

De plus, chaque développement devra coder ses propres instances de classes persistantes pour ses tests, ce qui garantit la présence systématique de tests. Si les classes évoluent, le développeur sera forcé de modifier ces fichiers de mapping pour que son application démarre. Par ailleurs, ces méthodes d'injection d'objets persistants seront, elles aussi, constamment à jour.

Les développeurs étant isolés les uns des autres, chacun est maître de ses objets de test. De même, ils ne peuvent être plusieurs à manipuler les mêmes données. À chaque démarrage de l'application, l'intégralité des jeux de test est injectée en base. Le développeur n'a donc plus à se soucier de leur validité.

Cette organisation peut être mise en place pendant la première moitié des développements sans problème. Une bonne gestion de configuration doit être utilisée pour fusionner les classes responsables de la gestion des instances de test.

Une fois la structure relationnelle suffisamment stable, il est très facile de migrer vers une base répondant à la cible de production. Il suffit juste de paramétrer le nouveau dialecte. Le schéma est alors généré dans un fichier SQL ou injecté directement dans la base de données.

Après cette phase d'initialisation de la base de données, le DBA peut intégrer l'équipe pour insérer les tables système, tuner les index et réaliser les autres paramétrages fins dont il est le seul garant. Bien entendu, le DBA doit être consulté en amont, dès la conception, pour définir les règles et principes à respecter.

Le cas le plus typique est le choix de la stratégie d'héritage. Il est important que le DBA participe aux choix en fonction des contraintes de performance et d'intégrité des données.

Enrichissement des fichiers de mapping pour la génération

Par défaut, les fichiers de mapping contiennent 80 % des éléments métier structurants de la base de données. Vous pouvez enrichir le schéma généré en utilisant certains tags dans les fichiers de mapping. Ces tags n'ont généralement pas de grand intérêt pendant l'exécution de votre application. Pour autant, si votre organisation se rapproche de celle décrite précédemment, il peut être intéressant d'enrichir au maximum les fichiers de mapping.

Le tableau 9.2 récapitule les diverses options utiles à la génération de schéma.

Tableau 9.2. Options de génération de schéma

Attribut	Valeur	Interprétation
length	Numérique	Précision d'une colonne (longueur ou décimal)
not-null	true/false	Spécifie que la colonne doit être non nulle.
unique	true/false	Spécifie que la colonne doit avoir une contrainte d'unicité.
index	Nom de l'index	Spécifie le nom d'un index (multicolonne).
unique-key	Nom de clé d'unicité	Spécifie le nom d'une contrainte d'unicité multicolonne.
foreign-key	Nom de la clé étrangère	Nom d'une contrainte de clé étrangère générée pour une association. Utilisez-la avec les éléments de mapping <one-to-one>, <many-to-one>, <key> et <many-to-many>. Notez que les extrémités inverse="true" ne sont pas prises en compte par SchemaExport.
sql-type	Type de la colonne	Surcharge le type par défaut (attribut de l'élément <column> uniquement).
check	Expression SQL	Créé une contrainte de vérification sur la table ou la colonne.

Exécution de SchemaExport

Avant d'aborder les différentes manières d'exécuter SchemaExport, le tableau 9.3 récapitule les options disponibles à l'exécution.

Tableau 9.3. Options d'exécution de SchemaExport

Option	Description
quiet	Ne pas écrire le script vers la sortie standard
drop	Supprime seulement les tables.
text	Ne pas exécuter sur la base de données
output=my_schema.ddl	Écrit le script DDL vers un fichier.
config=hibernate.cfg.xml	Lit la configuration Hibernate à partir d'un fichier XML.
properties=hibernate.properties	Lit les propriétés de la base de données à partir d'un fichier.
format	Formate proprement le SQL généré dans le script.
delimiter=x	Paramètre un délimiteur de fin de ligne pour le script.

Les sections qui suivent détaillent les différents moyens de déclencher SchemaExport.

☞ Déclenchement de SchemaExport *via* Ant

La tâche Ant vous permet d'automatiser la création du schéma ou de l'appeler de manière ponctuelle. Cela peut se révéler utile lors de la mise à jour du script SQL :

```xml
<project name="SportTracker" default="schemaexport" basedir=".">
  <property name="lib.dir" value="WEB-INF/lib"/>
  <property name="src.dir" value="WEB-INF/src"/>
  <property name="build.dir" value="WEB-INF/build"/>
  <property name="classes.dir" value="WEB-INF/classes"/>
  <property name="javac.debug" value="on"/>
  <property name="javac.optimize" value="off"/>

  <path id="hibernate-schema-classpath">
    <fileset dir="${lib.dir}">
      <include name="**/*.jar"/>
      <include name="**/*.zip"/>
    </fileset>
    <pathelement location="${classes.dir}" />
  </path>

  <path id="lib.class.path">
    <fileset dir="${lib.dir}">
      <include name="**/*.jar"/>
    </fileset>
    <pathelement path="${clover.jar}"/>
  </path>

  <!-- Tasks -->
  ...
  <target name="schemaexport">
    <taskdef name="schemaexport"
      classname="org.hibernate.tool.hbm2ddl.SchemaExportTask"
      classpathref="hibernate-schema-classpath"/>

    <schemaexport
      config="${classes.dir}/hibernate.cfg.xml"
      quiet="no"
      text="yes"
      drop="no"
      delimiter=";"
      output="schema-export.sql">
    </schemaexport>
  </target>
</project>
```

☞ Déclenchement de SchemaExport *via* JUnit

Afin de jouer les tests unitaires de votre application, il vous faut un jeu de fichiers de mapping précis ainsi que des données de test. Le schéma évoluant au fur et à mesure que votre projet avance, il est conseillé de s'appuyer sur des instances de classes de tests qui seront rendues persistantes après exécution de SchemaExport.

Pour ce faire, faites hériter vos classes de test unitaire de la classe ci-dessous :

```
package xxx;

import org.hibernate.tool.hbm2ddl.SchemaExport;
import utils.HibernateUtil;


public abstract class TestCase extends junit.framework.TestCase {
  public TestCase(String s) {
    super(s);
  }
  protected void runTest() throws Throwable {

    …
  }
  protected void setUp() throws Exception {
    super.setUp();
    SchemaExport ddlExport =
      new SchemaExport(HibernateUtil.getConfiguration());
    ddlExport.create(false, true);
  }
  protected void tearDown() throws Exception {
    super.tearDown();
    SchemaExport ddlExport =
      new SchemaExport(HibernateUtil.getConfiguration());
    ddlExport.drop(false, true);
  }
}
```

☞ Déclenchement de SchemaExport *via* un filtre de servlet

Si vous adoptez l'organisation de développement où chacun des développeurs dispose de sa base de données (par exemple HSQLDB) et que vous deviez réaliser une application Web, le filtre de servlet ci-dessous vous permettra de générer le schéma à chaque démarrage de l'application puis de le détruire à son arrêt.

Le filtre vous permet d'invoquer une méthode init(), qui aura en charge la persistance des instances de test :

```
public class DevFilter implements Filter {
  public void init(FilterConfig filterConfig) throws ServletException {
    SchemaExport ddlExport;
    try {
      ddlExport = new SchemaExport(HibernateUtil.getConfiguration());
      ddlExport.create(false, true);
```

```
      } catch (HibernateException e) {
      // TODO Auto-generated catch block
      ...
      }
      // appel de la méthode de création d'instances persistantes
      init();
      }

   public void doFilter(ServletRequest request,
      ServletResponse response,
      FilterChain chain)
      throws IOException, ServletException {
   }

   public void destroy() {
      SchemaExport ddlExport;
      try {
        ddlExport = new SchemaExport(HibernateUtil.getConfiguration());
        ddlExport.drop(false, true);
      } catch (HibernateException e) {
        // TODO Auto-generated catch block
        ...
      }
   }
   public static void init(){
      // créer les instances persistantes pour les tests unitaires
      }
}
```

Pour rappel, le paramétrage d'un filtre de servlet se fait dans le fichier **web.xml,** qui doit contenir les lignes suivantes :

```
<filter>
  <filter-name>DevFilter</filter-name>
  <filter-class>dev.utils.DevFilter</filter-class>
</filter>
<filter-mapping>
  <filter-name>DevFilter</filter-name>
  <url-pattern>*.do</url-pattern>
</filter-mapping>
```

En résumé

La suite Hibernate Tools, comme les annotations, n'en est qu'à ses débuts. Les évolutions prochaines enrichiront les fonctionnalités proposées, ainsi que leur intégration à Eclipse. Il est d'ores et déjà prévu une déclinaison de l'outillage indépendante d'Eclipse ainsi que l'exécution par des tâches Ant.

SchemaExport était disponible dans les versions précédentes d'Hibernate. Cet outil, couplé à une organisation de développement où chaque développeur travaille avec sa propre base de données, réduira notablement certaines charges de développement, comme la gestion et la maintenance de la base de données et des jeux de test par un DBA.

Extensions et intégration

Hibernate permet d'utiliser des extensions pour couvrir notamment la gestion des connexions JDBC ainsi que le cache de second niveau.

Hibernate n'ayant pas vocation a réinventer des composants existants, il propose dans sa livraison certains caches et pools de connexions éprouvés.

Utilisation d'un pool de connexions JDBC

Si vous ne disposez pas d'une datasource, vous allez devoir brancher un pool de connexions JBDC. Le principe du pool est illustré à la figure 9.16. La problématique inhérente est que l'établissement d'une connexion JDBC est très coûteux en terme de performances. Il ne faut donc pas que la demande d'accès aux données depuis le client final ouvre sa connexion au fil du temps.

Chaque connexion ouverte doit le rester du point de vue du pool, et non du client final. Lorsqu'elle n'est plus utilisée, elle reste disponible, prête à l'emploi pour les applications clientes du pool.

Figure 9.16

Principe d'utilisation du pool de connexions

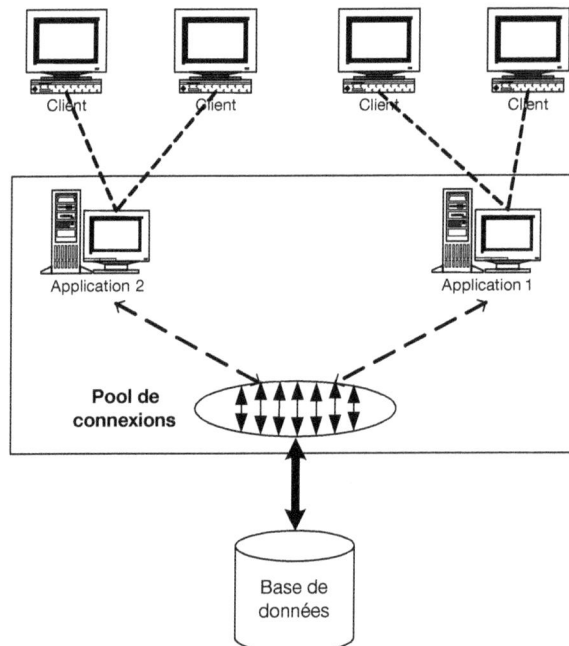

Les pools de connexions offrent généralement un certain nombre de services, comme le contrôle du nombre maximal de connexions ouvertes ou de la validité des connexions ouvertes et le délai maximal de veille et de vie des connexions.

Hibernate se branche par défaut à C3P0 et Proxool, le support du pool de connexions DBCP étant terminé faute de stabilité. Si vous souhaitez brancher un autre pool de connexions, vous n'avez qu'à fournir une implémentation de l'interface org.hibernate.connection.ConnectionProvider, dont voici le source :

```
/**
 * A strategy for obtaining JDBC connections.
 * <br><br>
 * Implementors might also implement connection pooling.<br>
 * <br>
 * The <tt>ConnectionProvider</tt> interface is not intended to be
 * exposed to the application. Instead it is used internally by
 * Hibernate to obtain connections.<br>
 * <br>
 * Implementors should provide a public default constructor.
 *
 * @see ConnectionProviderFactory
 * @author Gavin King
 */
public interface ConnectionProvider {
 /**
  * Initialize the connection provider from given properties.
  * @param props <tt>SessionFactory</tt> properties
  */
public void configure(Properties props) throws HibernateException;
/**
  * Grab a connection
  * @return a JDBC connection
  * @throws SQLException
  */
public Connection getConnection() throws SQLException;
/**
  * Dispose of a used connection.
  * @param conn a JDBC connection
  * @throws SQLException
  */
public void closeConnection(Connection conn) throws SQLException;
/**
  * Release all resources held by this provider. JavaDoc requires a second sentence.
  * @throws HibernateException
  */
public void close() throws HibernateException;
}
```

Cette interface n'est pas des plus complexes à implémenter, les pools de connexions ne devant offrir que des méthodes de type fermeture et ouverture de connexion ainsi qu'un paramétrage minimal.

Pour en savoir plus Pour avoir la liste des paramètres disponibles pour le fichier **hibernate.cgf.xml,** reportez-vous à la javadoc de `org.hibernate.cfg.Environnement 'doc\api\org\hibernate\cfg\ Environment.html`.

Les sections qui suivent montrent comment utiliser les pools livrés avec Hibernate.

C3P0

Le pool de connexions C3P0 présente deux atouts majeurs. Tout d'abord il est reconnu fiable puisque, en deux ans, aucun bogue réel n'a été déploré. Son autre avantage est qu'il propose des possibilités de paramétrage étendues.

Le tableau 9.4 recense les paramètres de `org.hibernate.cfg.Environnement` relatifs à C3P0 qui sont configurables.

**Tableau 9.4. Paramètres configurables
de *org.hibernate.cfg.Environnement* relatifs à C3P0**

```
C3P0_ACQUIRE_INCREMENT
```
Nombre de connexions acquises lorsque la taille du pool augmente

```
C3P0_IDLE_TEST_PERIOD
```
Temps de veille avant qu'une connexion soit validée

```
C3P0_MAX_SIZE
```
Taille maximale du pool

```
C3P0_MAX_STATEMENTS
```
Taille maximale du cache des statements

```
C3P0_MIN_SIZE
```
Taille minimale du pool

```
C3P0_TIMEOUT
```
Durée de vie d'une connexion

En naviguant dans la javadoc, nous obtenons les paramètres que nous pouvons placer dans **hibernate.cfg.xml.**

D'abord les chaînes de caractères :

```java
public static final String C3P0_ACQUIRE_INCREMENT
  = "hibernate.c3p0.acquire_increment"
public static final String C3P0_IDLE_TEST_PERIOD
  = "hibernate.c3p0.idle_test_period"
public static final String C3P0_MAX_SIZE
  = "hibernate.c3p0.max_size"
public static final String C3P0_MAX_STATEMENTS
  = "hibernate.c3p0.max_statements"
public static final String C3P0_MIN_SIZE
  = "hibernate.c3p0.min_size"
public static final String C3P0_TIMEOUT
  = "hibernate.c3p0.timeout"
```

Ensuite les lignes :

```
<property name="c3p0.acquire_increment">1</property>
<property name="c3p0.idle_test_period">100</property> <!-- seconds -->
<property name="c3p0.max_size">100</property>
<property name="c3p0.max_statements">0</property>
<property name="c3p0.min_size">10</property>
<property name="c3p0.timeout">100</property> <!-- seconds -->
```

Ces paramètres ne représentent qu'un sous-ensemble des possibilités de C3P0. Si vous souhaitez tirer parti de la totalité des paramètres, il vous suffit de préciser le ConnectionProvider et le paramètre max_size dans **hibernate.cfg.xml** puis de placer le fichier de propriété **c3p0.properties** dans le classpath de votre application.

Dans ce fichier, vous avez le loisir d'utiliser la totalité des paramètres décrits au tableau 9.5.

Tableau 9.5. Paramétrage du pool de connexions C3P0

Paramètre	Défaut	Définition
initialPoolSize	3	Taille initiale du pool
minPoolSize	3	Taille minimale du pool
maxPoolSize	15	Taille maximale du pool
idleConnectionTestPeriod	0	Une connexion non utilisée pendant ce délai (en secondes) sera déclarée comme idle (en veille).
maxIdleTime	0	Une connexion idle sera relâchée du pool au bout de ce délai (en secondes) d'inactivité.
checkoutTimeout	0	Délai (en millisecondes) d'attente au bout duquel une tentative d'acquisition de connexion sera considérée en échec. Un délai survient lorsque le pool a atteint sa taille maximale. Cet échec soulève une SQLException. 0 signifie un délai d'attente infini.
acquireIncrement	3	Nombre de connexion à ouvrir lorsque la taille du pool doit être augmentée.
acquireRetryAttempts	30	Nombre de tentatives d'acquisition d'une connexion avant abandon définitif. Si cette valeur est inférieure ou égale à 0, il y aura un nombre infini de tentatives.
acquireRetryDelay	1000	Délai (en millisecondes) entre chaque essai
autoCommitOnClose	false	Si false, un rollback sur les transactions ouvertes d'une connexion qui se ferme sera exécuté. Si true, un commit sur les transactions ouvertes d'une connexion qui se ferme sera exécuté.

Pour plus de détails sur C3P0, reportez-vous à son site de référence, à l'adresse *http://sourceforge.net/projects/c3p0*.

Proxool

Proxool est un pool de connexions proposé par défaut lorsque vous téléchargez Hibernate. Il offre sensiblement les mêmes fonctionnalités que C3P0 et dispose d'une servlet, qui permet de visualiser l'état du pool de connexions.

Le tableau 9.6 récapitule le paramétrage d'un pool de connexions Proxool

Tableau 9.6. Javadoc relative à Proxool

```
static String PROXOOL_EXISTING_POOL
```
Configurer Proxool à partir d'un pool existant

```
static String PROXOOL_POOL_ALIAS
```
Alias à utiliser pour l'utilisation de Proxool (requis par PROXOOL_EXISTING_POOL, PROXOOL_PROPERTIES ou PROXOOL_XML)

```
static String PROXOOL_PREFIX
```
Préfixe Proxool/Hibernate

```
static String PROXOOL_PROPERTIES
```
Définition du fournisseur de configuration Proxool *via* un fichier de propriété (/path/to/proxool.properties)

```
static String PROXOOL_XML
```
Définition du fournisseur de configuration Proxool *via* un fichier XML de propriété (/path/to/proxool.xml)

En naviguant dans la javadoc, vous obtenez les chaînes de caractères que vous pouvez placer dans **hibernate.cfg.xml :**

```
public static final String PROXOOL_EXISTING_POOL
  = "hibernate.proxool.existing_pool"
public static final String PROXOOL_POOL_ALIAS
  = "hibernate.proxool.pool_alias"
public static final String PROXOOL_PREFIX
  = "hibernate.proxool"
public static final String PROXOOL_PROPERTIES
  = "hibernate.proxool.properties"
public static final String PROXOOL_XML
  = "hibernate.proxool.xml"
```

Comme pour C3P0, il ne vous reste plus qu'à insérer ces paramètres dans **hibernate.cfg.xml.**

Si vous souhaitez tirer profit de l'ensemble du paramétrage *(voir tableau 9.7),* il vous faut externaliser le paramétrage dans un fichier de propriétés **proxool.properties.** Cependant, ce paramétrage est un peu plus délicat qu'avec C3P0 *(voir l'article dédié sur le wiki d'Hibernate, à l'adresse http://www.hibernate.org/222.html).*

Pour disposer de la servlet de visualisation des statistiques Proxool, paramétrez une application Web comme suit :

```
<servlet>
  <servlet-name>proxool</servlet-name>
  <servlet-class> org.logicalcobwebs.proxool.admin.servlet.AdminServlet</servlet-class>
</servlet>
<servlet-mapping>
<servlet-name>proxool</servlet-name>
  <url-pattern>/proxool</url-pattern>
</servlet-mapping>
```

Tableau 9.7. Paramétrage de Proxool

Paramètre	Défaut	Définition
house-keeping-sleep-time	30	Définit le délai de test du thread (en secondes).
house-keeping-test-sql		Si le thread de test trouve une connexion idle, il exécute cette requête pour déterminer si la connexion est toujours valide. Cette requête doit être rapide à utiliser. Exemple : select 1 from dual.
test-before-use	false	Si true, chaque utilisation d'une connexion force un test de celle-ci. Si le test échoue, la connexion est abandonnée et une autre est acquise. Si toutes les connexions disponibles échouent, une nouvelle connexion est ouverte. Si celle-ci échoue aussi, une SQLException est levée.
test-after-use	false	Si true, chaque fermeture (la connexion est rendue au pool) entraîne un test de celle-ci. Si le test échoue, la connexion est abandonnée et une autre est acquise.
maximum-connection-count	15	Nombre maximal de connexions à la base de données.
maximum-connection-lifetime	4 heures	Durée de vie d'une connexion en millisecondes. Après ce délai, la connexion est détruite.
maximum-new-connections	10	Nombre maximal de connexions à la base de données
maximum-active-time	5 minutes	Durée de vie de la connexion. Si le thread de test tombe sur une connexion active depuis plus longtemps que ce délai, il la détruit. Cette valeur doit être supérieure au temps de réponse le plus long que vous prévoyez.
trace	false	Si true, le SQL sera logué (niveau debug) tout au long de l'exécution.
maximum-connection-count	10	Nombre maximal de connexions pouvant être ouvertes simultanément

La figure 9.17 illustre la servlet permettant de visionner les statistiques de Proxool.

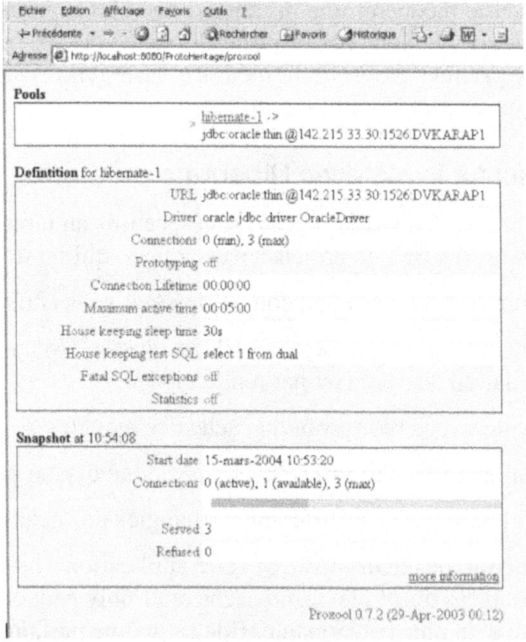

Figure 9.17

Statistiques de Proxool

Pour plus d'informations sur Proxool, référez-vous au site de référence, à l'adresse *http://proxool.sourceforge.net.*

Utilisation du cache de second niveau

Le cache de premier niveau est la session Hibernate. Comme vous le savez désormais, la session a une durée de vie relativement courte et n'est pas partageable par plusieurs traitements.

Pour améliorer les performances, des caches de second niveau sont disponibles. N'allez toutefois pas croire que le cache de second niveau soit la solution ultime à vos problèmes de performances. Le cache relève en effet d'une problématique plus complexe à appréhender qu'il n'y paraît.

Gérer un cache demande des ressources et donc du temps serveur. Il demande encore plus de temps si votre environnement de production répartit la charge sur plusieurs serveurs, le temps réseau venant s'ajouter au temps machine.

Une règle simple à retenir est que moins le cache est manipulé en écriture, plus il est efficace. À ce titre, les données les plus propices à être mises en cache sont les données de référence, de paramétrage et celles rarement mises à jour par l'application. Il est évidemment inutile de mettre en cache des données rarement consultées. De bons exemples de données pour le cache sont les codes postaux, les pays ou les articles d'un catalogue qui ne serait mis à jour que trimestriellement.

Ayez toujours à l'esprit que l'utilisation du cache à l'exécution se produit lorsque Hibernate tente de récupérer une instance d'une classe particulière avec un id particulier. Ces prérequis ne sont donc pas respectés lorsque vous exécutez des requêtes et en obtenez les résultats par invocation de la méthode `query.list()`. Nous reviendrons sur l'utilisation spécifique du cache pour les requêtes.

Les caches livrés avec Hibernate

Les caches livrés avec Hibernate sont recensés au tableau 9.8. Comme pour les pools de connexions, il s'agit de projets à part entière, qui ne sont pas liés à Hibernate.

Les paramètres à prendre en compte lorsque vous choisissez un cache sont les suivants :

- Votre application fonctionne-t-elle en cluster ? Si oui, souhaitez-vous une stratégie par invalidation de cache ou par réplication ?

- Souhaitez-vous tirer profit du cache des requêtes ?

- Souhaitez-vous utiliser le support physique disque pour certaines conditions ?

Voici les définitions des différentes stratégies de cache :

- **Lecture seule (read-only).** Si votre application a besoin de lire mais ne modifie jamais les instances d'une classe, un cache read-only peut être utilisé. C'est la stratégie la plus simple et la plus performante. Elle est même parfaitement sûre dans un cluster.

- **Lecture/écriture (read-write).** Si l'application a besoin de mettre à jour des données, un cache read-write peut être approprié. Cette stratégie ne devrait jamais être utilisée si votre application nécessite un niveau d'isolation transactionnelle sérialisable. Si le cache est utilisé dans un environnement JTA, vous devez spécifier `hibernate.transaction.manager_lookup_class`, fournissant une stratégie pour obtenir le `TransactionManager` JTA. Dans d'autres environnements, vous devriez vous assurer que la transaction est terminée à l'appel de `session.close()` ou `session.disconnect()`. Si vous souhaitez utiliser cette stratégie dans un cluster, assurez-vous que l'implémentation de cache utilisée supporte le verrouillage.

- **Lecture/écriture non stricte (nonstrict-read-write).** Si l'application a besoin de mettre à jour les données de manière occasionnelle, c'est-à-dire s'il est très peu probable que deux transactions essaient de mettre à jour le même élément simultanément, et qu'une isolation transactionnelle stricte ne soit pas nécessaire, un cache nonstrict-read-write peut être approprié. Si le cache est utilisé dans un environnement JTA, vous devez spécifier `hibernate.transaction.manager_lookup_class`. Dans d'autres environnements, vous devriez vous assurer que la transaction est terminée à l'appel de `session.close()` ou `session.disconnect()`.

- **Transactionnelle (transactional).** La stratégie de cache transactional supporte un cache complètement transactionnel, par exemple, JBoss TreeCache. Un tel cache ne peut être utilisé que dans un environnement JTA, et vous devez spécifier `hibernate.transaction.manager_lookup_class`.

Tableau 9.8. Les caches livrés avec Hibernate

Cache	Provider Class *org.hibernate.cache.*	Type	Cluster Safe	Support cache de requête
Hashtable	`HashtableCacheProvider`	Mémoire		Oui
EHCache	`EhCacheProvider`	Mémoire, disque		Oui
OSCache	`OSCacheProvider`	Mémoire, disque		Oui
SwarmCache	`SwarmCacheProvider`	Clustérisé (IP multicast)	Oui (invalidation clustérisée)	
JBossTreeCache	`TreeCacheProvider`	Clustérisé (IP multicast), transactionnel	Oui (réplication)	Oui (synchronisation des horloges nécessaire)

Comme le montre le tableau 9.9, aucun cache ne supporte la totalité de ces stratégies.

Tableau 9.9. Support des stratégies de cache

Cache	Read-only	Nonstrict-read-write	Read-write	Transactionnal
Hashtable	Oui	Oui		
EHCache	Oui	Oui	Oui	Non
OSCache	Oui	Oui	Oui	Non
SwarmCache	Oui	Oui	Non	Non
JBossTreeCache	Oui	Non	Non	Oui

Mise en œuvre d'EHCache

EHCache est particulièrement simple à configurer. La première étape consiste à extraire **ehcache-x.x.jar** et à le placer dans le classpath de votre application.

Il faut ensuite spécifier dans **hibernate.cfg.xml** l'utilisation d'EHCache en ajoutant la ligne suivante :

```
<property name="hibernate.cache.provider_class">
  org.hibernate.cache.EhCacheProvider
</property>
```

EHCache nécessite un fichier de configuration (**ehcache.xml**) spécifique, dans lequel vous spécifiez, classe par classe, les paramètres principaux suivants :

• Nombre maximal d'instances qui peuvent être placées dans le cache.

• Délai maximal de veille, qui correspond à la durée maximale au terme de laquelle une instance non utilisée sera supprimée du cache.

• Durée de vie maximale, qui correspond à la durée, depuis la mise en cache, au bout de laquelle une instance, même fréquemment consultée, sera supprimée du cache.

Voici un exemple de fichier **ehcache.xml** :

```
<ehcache>
  <diskStore path="java.io.tmpdir"/>

  <defaultCache
    maxElementsInMemory="10000"
    eternal="false"
    overflowToDisk="true"
    timeToIdleSeconds="120"
    timeToLiveSeconds="120"
    diskPersistent="false"
    diskExpiryThreadIntervalSeconds="120"
  />

  <cache name="com.eyrolles.sportTracker.model.Team"
    maxElementsInMemory="1000"
    eternal="false"
    timeToIdleSeconds="300"
    timeToLiveSeconds="600"
    overflowToDisk="false"
  />
  <cache name="com.eyrolles.sportTracker.model.Player"
    maxElementsInMemory="1000"
    eternal="false"
    timeToIdleSeconds="300"
    timeToLiveSeconds="600"
    overflowToDisk="false"
  />
<cache name="com.eyrolles.sportTracker.model.Coach"
```

```
      maxElementsInMemory="1000"
      eternal="false"
      timeToIdleSeconds="300"
      timeToLiveSeconds="600"
      overflowToDisk="false"
   />
</ehcache>
```

Vous pouvez vérifier qu'EHCache est actif sur votre application en scrutant les traces au démarrage de votre application. Vous devriez retrouver les lignes suivantes :

```
INFO SettingsFactory:259 - Cache provider:
  org.hibernate.cache.EhCacheProvider
INFO SettingsFactory:186 - Second-level cache: enabled
```

Pour toute information supplémentaire concernant EHCache, consultez le site de référence, à l'adresse *http://ehcache.sourceforge.net/documentation/.*

Activation du cache pour les classes et collections

Vous venez de voir comment configurer globalement le cache au niveau applicatif en utilisant, par exemple, EHCache. Il ne vous reste plus qu'à définir la stratégie dans vos fichiers de mapping ou au niveau de **hibernate.cfg.xml.**

Cette définition s'effectue au niveau à la fois des classes et des collections, les deux notions étant distinctes du point de vue du cache.

Activation dans les fichiers de mapping

Un premier moyen pour définir la stratégie de cache consiste à utiliser l'élément XML `<cache/>` directement dans les fichiers de mapping.

Voici, par exemple, comment configurer les classes `Player`, `Team` et `Coach` :

```
<hibernate-mapping package="com.eyrolles.sportTracker.model">
  <class name="Player" table="PLAYER" >
    <cache usage="read-write"/>

    ...
  </class>
</hibernate-mapping>
```

```
<hibernate-mapping package="com.eyrolles.sportTracker.model">
  <class name="Coach" table="COACH">
    <cache usage="read-write"/>

    ...
  </class>
</hibernate-mapping>
```

Le dernier exemple suivant permet de visualiser comment déclarer la mise en cache d'une collection :

```
<hibernate-mapping package="com.eyrolles.sportTracker.model">
  <class name="Team" table="TEAM" >
    <cache usage="read-write"/>
    ...
    <bag name="players" inverse="true" fetch="select"
      cascade="create,merge">
      <cache usage="read-write"/>
      <key column="TEAM_ID"/>
      <one-to-many class="Player" />
    </bag>
  </class>
</hibernate-mapping>
```

Activation dans *hibernate.cfg.xml*

Une autre méthode pour déclarer la mise en cache de vos classes consiste à ajouter les déclarations dans le fichier **hibernate.cfg.xml.** Dans ce cas, il est bien sûr inutile d'ajouter les déclarations <cache/> dans les fichiers de mapping.

Dans **hibernate.cfg.xml,** les élément XML à utiliser sont les suivants :

- <class-cache/> et les attributs suivants :
  - usage, pour définir la stratégie ;
  - class, pour spécifier le nom de la classe ;
- <collection-cache/> et les attributs suivants :
  - usage, pour définir la stratégie ;
  - collection, pour spécifier le nom d'une collection.

Voici un exemple de déclaration de mise en cache :

```
<class-cache usage="read-write"
  class="com.eyrolles.sportTracker.model.Team"/>
<class-cache usage="read-write"
  class="com.eyrolles.sportTracker.model.Player"/>
<class-cache usage="read-write"
  class="com.eyrolles.sportTracker.model.Coach"/>
<collection-cache usage="read-write"
  collection="com.eyrolles.sportTracker.model.Team.players"/>
```

Exemples de comportements selon la stratégie retenue

Il est important de saisir les nuances qui existent entre les différentes stratégies.

Le code ci-dessous permet de mettre en œuvre le cache. En l'exécutant, nous nous rendons compte qu'aucune requête n'est exécutée à la récupération de l'entité déjà chargée par une session précédente :

```
tx = session.beginTransaction();
// première touche, mise en cache
```

```
Team t = (Team)session.get(Team.class,new Long(1));
tx.commit();
HibernateUtil.closeSession();

// nouvelle session
session = HibernateUtil.getSession();
tx = session.beginTransaction();

//récupération du cache
Team t2 = (Team)session.get(Team.class,new Long(1));
tx.commit();
```

L'idée est la suivante : une première session permet d'alimenter le cache, tandis qu'une seconde permet de vérifier qu'aucune requête n'est exécutée à la récupération de la même entité.

L'exemple de code suivant permet de mesurer les impacts d'une écriture sur une entité présente dans le cache :

```
tx = session.beginTransaction();
//mise en cache
Team t = (Team)session.get(Team.class,new Long(1));

// modification de l'instance
t.setName("another name");
tx.commit();
HibernateUtil.closeSession();

// nouvelle session
session = HibernateUtil.getSession();
tx = session.beginTransaction();
//récupération du cache ?
Team t2 = (Team)session.get(Team.class,new Long(1));
tx.commit();
```

Voici ce que nous observons dans les traces pour la stratégie read-only :

```
Hibernate: select team0_.TEAM_ID as TEAM1_0_, team0_.NB_LOST as NB2_0_0_,
  team0_.TEAM_NAME as TEAM3_0_0_, team0_.COACH_ID as COACH4_0_0_
  from TEAM team0_
  where team0_.TEAM_ID=?
15:57:17,139 ERROR ReadOnlyCache:42 - Application attempted to edit read only item:
com.eyrolles.sportTracker.model.Team#1
java.lang.UnsupportedOperationException: Can't write to a readonly object
at org.hibernate.cache.ReadOnlyCache.lock(ReadOnlyCache.java:43)
```

Une exception est soulevée. La modification d'une entité configurée pour un cache avec la stratégie read-only ne peut être modifiée.

Modifions donc la stratégie en la paramétrant en nonstrict-read-write, et observons les traces :

```
Hibernate: select team0_.TEAM_ID as TEAM1_0_, team0_.NB_LOST as NB2_0_0_,
  team0_.TEAM_NAME as TEAM3_0_0_, team0_.COACH_ID as COACH4_0_0_
  from TEAM team0_
where team0_.TEAM_ID=?
Hibernate: update TEAM
  set NB_LOST=?, TEAM_NAME=?, COACH_ID=?
  where TEAM_ID=?
Hibernate: select team0_.TEAM_ID as TEAM1_0_, team0_.NB_LOST as NB2_0_0_,
  team0_.TEAM_NAME as TEAM3_0_0_, team0_.COACH_ID as COACH4_0_0_
  from TEAM team0_
  where team0_.TEAM_ID=?
```

La modification est autorisée mais entraîne l'invalidation du cache pour l'entité modifiée. Le cache n'est pas mis à jour, l'entité y étant simplement supprimée, ce qui engendre un ordre SQL SELECT à la récupération suivante de l'entité.

Cette stratégie n'a aucun intérêt pour des entités fréquemment mise à jour.

Testons désormais la dernière stratégie, read-write :

```
Hibernate: select team0_.TEAM_ID as TEAM1_0_, team0_.NB_LOST as NB2_0_0_,
  team0_.TEAM_NAME as TEAM3_0_0_, team0_.COACH_ID as COACH4_0_0_
  from TEAM team0_
  where team0_.TEAM_ID=?
Hibernate: update TEAM
  set NB_LOST=?, TEAM_NAME=?, COACH_ID=?
  where TEAM_ID=?
```

Cette fois, le cache est mis à jour en même temps que la base de données.

Cette dernière stratégie est plus efficace pour les entités que l'on peut mettre à jour. Elle ne peut toutefois être utilisée que si le risque de modification concourante est nul.

Contrôler l'interaction avec le cache

Il est possible de contrôler l'interaction avec le cache au niveau de la session. Cela passe par l'invocation de la méthode session.setCacheMode().

Les différents modes d'interaction sont les suivants :

- CacheMode.NORMAL : récupère les objets depuis le cache de second niveau et les place dans le cache de second niveau.
- CacheMode.GET : récupère les objets du cache de second niveau mais n'y accède pas en écriture, excepté lors de la mise à jour de données.
- CacheMode.PUT : ne récupère pas les objets depuis le cache de second niveau (lecture directe depuis la base de données) mais écrit les objets dans le cache de second niveau.
- CacheMode.REFRESH : ne récupère pas les objets depuis le cache de second niveau (lecture directe depuis la base de données) mais écrit les objets dans le cache de second niveau, tout en ignorant l'effet du paramètre hibernate.use_minimal_puts, ce qui force

le rafraîchissement du cache de second niveau pour toutes les données lues en base de données.

- `CacheMode.IGNORE` : la session n'interagit jamais avec le cache, excepté pour invalider des objets mis à jour.

Par exemple, le code suivant :

```
tx = session.beginTransaction();
//mise en cache
Team t = (Team)session.get(Team.class,new Long(1));
tx.commit();
HibernateUtil.closeSession();
session = HibernateUtil.getSession();
session.setCacheMode(CacheMode.IGNORE);
tx = session.beginTransaction();
//récupération du cache
Team t2 = (Team)session.get(Team.class,new Long(1));
tx.commit();
```

évite la lecture depuis le cache et réexécute la requête en base de données pour permettre la récupération de l'objet.

De même, l'exemple suivant :

```
tx = session.beginTransaction();
//mise en cache
session.setCacheMode(CacheMode.GET);
Team t = (Team)session.get(Team.class,new Long(1));
tx.commit();
HibernateUtil.closeSession();
session = HibernateUtil.getSession();
tx = session.beginTransaction();
//récupération du cache
Team t2 = (Team)session.get(Team.class,new Long(1));
tx.commit();
```

n'alimente pas le cache à l'exécution du premier appel à la méthode `session.get()`. Le second appel ne trouve donc pas l'instance demandée en cache et interroge à nouveau la base de données.

Le cache de requête

Nous avons vu que les classes et les collections étaient deux notions différentes du point de vue du cache. Il en va de même des requêtes, qui demandent des traitements spécifiques pour bénéficier du cache mais aussi pour être utilisées conjointement avec le cache des classes et collections.

Analysons le code suivant :

```
tx = session.beginTransaction();
//mise en cache
Team t = (Team)session.get(Team.class,new Long(1));
```

```
tx.commit();
HibernateUtil.closeSession();
session = HibernateUtil.getSession();
tx = session.beginTransaction();
// exécution d'une requête
Team t2 = (Team)session.createQuery("from Team team where team = 1")
   .list()
   .get(0);
// exécution de la même requête
Team t3 = (Team)session.createQuery("from Team team where team = 1")
   .list()
   .get(0);
tx.commit();
```

Ce code produit les traces suivantes :

```
Hibernate:  select  team0_.TEAM_ID  as  TEAM1_0_,  team0_.NB_LOST  as  NB2_0_0_,
team0_.TEAM_NAME as TEAM3_0_0_, team0_.COACH_ID as COACH4_0_0_ from TEAM team0_ where
team0_.TEAM_ID=?
Hibernate: select team0_.TEAM_ID as TEAM1_, team0_.NB_LOST as NB2_0_, team0_.TEAM_NAME
as TEAM3_0_, team0_.COACH_ID as COACH4_0_ from TEAM team0_ where (team0_.TEAM_ID=1 )
Hibernate: select team0_.TEAM_ID as TEAM1_, team0_.NB_LOST as NB2_0_, team0_.TEAM_NAME
as TEAM3_0_, team0_.COACH_ID as COACH4_0_ from TEAM team0_ where (team0_.TEAM_ID=1 )
```

La première requête correspond à l'appel de session.get(), tandis que les deux dernières correspondent à l'exécution des requêtes HQL. Lorsque l'instance est en cache, l'ensemble des informations est retourné à l'appel de query.list(). Ce comportement est attendu.

Afin de tirer profit du cache à partir des requêtes, il faut invoquer la méthode query.iterate(), qui exécute la requête pour obtenir les identifiants des instances retournées par la requête. Une fois que l'itération accède à un id particulier, le cache de second niveau est interrogé. Si ce dernier ne contient pas l'instance souhaitée, une requête est exécutée pour récupérer les informations relatives à cette instance.

En conclusion, il n'est pas recommandé d'utiliser la méthode iterate(). Dans le cas général où les instances retournées par la requête ne sont pas présentes dans le cache, iterate() provoque $n + 1$ requêtes, ce qui impacte considérablement les performances.

Pour mettre en cache une requête, utilisez simplement la méthode query.setCacheable(true) :

```
Query q1 =  session.createQuery("from Team team where team = :teamId")
   .setParameter("teamId", new Long(1))
   .setCacheable(true);
```

Notez que le cache de requête met en cache non pas l'état de chaque entité du résultat mais les valeurs des identifiants et les résultats de type valeur. C'est pourquoi le cache de requête est généralement utilisé en association avec le cache de second niveau, comme nous venons de le voir.

Principe de réplication de cache avec JBossCache

La figure 9.18 illustre la nécessité d'un cache par réplication comme JBossCache.

Figure 9.18

*Configuration
en cluster*

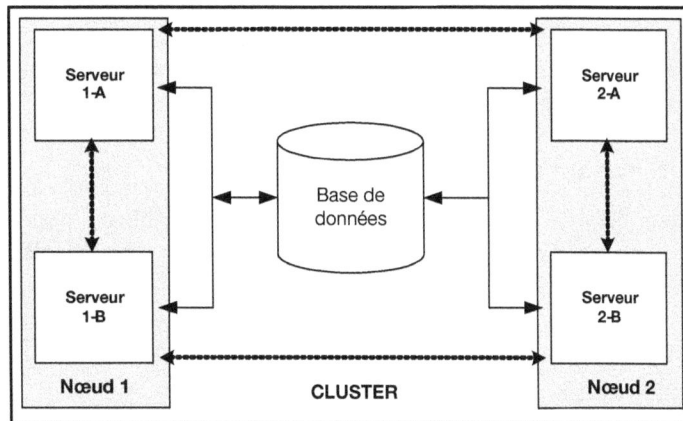

Cela n'est qu'un exemple simplifié d'une architecture de déploiement. Votre application peut être déployée sur plusieurs machines physiques (nœuds), chacune de ces machines pouvant héberger des serveurs (logiques à l'inverse de physiques) pour tirer profit de fonctionnalités propres aux dernières générations de machines. L'ensemble de ces serveurs peut être client d'une même base de données.

Si vous souhaitez utiliser un cache, celui-ci sera dédié à un seul serveur. La validité des instances contenues dans le cache est primordiale. Une modification d'instance dans le cache du serveur 1-A doit être répliquée aux caches des autres serveurs ou invalidée. Il y a donc nécessité de communication entre tous les acteurs.

Il est important de bien vous assurer que le trafic réseau engendré par un tel environnement ne contrarie pas les apports du cache.

Pour mettre en œuvre JBossCache, vous aurez besoin des fichiers suivants :

- **concurrent-1.3.2.jar**
- **jboss-cache.jar**
- **jboss-common.jar**
- **jboss-jmx.jar**
- **jboss-remoting.jar**
- **jboss-system.jar**
- **jgroups-2.2.7.jar**

Pour vérifier que vos application utilisent bien JBossCache, scrutez les traces et recherchez les lignes suivantes :

```
INFO SettingsFactory:259 - Cache provider:
  org.hibernate.cache.TreeCacheProvider
INFO SettingsFactory:186 - Second-level cache: enabled
```

Malheureusement, du fait des concepts réseau, JBossCache est plus complexe à configurer qu'EHCache. Pour en savoir plus, référez-vous à la documentation du produit, à l'adresse *http://docs.jboss.org/jbcache/TreeCache.html*.

Utiliser un autre cache

Comme pour les pools de connexions, il est possible de brancher n'importe quel système de cache, pourvu que vous fournissiez une implémentation de l'interface `org.hibernate.cache.CacheProvider` :

```
/**
 * Support for pluggable caches.
 * @author Gavin King
 */
public interface CacheProvider {

/**
 * Configure the cache
 *
 * @param regionName the name of the cache region
 * @param properties configuration settings
 * @throws CacheException
 */
public Cache buildCache(String regionName, Properties properties) throws
CacheException;

/**
 * Generate a timestamp
 */
public long nextTimestamp();

/**
 * Callback to perform any necessary initialization of the underlying cache
implementation
 * during SessionFactory construction.
 *
 * @param properties current configuration settings.
 */
public void start(Properties properties) throws CacheException;

/**
 * Callback to perform any necessary cleanup of the underlying cache implementation
 * during SessionFactory.close().
 */
```

```
public void stop();

}
```

Vous pouvez prendre exemple sur `org.hibernate.cache.EHCacheProvider` pour comprendre comment le `CacheProvider` fait le lien entre Hibernate et le système de cache à utiliser.

Visualiser les statistiques

Dans Hibernate 3, la `SessionFactory`, que nous avons présentée au chapitre 2, propose un ensemble complet de statistiques. Pour y accéder, invoquez `sessionFactory.getStatistics()`.

Le code suivant a déjà été utilisé pour montrer comment utiliser le cache de second niveau. Complétons-le afin d'obtenir les statistiques :

```
tx = session.beginTransaction();
//mise en cache
Team t = (Team)session.get(Team.class,new Long(1));
tx.commit();
HibernateUtil.closeSession();
session = HibernateUtil.getSession();
tx = session.beginTransaction();
//récupération du cache
Team t2 = (Team)session.get(Team.class,new Long(1));
tx.commit();
Statistics stats = HibernateUtil.getSessionFactory().getStatistics();
```

Regardez au débogueur de votre IDE préféré à quoi ressemble `stats` *(voir figure 9.19)*.

`stats` propose un large éventail de statistiques, notamment, pour notre exemple, les suivants :

- Le premier appel de `get()` interroge tout d'abord le cache de second niveau sans succès (`secondLevelCacheMissCount +1`).

- Il provoque l'exécution d'une requête en base de données.

- À la récupération des données, le cache de second niveau est alimenté (`secondLevelCachePutCount + 1`).

- Le second appel de `get()` interroge à nouveau le cache de second niveau et récupère l'instance demandée sans interroger la base de données (`secondLevelCacheHitCount + 1`).

Il s'agit là des statistiques globales relatives au cache de second niveau. Les statistiques globales relatives aux requêtes, aux entités et aux collections sont aussi disponibles, par exemple, *via* les méthodes `stats.getQueryCacheMissCount()`, `stats.getEntityDeleteCount()` ou `stats.getCollectionLoadCount()`. La méthode `stats.getFlushCount()` permet de mesurer le nombre de fois où le flush a été réalisé. Par défaut, la session exécute le flush automatiquement lorsqu'elle en a besoin. Grâce à cette méthode, vous pouvez contrôler à quelle fréquence et à quelles occasions le flush s'exécute.

Pour obtenir un niveau de détails plus fin sur les aspects du cache de second niveau, vous pouvez invoquer la méthode `getSecondLevelCacheStatistics(String regionName)` sur `stats`. La même finesse de statistiques est fournie pour les collections (`getCollectionStatistics(String role)`), les entités (`getEntityStatistics(String entityName)`) et les requêtes (`getQueryStatistics(String queryString)`).

Pour la liste complète des statistiques disponibles, référez-vous à la javadoc du package `org.hibernate.stat`. Hibernate peut être configuré pour remonter les statistiques *via* JMX.

Figure 9.19

Objet statistique

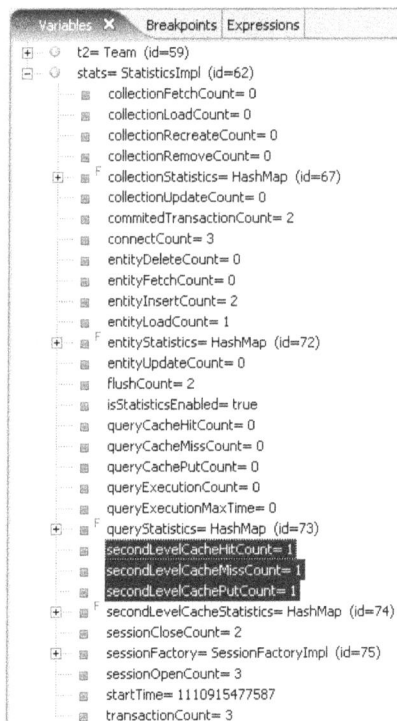

En résumé

Si l'utilisation d'un pool de connexions n'est pas complexe, il n'en va pas de même pour le cache de second niveau.

En effet, vous avez vu que l'utilisation d'un cache n'était pas la solution magique aux problèmes de performances. Il s'agit d'un élément d'architecture technique à part entière. Un cache configuré à la hâte pourrait affecter les performances, rendre inconsistantes les données, voire rendre instable votre application.

Si vous observez des problèmes de performances, commencez par en analyser la source. Le plus souvent, une optimisation des requêtes sera plus adaptée. Paramétrer finement un cache ne peut réellement se faire qu'en analysant le comportement de votre application une fois que celle-ci est en production. Ce n'est qu'à ce moment que vous êtes à même de traduire le comportement des utilisateurs en nombre d'instances récurrentes, en taux de modification ou encore en nombre de requêtes les plus utilisées.

Conclusion

Ce dernier chapitre vous a montré comment accroître votre productivité en utilisant l'outillage fourni par Hibernate, que ce soit pour gérer vos métadonnées, tester vos requêtes HQL ou générer le schéma de base de données.

Vous êtes aussi à même de brancher un pool de connexions ou même un cache de second niveau, tout en sachant que la mise en place d'un cache est une opération qui demande une étude préalable.

Gardez à l'esprit que l'outillage et les annotations sont en pleine évolution, et consultez régulièrement le site d'Hibernate pour découvrir les nouveautés.

Index

www.ingramcontent.com/pod-product-compliance
Lightning Source LLC
Chambersburg PA
CBHW082107220326
41598CB00066BA/5644